21 世纪高等学校
经济管理类规划教材
高校系列

EXCEL DATA ANALYSIS AND PROCESSING

Excel 数据分析与处理

+ 余阳 刘福刚 主编

+ 李姗 叶斌 刘世平 杜丽 副主编

ECONOMICS
AND
MANAGEMENT

人民邮电出版社
北　京

图书在版编目（ＣＩＰ）数据

Excel数据分析与处理 / 余阳，刘福刚主编. -- 北京：人民邮电出版社，2015.2（2023.1重印）
21世纪高等学校经济管理类规划教材. 高校系列
ISBN 978-7-115-38090-6

Ⅰ. ①E… Ⅱ. ①余… ②刘… Ⅲ. ①表处理软件—高等学校—教材 Ⅳ. ①TP391.13

中国版本图书馆CIP数据核字(2015)第015616号

内 容 提 要

本书以培养利用 Excel 解决实际问题的应用能力为目标，将理论与实际应用相结合，系统地讲解使用 Excel 进行数据分析与处理的方法。

全书共分为 11 章，主要内容包括介绍数据的输入与编辑、单元格数据的格式设置、公式、引用与名称、函数及其应用、数据图表处理、数据的排序与筛选、数据的汇总、合并与透视、数据的查询与核对、工作表的显示与打印、数据的安全与保密设置及 Excel VBA 基础等。

本书可作为普通高等院校经济管理类专业相关课程的教材，也可作为企事业单位人员提高数据分析能力的自学教程。

◆ 主　　编　余　阳　刘福刚
　　副主编　李　姗　叶　斌　刘世平　杜　丽
　　责任编辑　许金霞
　　责任印制　沈　蓉　彭志环
◆ 人民邮电出版社出版发行　　北京市丰台区成寿寺路 11 号
　　邮编　100164　　电子邮件　315@ptpress.com.cn
　　网址　http://www.ptpress.com.cn
　　北京七彩京通数码快印有限公司印刷
◆ 开本：787×1092　1/16
　　印张：18.75　　　　　　　　2015 年 2 月第 1 版
　　字数：436 千字　　　　　　2023 年 1 月北京第 18 次印刷

定价：45.00 元

读者服务热线：(010)81055256　印装质量热线：(010)81055316
反盗版热线：(010)81055315

前 言 Preface

作为 Office 软件系列中的一个重要成员，Excel 一直深受广大用户的喜爱，也已成为办公人员必不可少的助手之一，是一个功能强大、技术先进、使用方便的电子数据表软件。

针对各高校开设的 Excel 及相关课程，为了使学生更好地理解 Excel 的相关知识和理论，掌握 Excel 的实际应用和操作技巧，特别是为了帮助学生应用 Excel 更加高效地完成与本专业相关的数据处理与数据分析工作；同时也为了帮助各类办公和管理人员应用 Excel 的操作技术，我们组织长年奋战于教学一线的教师和有多年实际应用 Excel 经验的专家参与编写了本书。

本教材以培养应用 Excel 解决实际问题的能力为目标，强调理论与实际应用相结合，是根据绝大多数用户的需求进行精心编写的实用型学习书籍。在编写的过程中，针对具体操作都配有详细图例，使得初学者能快速掌握操作方法；同时针对重难点知识，有专门的说明与提示，使学习者能更好地理解。从内容结构上，本书先讲解基本操作，再强调实际应用的方法，根据学习者学习的特点由浅入深，由基础操作到具体应用，让学习者系统地掌握利用 Excel 进行数据分析与处理的方法。

本书总共分为 11 章，其中第 1 章主要介绍数据的各种输入方法及编辑的相关操作技巧；第 2 章主要介绍单元格数据格式的一般设置；综合前两章的内容来看，主要适合刚入门的学习者学习；第 3 章～第 4 章，通过具体的实例，详细地讲解公式、引用及函数的相关知识，着重讲解用公式和函数实现数据处理的方法；第 5 章介绍数据图表处理及复杂数据图表的制作，着重强调图表与数据的关系，利用图表展示数据的各方面指标和特性，及动态图表的制作方法；第 6 章～第 8 章讲解对数据的分析，其中主要包括数据的排序与筛选，数据的汇总、合并与透视，以及数据的查找与核对，并将一些重要的函数应用于分析当中；第 9 章主要介绍工作表的显示与打印操作，包括特殊格式的打印方法及页面设置的方法；第 10 章讲解数据的安全与保密设置的基本方法，包括对数据的加密、数据的隐藏处理，以及宏的设置方法等；第 11 章主要介绍 Excel VBA 基础知识、VBE 组件及窗口设置等。

　　本书可作为普通高等院校师生的授课与学习教材，也可作为有一定办公软件使用基础的办公人员系统掌握 Excel 数据分析与处理方法的参考用书。

　　本书参与编写的人员有余阳、刘福刚、李姗、叶斌、刘世平、杜丽。

　　鉴于编者水平有限，书中难免有疏漏和不足之处，敬请读者提出宝贵意见，电子邮箱：yuyang@nsu.edu.cn。

编　者
2014 年 11 月

目录 Contents

1946 年 2 月 15 日，在美国宾夕法尼亚大学莫尔电工学院诞生了人类历史上的第一台计算机——ENIAC。在人类发展史上，还没有哪一种发明创造能够像计算机这样，以异常迅猛的发展速度，占据了人类生活的各个角落。

今天，在这个星球上，计算机应用最为广泛的领域是信息处理，它遍及现实生活中的每一个行业、每一个领域。特别是近年来，随着技术进步、互联网普及、移动互联网技术的出现、计算机硬件技术的不断发展和数据采集、数据存储、数据处理技术的长足进步，使得我们对数据分析与处理人才的需求不断增强。

数据分析与处理的目的就是把隐没在一大批看来杂乱无章的数据中的信息集中、萃取和提炼出来，以找出所研究对象的内在规律。

在实用中，数据分析与处理可以帮助人们做出判断，以便采取适当的行动。数据分析是组织有目的地收集数据、分析数据并使之成为信息的过程。这一过程是质量管理体系的支持过程。在产品的整个生命周期，包括从市场调研到售后服务和最终处置的各个过程都需要适当运用数据分析过程，以提升数据的有效性。

无论数据分析还是数据处理，都需要掌握各种分析手段和技能，特别是要掌握数据分析软件工具！目前在数据分析与处理领域中应用得比较多的软件有 SAS、Markway、SPSS、Excel 等，在此对这几种软件进行简单的介绍和对比。

1. SAS

SAS 全称为 Statistics Analysis System，最早由北卡罗来纳大学的两位生物统计学研究生编制，并于 1976 年成立了 SAS 软件研究所，正式推出了 SAS 软件。SAS 是用于决策支持的大型集成信息系统，但该软件系统最早的功能仅限于统计分析。至今，统计分析功能也仍是它的重要组成部分和核心功能。SAS 现在的版本为 9.0 版，大小约为 1G。经过多年的发展，SAS 已被全世界 120 多个国家和地区的近三万家机构所采用，直接用户则超过三百万人，遍及金融、医药卫生、生产、运输、通信、政府和教育科研等领域。在数据处理和统计分析领域，SAS 系统被誉为国际上的标准软件系统，并在 1996～1997 年度被评选为建立数据库的首选产品，堪称统计软件界的巨无霸。

SAS 是由大型计算机系统发展而来，其核心操作方式就是程序驱动，经过多年的发展，现在已成为一套完整的计算机语言，其用户界面也充分体现了这一特点。它采用 MDI（多文档界面），用户在 PGM 视窗中输入程序，分析结果以文本的形式在 OUTPUT 视窗中输出。它使用程序方式，用户可以完成所有需要做的工作，包括统计分析、预测、建模和模拟抽样等。但是，初学者在使用 SAS 时必须要学习 SAS 语言，入门比较困难。SAS 的 Windows 版本根据不同的用户群开发了几种图形操作界面，这些图形操作界面各有特点，使用时非常方便。但是由于国内介绍它们的文献不多，并且也不是 SAS 推广的重点，因此还不为绝大多数人所了解。

2. Markway

Markway（马克威分析系统）是中国第一套完全自主知识产权的大型统计分析和数据挖掘系统。它的诞生标志着中国成为世界上少数几个拥有同类技术的国家之一。

马克威分析系统用于从海量信息和数据中寻找规律和知识，通过数据挖掘和统计分析等技术建立概念模型，为决策者提供科学的决策依据。它是一套集分析、挖掘、预测、决策支持于一体的知识发现工具，适用于企业、政府、科研、教育、军队等单位和机构。

马克威分析系统在技术上有以下四大特点：第一，它将数据挖掘、统计分析、图形展示和智能报表融为一体，为用户提供完整配套的决策支持工具，这在世界上是独一无二的；第二，它提供独创的优化算法体系和完备的数据挖掘模型，这些都处于国际先进水平；第三，它将可视化数据分析与数据挖掘有机地融合在一起，并将自主开发的嵌入式数据库管理系统同其他关系型数据库实现了无缝连接；第四，它在设计上充分考虑了中国用户的实际情况和使用习惯，将实用性和科学性结合在一起。

3. SPSS

SPSS（Statistical Product and Service Solutions），即"统计产品与服务解决方案"软件。SPSS是世界上最早的统计分析软件，它首先推出了世界上第一个统计分析软件微机版本 SPSS/PC+，开创了 SPSS 微机系列产品的开发方向，极大地扩充了它的应用范围，并使其能很快地应用于自然科学、技术科学、社会科学的各个领域。世界上许多有影响的报刊杂志纷纷就 SPSS 的自动统计绘图、数据的深入分析、使用方便、功能齐全等方面给予了高度的评价。

SPSS 是世界上最早采用图形菜单驱动界面的统计软件，它最突出的特点就是操作界面极为友好，输出结果美观漂亮。它将几乎所有的功能都以统一、规范的界面展现出来，使用 Windows 的窗口方式展示各种管理和分析数据方法的功能，对话框展示出各种功能选择项。用户只要掌握一定的 Windows 操作技能，粗通统计分析原理，就可以使用该软件为特定的科研工作服务。SPSS 采用类似 Excel 表格的方式输入与管理数据，数据接口较为通用，能方便地从其他数据库中读入数据。其统计过程包括了常用的、较为成熟的统计过程，完全可以满足非统计专业人士的工作需要。

SPSS 输出结果虽然漂亮，但是很难与一般办公软件如 Office 直接兼容，如不能用 Excel 等常用表格处理软件直接打开，只能采用复制、粘贴的方式加以交互。在撰写调查报告时，往往要用电子表格软件及专业制图软件来重新绘制相关图表，这已经遭到诸多统计学人士的批评；而且 SPSS 作为三大综合性统计软件之一，其统计分析功能与另外两个软件即 SAS 和 BMDP 相比，仍有一定欠缺。

虽然如此，SPSS for Windows 由于其操作简单，已经在我国的社会科学、自然科学的各个领域发挥了巨大作用。该软件还可以应用于经济学、数学、统计学、物流管理、生物学、心理学、地理学、医疗卫生、体育、农业、林业、商业等各个领域。

4. Excel

Microsoft Excel 是微软公司的办公软件 Microsoft Office 的组件之一，是由 Microsoft 为使用 Windows 和 Apple Macintosh 操作系统的电脑而编写和运行的一款试算表软件。Excel 是微软办公套装软件的一个重要的组成部分，它可以进行各种数据的处理、统计分析和辅助决策操作，广泛地应用于管理、统计财经、金融等众多领域。

Excel 中大量的公式函数可以应用选择，使用 Microsoft Excel 可以执行计算，分析信息并管理电子表格或网页中的数据信息列表与数据资料图表制作，可以实现许多方便的功能，带给使用者方便。

Excel 电子表格软件历经多年的发展，从一款小软件成为人们日常工作中必不可少的数据管理、处理软件。

Excel 2010 具有强大的运算与分析能力。从 Excel 2007 开始，改进的功能区使操作更直观、更快捷，实现了质的飞跃。不过要进一步提升效率，实现自动化，单靠功能区的菜单功能是远远不够的。在 Excel 2010 中使用 SQL 语句，可能灵活地对数据进行整理、计算、汇总、查询、分析等处理，尤其在面对大数据量工作表的时候，SQL 语言能够发挥其更大的威力，快速提高办公效率。

Excel 2010 可以通过比以往更多的方法分析、管理和共享信息，从而做出更好、更明智的决策。Excel 2010 全新的分析和可视化工具可跟踪和突出显示重要的数据趋势，可以在移动办公时从几乎所有 Web 浏览器或 Smartphone 中访问重要数据，甚至可以将文件上载到网站并与其他人同时在线协作。无论是要生成财务报表还是管理个人支出，使用 Excel 2010 都能够更高效、更灵活地实现目标。只需单击一下，即可直观展示、分析和显示结果。准备就绪后，就可以轻松地分享新得出的见解。

综合以上各种常用数据分析与统计的软件，针对软件的功能性、易用性及应用范围等方面进行了对比，由表 9-1 可以看出 Excel 是目前应用范围最广、操作最简单、功能最齐全的一款软件。

表 0-1　　　　　　　　　　常用数据分析与统计的软件对比分析表

软件	功能	易用	应用领域
SAS	用于统计分析、预测、建模和模拟抽样	要先学习 SAS 语言，版本界面变化大	在国内应用较少，推广不足
Markway	用于分析、挖掘、预测、决策支持	较为简单易用	推广不足，学习者参考资料较少，所以应用较少
SPSS	统计绘图、数据的深入分析、使用方便、功能齐全	很难与一般办公软件如 Office 直接兼容	应用在我国的社会科学、自然科学的各个领域
Excel	能灵活地对数据进行整理、计算、汇总、查询、分析等处理	安装，操作简单，界面友好，与 Windows 操作系统兼容性较好	是目前世界上应用最多的数据分析处理软件，广泛地应用于管理、统计财经、金融等众多领域

第1章 数据的输入与编辑

本章知识点

- 各种类型数据的输入方法
- 特殊形式数据的快捷输入
- 有规律数据的序列输入法
- 数据有效性审核的设置方法
- 下拉列表框选择输入的设计
- 选择性粘贴的主要应用场所

1.1 数据输入的一般操作

Excel 中数据的输入与编辑是进行数据处理的第一步工作，也是非常重要和关键的一个步骤。在操作方法上，Excel 工作表中基本数据的输入，应该说比较简单，只要光标定位，然后按照指定内容输入相关单元格即可。但是，某些特殊形式数据的输入在 Excel 中有其特定的输入技巧，掌握了这些技巧，可以起到事半功倍的效果。

本节先介绍数据输入的一般操作方法，对 Excel 操作已经有了一定基础的读者，可以直接跳过本节，从 1.2 节开始的后续几节将重点介绍数据输入和编辑的相关操作技巧。

1.1.1 数据输入前的准备

数据输入之前需要做好的准备工作包括：准备原始数据，启动 Excel 软件，建立新工作簿或者打开原有工作簿，选择需要输入数据的工作表（如为新工作表，还需要对工作表标签进行重命名），选择好输入法，选取需要数据的单元格，准备开始输入数据。

与启动 Windows 中其他应用程序一样，Excel 软件的启动方法有多种，操作类似。以经典的 Windows 开始菜单下启动 Excel 2003 为例，常用的启动方法为：执行"开始"→"程序"→"Microsoft Office"→"Microsoft Office Excel 2003"菜单命令；当然，像 Excel 这种经常使用的软件，最好在桌面上建立快捷方式，这样启动时更加方便。

说明：尽管目前Excel软件最新版本为Excel 2013，但考虑到大多数用户对该版本还不太熟悉，且考虑到本书用户的普遍性，本书仍采用Excel 2010版本。但是，大家要知道，从最新的Excel 2013版本开始，Excel软件增加了很多功能，不过它仍兼容低版本的Excel软件，也就是Excel 2003的数据表在Excel 2007中是可以打开的。但是，利用Excel 2010制作的保存为Excel 2010格式的数据表，一般来说是无法用Excel 2007直接打开，这一点在不同版本软件之间操作时一定要注意，否则可能会造成在关键时刻出现文件打不开的尴尬情况。其实，要想解决Excel 2007制作的工作表与低版本软件之间的兼容性问题，方法有很多，在此列出两个：第一，在Excel 2007中保存文件时，不要按照默认的格式保存，而是从"保存类型"列表框中选较低版本格式保存；第二，借助于从网上下载的Office 2007兼容包软件，如Office 2007 Compatibility Pack解决。

启动 Excel 后，系统自动打开一个空工作簿（book.xls），图 1-1 所示为整个 Excel 初始启动界面及各个组成元素的名称，熟悉这些名称对于理解后续操作非常有用。

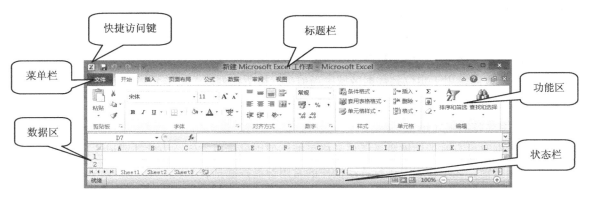

图 1-1　Excel 初始启动界面及各个组成元素

整个窗口的中央为工作表，在默认情况下，每个工作簿中将包含 3 个工作表（Sheet1、Sheet2、Sheet3），窗口顶部为功能区，窗口底部为工作表标签，根据实际数据处理需要，可以在工作表标签上单击鼠标右键，从出现的快捷菜单中选择执行插入、删除、重命名或复制等操作。

打开上述界面，并利用右键命令或者直接双击工作表标签，对默认的 Sheet1 工作表重命名为与需要处理数据相关的名称（如"工资表"）后，就可以开始向单元格中输入数据。

1.1.2　单元格的选取方法

要对单元格进行操作，必须先选取该单元格，这是后续各种操作的重要基础。选取单元格的方法很多，下面比较详细地分类列出。在实际数据处理中，可根据需要选择。

1. 单元格选取的一般方法

（1）选定单个单元格。将鼠标指针指向所需的一个单元格，直接单击即可。

（2）选定连续单元格区域。首先将鼠标箭头指向要选定的第一个单元格，按住鼠标左键，拖动至要选定区域的最后一个单元格，选定的区域会变成蓝色，表明这一块区域处于被选中状态。释放鼠标左键，一个连续的单元格区域就选定了。

（3）选定整行（列）。选定整行（列），可视情况的不同而选用下面的方法之一。

● 选定单行（列）：在工作表上直接单击该行（列）的行（列）号即可。

● 选定连续行（列）区域：在工作表上单击该区域的第一行（列）的行号（列号），然后按住Shift 键再单击最末一行（列）的行号（列号）。

● 选定不连续的区域：按住 Ctrl 键，然后单击想要选中的行号（列号）。

（4）选定整个工作表。有两种方法：第一，单击工作表右上角行号与列号相交处的"全选"按钮；第二，按 Ctrl+A 组合键。

（5）选定不连续单元格区域。按住 Ctrl 键的同时，逐个单击要选取的单元格。

（6）选定局部连续整体不连续的单元格。按住 Ctrl 键，然后按照选取连续单元格的方法，逐个选取各连续单元格区域即可。

（7）快速定位到数据区域的边缘单元格。如果数据区域很大，通过移动光标或者拖动滚条的方法定位到数据区域的边缘单元格很不方便，此时可用快捷键快速定位。其中：

- Ctrl+左方向键用于定位到数据区域中当前单元格所在行最左边单元格。
- Ctrl+右方向键用于定位到数据区域中当前单元格所在行最右边单元格。
- Ctrl+上方向键用于定位到数据区域中当前单元格所在列最上边单元格。
- Ctrl+下方向键用于定位到数据区域中当前单元格所在列最下边单元格。

2. 利用键盘激活单元格

在输入数据时，有时使用键盘激活单元格可能比使用鼠标更方便，为此需要记住移动活动单元格操作的常用按键。在工作表中进行移动操作的常用键盘按键见表 1-1。

表 1-1　　　　　　　　　　　　　　　常用键盘按键

按键	功能
箭头键	在工作表中上移、下移、左移或右移一个单元格
	按 Ctrl+箭头键可移动到工作表中当前数据区域的边缘
	按 Shift+箭头键可将单元格的选定范围扩大一个单元格
Enter	从单元格或编辑栏中完成单元格输入，并（默认）选择下面的单元格
	在数据表单中，按该键可移动到下一条记录中的第一个字段
Home	移到工作表中某一行的开头
	按 Ctrl+Home 组合键可移到工作表的开头
Page Down	在工作表中下移一个屏幕
Page Up	在工作表中上移一个屏幕
空格键	按 Ctrl+空格键可选择工作表中的整列
	按 Shift+空格键可选择工作表中的整行
	按 Ctrl+Shift+空格键可选择整个工作表
Tab	在工作表中向右移动一个单元格
	按 Shift+Tab 可移到前一个单元格

3. 利用定位条件选择单元格区域

利用定位条件，也可以快速地选择单元格区域，特别是在选取特定区域（例如，为进行单元格保护，需要选取包含计算公式的区域）时非常有效。具体操作方法如下。

（1）打开需要选择单元格区域的工作表。

（2）找到开始菜单下的编辑命令，单击"查找和选择"→"转到"，或直接按 Ctrl+G 组合键，打开"定位"对话框，如图 1-2 所示，此时在"引用位置"文本框中输入单元格区域地址，单击"确定"按钮即可。

（3）找到开始菜单下的编辑命令，单击"查找和选择"→"定位条件"，或者在"定位"对话框中单击"定位条件"按钮，可以打开如图 1-3 所示的"定位条件"对话框，其中给出了各种类型的可以选取的特殊单元格。

图 1-2　"定位"对话框

图 1-3　"定位条件"对话框

（4）根据需要选择有关的单选按钮。比如要选择包含计算公式的单元格区域，只要选择"公式"单选按钮即可。

（5）单击"确定"按钮，即可选定指定类型的全部单元格。

1.1.3　数据输入的基本方法

向单元格中输入数据有两种方法：在单元格中直接输入数据和在编辑栏中输入数据。

单击要输入数据的单元格，可以直接在单元格中输入数据；或者双击单元格，将光标移动到单元格内，再输入数据。

单击要输入数据的单元格，然后将光标移动到编辑栏中输入数据。

1.1.4　各类型数据输入的方法

下面介绍各种基本数据类型的输入方法及需要注意的有关问题。

1. **数字的输入**

数字的输入比较简单，直接输入数字即可。输入单元格中的数字默认为右对齐。

输入数字时需要注意以下几点。

- 当输入的数字超过 12 位时，将会自动按照科学计数法显示数字。

- 如果要输入负数，比如要输入–10，既可以输入"–10"，也可以输入"（10）"。

- 对于身份证号、电话区号等不参与运算的数字，为了保持它们的原貌，最好设置为文本型数据输入，例如，北京电话区号为"010"，如按数字输入会变成"10"；身份证号"410225197109089291"

如果按数字输入，则会变成"4.10225E+17"，这都不是需要显示的效果；将其设置为文本，则可以解决该问题。

2. 文本的输入

文本数据包含汉字、英文字母、数字、空格以及其他合法的键盘能输入的符号组合，文本数据通常不参与计算。在默认情况下，文本型数据输入后，在单元格中左对齐。

输入数字时需要注意以下几点。

- 一个单元格最多可容纳的字符数是 32 000 个，如果单元格宽度不够，默认情况下，它在显示的时候将覆盖掉右侧的单元格，但实际上它仍为本单元格的内容。

- 如果需要在某个单元格中显示多行文本，有两种方法：第一种方法（自动换行法），选中该单元格，用鼠标右键选择"设置单元格格式"选项，进入"单元格格式"对话框，单击"对齐"选项卡，选中"自动换行"复选框；第二种方法（强制换行法），将光标移到需要换行的位置上，然后按下 Alt+Enter 组合键即可（其实当使用强制换行时，系统会同时选择自动换行功能）。

- 输入纯数字组成的字符串（如身份证号、电话区号）时，只要在输入第一个数字前输入单引号"'"，或者先输入一个等于号，再在数字前后加上双引号即可。

3. 日期和时间的输入

日期和时间的输入形式有很多种，Excel 可以识别并转换为默认的日期和时间格式（日期：2008-5-25；时间：8:30），并将单元格中的水平对齐设置为默认的左对齐效果。

输入日期的格式一般为：年/月/日，或年-月-日，或月/日，或月-日，其中年还可以省略世纪位。例如，下面方法都可以输入 2013 年 5 月 25 日，显示为默认"2013/5/25"效果。

13-5-25，13-05-25，13/05/25，5/25，5-25

输入时间的格式一般为：时:分:秒。如输入 14 点 20 分，可以输入"14:20"，或者输入"2:20 PM"（注意在 2:20 和 PM 之间必须要有一个空格）。

说明：按Ctrl+；组合键，可以快速输入当前日期；按Ctrl+Shift+；组合键，可以快速输入当前时间；按Ctrl+；组合键，空一格后，再按Ctrl+Shift+；组合键，可以快速输入当前日期和时间，不过以上输入的内容不会动态变化。要想输入能够动态变化的当天日期和当前时间，需要使用"=TODOY0"和"=NOW0"函数。

4. 分数的输入

对于分数，在输入可能与日期混淆的数值时，应在分数前加数字"0"和空格。例如，在单元格中输入"2/3"，Excel 将认为输入的是一个日期，在确认输入时，将单元格的内容自动修改为"2 月 3 日"。如果希望输入的是一个分数，就必须在单元格中输入"0 2/3"，请注意 0 后面必须要有一个空格。

5. 特殊符号的输入

输入特殊符号（如※、◎等）时，需运行"插入"菜单栏下的"符号"命令，从打开的对话框中选择输入。

6. 数学公式的输入

数学公式结构复杂，很多符号在 Excel 中没有提供。虽然 Excel 不像 Word 一样可能会包括很多的数学公式，但是有时候还是需要进行数学公式的输入的，此时只能借助于"公式编辑器"的帮助。使用"公式编辑器"输入公式的操作方法和步骤如下：

（1）运行"插入"菜单栏中的"对象"命令，并在"对象"对话框中选择"Microsoft 公式 3.0"选项，如图 1-4 所示。

说明："Microsoft公式3.0"是Office安装时的一个可选插件，如果在所用计算机的"对象"对话框中找不到它，说明安装时没有选择上这个可选插件，需要补充安装。

图 1-4　"对象"对话框

（2）在"插入"菜单下的"符号"栏中双击"公式"，就会弹出一个"公式"工具栏，如图 1-5 所示。在"公式"工具栏左侧提供了各种需要的数学符号，右侧提供了各种公式的结构，可以根据需要选用，并直接填入需要的内容即可（见图 1-5 中后面的分式就是用了右侧"分数"结构）。

图 1-5　"公式"编辑环境

（3）公式输入完成后，在工作表上任意位置单击，即可再返回 Excel 操作界面。

说明：应用"公式编辑器"输入的数学公式为一个图形对象，可以调整大小位置。

图 1-6 所示为按照以上输入规则和要求输入各种类型数据后的显示效果。

数字				日期与时间				分数		
输入	显示为	说明		输入	显示为	说明		输入	显示为	说明
135	135	正常显示		2/5	2月5日	日期最快输入法		3/34	3/34	显示为文本
123456789012	1.23E+11	科学技术无法显示		2/5	2013年2月5日	设置日期显示格式		2/5	2月5日	显示为日期
(10)	-10	负数输入法1		10:30	10:30	时间输入法		0 2/5	2/5	显示为分数
-39	-39	负数输入法2		10:30	10:30 AM	设置时间显示格式		0 13/33	13/33	显示为分数
				=TODAY()	2013/11/15	显示当天日期		0 32/5	6 2/5	显示为真分数
				=NOW()	2013/11/15 11:17	显示现在时间		32/5	32/5	显示为假分数

文本			特殊符号			公式
输入的显示结果	说明		¤	【】	à	
中共中央十八届三中全会即将召开	自动向右延伸		§	Ω	№	$$销售毛利润率 = \frac{销售收入-销售费用}{销售数量}$$
中共中央十八届三中全会即将召开	按下AIT+回车换行		√	☆	○	
中共中央十八届三中全会即将召开	设置了自动换行		㎡	￥	$	$$\frac{-b \pm \sqrt{b^2-4ac}}{2a}$$
112223198604290025	身份证号前加'号，则按文本录入					
000012	以0开头的编码在前面加'号，则按文本录入，0全部保留					

图1-6　各种基础类型数据的输入方式及其显示效果

1.2 特殊数据的快捷输入

对于一些特殊数据，Excel 提供了快捷的输入法，掌握这些快捷输入法的操作技巧，可以在数据输入时起到事半功倍的作用。本节将分类介绍这些快捷方法和操作技巧。

1.2.1　选定连续区域进行数据输入

对于在连续单元格区域中输入数据，可以先选定该单元格区域，然后在第一个单元格中输入数据，之后通过按键可以进行活动单元格切换，甚至可以进行自动换行或换列。

如图 1-7 所示，要在 B2:F15 区域中输入数据，按照一般方法，可以一行一行地输入，或者一列一列地输入，但在换新行或者换新列时，都必须再用鼠标单击选定。

其实本输入还可以这样处理：首先选择需要输入数据的区域 B2:F15，然后在第一个单元格 B2 输入数据，之后如果要沿行的方向输入数据，可以在 B2 单元格输入完之后按 Tab 键，使活动单元格右移；如果要沿列的方向输入数据，可以在 B2 单元格输入完之后按 Enter 键，使活动单元格下移；当输入数据到所选区域的边界时，光标会自动移到所选区域的下一行（或下一列）开始处，避免了鼠标在进行单击选定或者换列的操作。

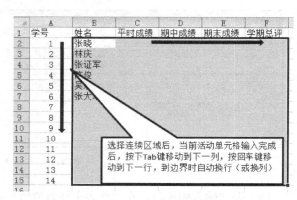

图1-7　在连续区域中输入数据

说明：采用上面的方法时，活动单元格的移动不能用方向键，必须用Tab和回车键。

1.2.2 相邻单元格相同数据的输入

如果要在当前单元格的相邻单元格（或区域）中输入与当前单元格相同的数据，可以使用如下方法。

（1）选中当前单元格，往上、下、左、右方向移动填充柄，即可在当前单元格上、下、左、右方向的单元格中显示相同数据。

（2）选择当前单元格及其下方的相邻单元格，运行“开始”→“编辑”→“填充”→“向下填充”命令，或者直接按 Ctrl+D 组合键，即可将上方的数据填入选中的相邻下方的单元格。

（3）选择当前单元格及其右侧的相邻单元格，运行“开始”→“编辑”→“填充”→“向右填充”命令，或者直接按 Ctrl+R 组合键，即可将左侧的数据填入选中的相邻右侧的单元格。

（4）选择当前单元格及其上方的相邻单元格，运行“开始”→“编辑”→“填充”→“向上填充”命令，即可将下方的数据填入选中的相邻上方的单元格。

（5）选择当前单元格及其左侧的相邻单元格，运行“开始”→“编辑”→“填充”→“向左填充”命令，即可将右侧的数据填入选中的相邻左侧的单元格。

如果要填充的是一个区域，可先将含有数据的区域选中，再按类似方法操作即可。

1.2.3 不相邻单元格相同数据的输入

当表格中不相邻的很多单元格中有相同的内容时，不需要一一地输入或者输入一个后再复制、粘贴，可以使用下面介绍的快捷方法。

如图 1-8 所示的数学课程的输入就属于这种情况，其操作步骤如下。

（1）按住 Ctrl 键不松开，一个一个地选择所有需要输入相同内容的单元格。

（2）单击编辑栏，按常规办法在其中输入需要的数据。

（3）输入完成后，按 Ctrl+Enter 组合键，数据就会被输入所有选中的单元格。

	A	B	C	D	E	F
1	课程表					
2		星期一	星期二	星期三	星期四	星期五
3	1	语文	数学	语文	数学	
4	2	语文		语文		数学
5	3	数学	数学		语文	
6	4	语文		语文		
7	5	数学			语文	数学
8	6	数学	数学		语文	

图 1-8 不相邻单元格中相同数据的输入

1.2.4 多个工作表中相同数据的录入

多张工作表相同数据录入的一般办法是先在其中一个表中输入数据，然后采用一次复制，多次粘贴的方法将在第一个表中输入的数据复制到其余各个工作表中。

上述方法比较烦琐，其实可以通过将这些工作表组成工作组来完成。所谓工作组就是由多个工作表组成的一个整体，对一个工作表的操作会反映到任何一个组成的工作表上。

要建立工作组，只要将那些需要组成工作组的工作表一一选中即可。选取时，按下 Ctrl 键可以选取不连续工作表，按下 Shift 键可以选取连续的工作表。组建工作表之后，Excel 表格顶部的标题栏将会增加"工作组"的标示，如图 1-9 所示。

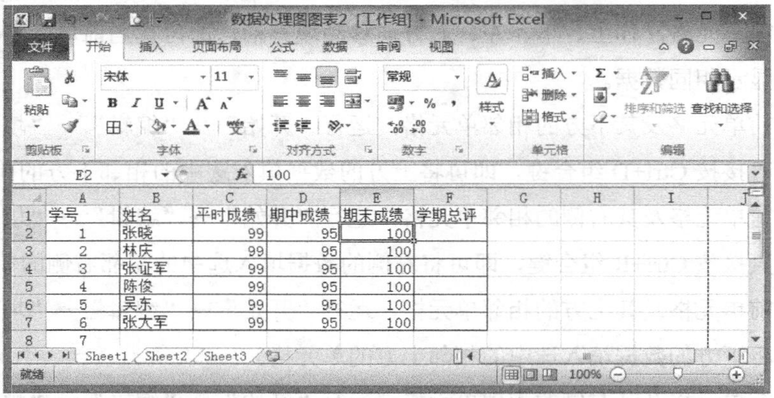

图 1-9　选取多个工作表组成工作组

将多个工作表组成工作组之后，就可以方便地在其中输入相同数据，这包括两种情况。

情况一：如果所有工作表都还没有输入内容，而现在需要输入相同的内容，则只要在保持工作组的情况下，任选一个工作表输入数据，即可实现所有工作表有相同内容。

情况二：如果工作组中的某一个工作表已经输入数据，现在想将这些数据快速复制到工作组的其他工作表上。例如，在下面图 1-10 中，想将"Sheet1"中的姓名、平时成绩、期中成绩、期末成绩和学期总评五列数据输入"Sheet2"工作表中，可按照如下步骤操作：

（1）选取"工作组-1"表格中的姓名、平时成绩、期中成绩、期末成绩和学期总评五列数据，如图 1-10 所示。

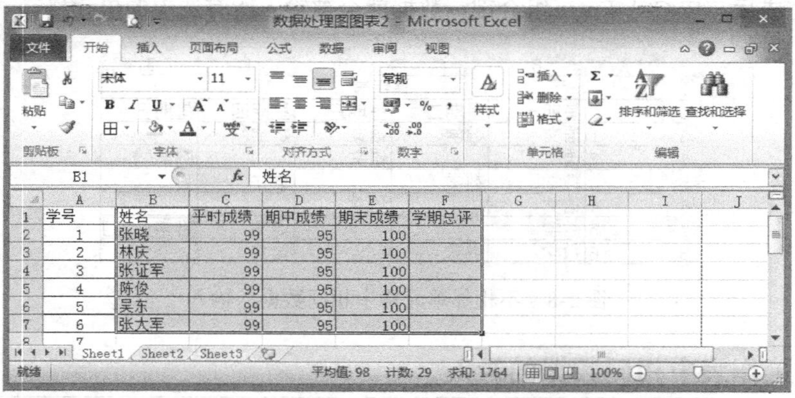

图 1-10　选中"Sheet1"中需要录入其他表中的数据

（2）按住 Ctrl 键的同时，单击"Sheet2"工作表，使它们组成工作组，其中的"Sheet1"仍然包括在屏幕上显示的状态。

（3）运行"开始"→"编辑"→"填充"→"组成工作表"命令，在弹出的对话框中选择"全部"按钮，然后单击"确定"按钮即可。

经过以上操作，在 Sheet2 工作表中就可看到开始在"Sheet1"中选取的姓名、平时成绩、期中成绩、期末成绩和学期总评五列数据，如图 1-11 所示，就是"Sheet2"工作表中操作后的显示效果。

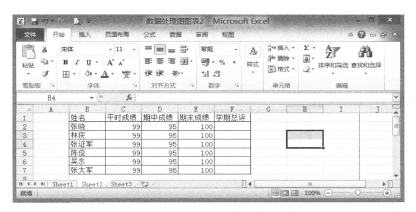

图 1-11　多表同时录入相同数据

1.2.5　带零和小数位较多数据的输入

输入大量带有零和小数位较多的数据时，例如 125.45 或 1268000，按照普通的输入方法会原样输入表格中，这样工作量会较大，输入效率低。为了快速调高输入速度，可以使用 Excel 中的小数点自动定位功能，让小数点自动定位。其设置方法如下。

运行"文件"→"帮助"→"选项"命令，从弹出的"Excel 选项"对话框中单击"高级"→"自动插入小数点"选项，如图 1-12 所示。其中：

● 如果在"位数"框中输入的是整数，表示小数点右边的小数位数。例如，在"位数"框中输入 3，然后在单元格中输入 23456，其值为 23.456；

● 如果在"位数"框中输入的是负数，表示小数点左边的零的个数。例如，在"位数"框中输入-3，然后在单元格中输入 238，则其值为 238000。

图 1-12　设置小数点自动定位功能

注意：

（1）Excel表格中对小数位数的设置默认为2，所以在进行以上操作时，需更改单元格中对小数位数的设置，如图1-13所示。

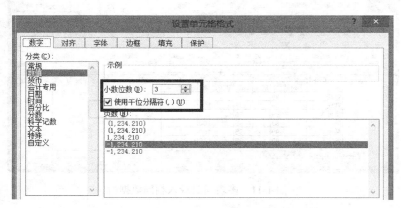

图1-13 设置单元格中小数位数

（2）在选择"自动设置小数点"选项之前输入的数据是不受设置的。

（3）这种设置是全局性的，也就是设置之后，任何使用Excel的操作者在输入数据时都会按照上面的规则进行数据显示。所以，建议操作者输入完自己的数据后，再将其改为默认状态。

1.2.6 利用自动更正工具快速输入数据

Excel 提供了自动更正工具，使用它可以快速输入一些常用的短语。例如，在工作中经常输入一些常用的名称，可以先定义名称及其对应的拼音字头，如将"数码摄像机"设置为"smsxj"。这样，以后只要输入"smsxj"，就可以立即显示得到"数码摄像机"。

要实现上述功能，操作步骤如下。

（1）运行"文件"→"帮助"→"选项"→"校对"命令，在"校对"命令下单击"自动更正选项"，弹出"自动更正"对话框。

（2）如图1-14所示，在"自动更正"对话框的"自动更正"选项卡中，在"替换"文本框中输入短语简码（此处输入"smsxj"）；在"替换为"文本框中输入具体的名称（此处输入"数码摄像机"），然后单机"确定"按钮，将该项目添加到项目列表中。

（3）用上面的方法添加其他的项目，若添加

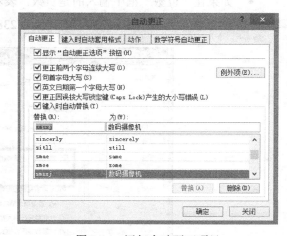

图1-14 添加自动更正项目

了错误项目，还可以先选定项目，然后单击"删除"按钮删除项目；完毕后单击"确定"按钮，关闭"自动更正"对话框。

经过以上操作，以后只要在单元格中输入"smsxj"，立即就会自动更正为"数码摄像机"。其实只要花点时间设计好所有的常用名称及其对应简码，以后就可以一劳永逸地快捷输入这些名称。根据需要，还可以通过"删除"和"添加"按钮进行常用名称的维护。

1.2.7 其他输入技巧介绍

除了以上介绍的各种快捷输入方法之外，还有如下一些输入技巧。

1. 避免输入网址和电子邮件地址的超链接形式

对于在单元格中输入的网址或电子邮件地址，Excel 在默认情况会将其自动设置为超链接，可以在单元格上单击鼠标右键，选择"取消超级链接"命令即可。另外，想避免输入内容成为超链接形式，还可以在单元格录入的内容前加一个空格，或者单元格内容录入完后按下 Ctrl+z 组合键，撤销一次即可。

2. 记忆输入方法

使用记忆输入方法可以在一列单元格中输入整体相同或者左边部分相同的数据。设置记忆式输入方法的操作方法为：运行"文件"→"帮助"→"选项"→"高级"命令，在对话框中选择"为单元格值启用记忆式键入"选项，如图 1-15 所示。（备注：Excel 表格默认为自动启用单元格值记忆式键入）

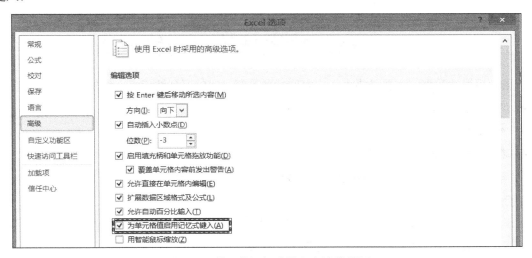

图 1-15　单元格记忆式输入方法的设置

设置记忆式输入方法以后，当在一个单元格中输入文本"学院运动会"之后，按回车键将光标移到下一个单元格，则在新单元格中只需输入一个"学"字，上一个单元格的全部文字"学院运动会"将自动显示到该单元格中，其中没有输入的部分反白显示。这时，如果接受该行文字，可按回车键确认，也可继续输入其他文字；如果不接受自动输入的文字，可按 Backspace 或者 Delete 键将其全部删除，或者选取部分删除。

3. 输入汉字拼音

有时候需要汉字添加拼音，可以按照如下方法操作：选中已经输入汉字的单元格，单击"开始"

→ "字体" → "文" 命令，在下拉菜单中选择 "显示拼音字段"，单元格会自动变高；然后在 "文"
命令的下拉菜单中选择 "编辑拼音"，即可在汉字上方输入汉字拼音。如果要修改汉字与拼音的对齐
关系，可以在 "文" 命令的下拉菜单中选择 "拼音设置"。

4. 查找替换法快速输入特殊符号

如果要在多个单元格中多次输入一些特殊符号（如☐），可以使用 "替换" 方法进行：先在需要
输入这些符号的单元格中输入一个比较容易输入的替代字母（如#，该字符不能是表格中实际需要的
字符）。等表格制作完成后，运行 "开始" → "编辑" → "查找和选择" → "替换" 命令，在出现的
"查找和替换" 对话框的 "查找内容" 框中输入 "#"，在 "替换为" 框中输入 "☐"，然后可以一个
一个地替换，或者一次全部替换完毕。

5. 斜线表头的输入方法

Excel 没有像 Word 那样提供斜线表头，这可能是因为大多数 Excel 表格没有必要设置斜线表头。
但是如果确实想设置斜线表头，可以选择 "插入" → "插图" → "形状" 工具栏中相应的命令，然
后用文本框输入各个部分的名称，将其调整到最合理的位置，并设置线条颜色与背景色一致，以便
使得文本框线条不可见。

1.3 有规律数据的序列输入法

所谓有规律的数据，主要是指表格中有的标题具有一定的序列性特点，例如：

- 序号 1，序号 2，序号 3，序号 4，序号 5。
- A3-201，A3-202，A3-203，A3-204，A3-205。
- 第 1 季度，第 2 季度，第 3 季度，第 4 季度。
- 学院第 1 届运动会，学院第 2 届运动会，学院第 3 届运动会，学院第 4 届运动会，学院第 5
届运动会。

对于这些有规律的数字，如果一个个输入有些麻烦，就算进行复制操作也比较琐碎。对于它们，
可以使用序列输入法，或者拖动填充法进行快速输入。

1.3.1 拖动填充柄快速输入序列或者特定格式数据

单元格右下角有一个小方块，称为填充柄。通过选定相应的单元格并拖动填充柄，可以快速填
充多种类型的数据序列。另外，基于在第一个单元格所建立的格式，Excel 可以自动延续一系列数
字、数字/文本组合、日期或时间段，比如输入 "序号 1"，然后向下一直拖动，可以很快得到 "序
号 2、序号 3、序号 4、序号 5、序号 6" 等内容。

例如在如图 1-16 所示表格中输入各列数据时，只要输入第一个单元格的数据，再选中该单元格
并向下拖动填充柄，即可得到本列下面的一系列规律型数据（因为它们要么是事先已经设计好的序

列，要么是根据上面的单元格格式自动延续规律输入）。

	A	B	C	D	E
1	输入第一个数据，然后选中并向下拖动即可得到规律数据				
2	2013年1月5日	A2-301	第1届运动会	序号1	星期一
3	2013年1月6日	A2-302	第2届运动会	序号2	星期二
4	2013年1月7日	A2-303	第3届运动会	序号3	星期三
5	2013年1月8日	A2-304	第4届运动会	序号4	星期四
6	2013年1月9日	A2-305	第5届运动会	序号5	星期五
7	2013年1月10日	A2-306	第6届运动会	序号6	星期六
8	2013年1月11日	A2-307	第7届运动会	序号7	星期日
9	2013年1月12日	A2-308	第8届运动会	序号8	星期一
10	2013年1月13日	A2-309	第9届运动会	序号9	星期二
11	2013年1月14日	A2-310	第10届运动会	序号10	星期三

图 1-16　拖动填充柄快速输入序号或者特定格式数据

1.3.2　根据输入前两个数据的规律快速拖动输入数据

基于所输入的前两个单元格中的数据，Excel 可以计算出某些规律，然后再选定这两个单元格并向下拖动填充柄，可以快速输入一些非连续序列或者有规律的一系列数据。

在如图 1-17 所示表格中输入各列数据时，只要输入前两个单元格中的数据，然后选中它们并向下拖动填充柄，即可得到本列下面的一系列规律数据（因为 Excel 会根据上面两个单元格中输入的数据自动构造一个非连续的序列数据）。

	A	B	C	D	E
1	输入前两个数据，然后选中并向下拖动即可得到规律数据				
2	2013年1月5日	A2-301	1	1	星期一
3	2013年1月8日	A2-303	2	6	星期三
4	2013年1月11日	A2-305	3	11	星期五
5	2013年1月14日	A2-307	4	16	星期日
6	2013年1月17日	A2-309	5	21	星期二
7	2013年1月20日	A2-311	6	26	星期四
8	2013年1月23日	A2-313	7	31	星期六
9	2013年1月26日	A2-315	8	36	
10	2013年1月29日	A2-317	9	41	
11	2013年2月1日	A2-319	10	46	

图 1-17　根据输入前两个数据的规律快速拖动输入数据

1.3.3　自定义序列的应用

除了 Excel 自身的内置序列外，也可以自定义序列，例如默认情况下在开始两个单元格中输入 1 和 3 后，选定并向下拖动会产生"1，3，5，7，…"样式的等差数列，如果想产生"1，3，9，27，81，…"样式的等比数列，就需要自己设置；另外，还可以将单位中各个部门的名称设置为一个自定义序列，然后需要输入这一系列的部门名称时，只要输入自定义序列中的第一个部门名称，然后向下拖动，即可得到所有的部门名称。

1. 利用填充功能输入自定义序列

下面以在工作表中某列创建一个等比数列"2，6，18，54，…"为例，说明利用填充功能输入自定义序列的方法。操作方法如下。

（1）在需要输入等比数列区域的第一个单元格中输入 2。

（2）选中需要填充的所有单元格区域（包含第一个单元格），运行"开始"→"编辑"→"填充"→"系列"命令，在弹出的"序列"对话框中"序列产生在"选择"列"，"类型"选择"等比数列"，"步长值"文本框中输入 3，如图 1-18 所示。

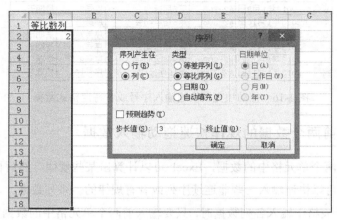

图 1-18 自定义等比数列的设置

（3）单击"确定"按钮，即可得到所需要的等比数列，如图 1-19 所示。

说明：如果在第一个单元格输入某月第一个工作日的日期数据，然后在图1-18的"序列"对话框的"类型"中选择"日期"，步长值设置为"1"，在"日期单位"中选择"工作日"，即可构造一个某段时间内的工作日序列。

2. 其他自定义序列的建立

如果要输入的序列比较特殊，比如一个学校有9个学院，这9个学院的名称可以自定义为一个序列；再如，销售中的整个销售市场可能分为几个区域，这几个区域也可以定义为一个序列。

对于上述序列，可以通过"自定义序列"命令事先加以定义，下面看一个实例。某高校包含9个学院，分别为计算机信息学院、外语文学学院、艺术学院、管理学院、商务学院、会计学院、政法学院、化工学院、历史学院。

现在要将这些学院名称建立自定义序列。操作步骤如下。

（1）选择"文件"→"选项"→"高级"命令菜单中的"编辑自定义列表"选项，如图 1-20 所示。

（2）单击"编辑自定义列表"按钮，将会弹出"自定义序列"对话框，如图 1-21 所示，在"输入序列"文本框中逐行输入各个院系名称，每输入一条按一下回车键，完成后单击"添加"钮按，输入的内容显示在左边的"自定义序列"列表框中。

	A	B
1	等比数列	
2	2	
3	6	
4	18	
5	54	
6	162	
7	486	
8	1458	
9	4374	
10	13122	
11	39366	
12	118098	
13	354294	
14	1062882	
15	3188646	
16	9565938	
17	28697814	
18	86093442	
19		
20		
21		

图 1-19 构造好的自定义等比序列

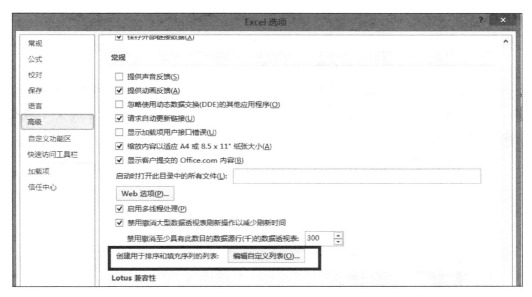

图 1-20　编辑自定义列表选项

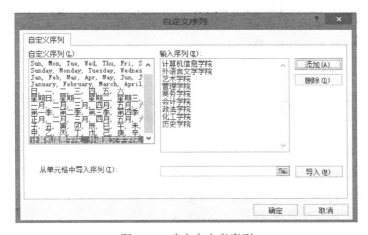

图 1-21　建立自定义序列

（3）单击"确定"按钮，自定义序列就设置完毕。

以后，只要在需要输入院系名称区域的第一个单元格中输入自定义序列中的第一项（本例为"计算机信息学院"），然后向下拖动填充柄，就可以将其余院系名称填入相应单元格。

1.3.4　快速输入复杂的序列号

在有些数据处理中，经常需要输入一些比较复杂的序列号，比如准考证号、学号、身份证号、银行卡号、社保号、住房公积金卡号等。例如：某次某个学院的一个统一考试中，该院考生有 3600 人，准考证号依次为 4105035220001，4105035220002，4105035220003，…，4105035223600。对于这样的数据，如果像输入一般数据一样直接输入，单元格终将会显示为"4.10504E+12"，如果将这些数字前面加上单引号"'"输入，它们将变为文本数据，又无法按照上面介绍的拖动填充柄的方法输入序列。

要解决以上准考证号的输入问题，需要采取自定义数字格式的方法。操作步骤如下。

（1）选取需要输入准考证号的整个单元格区域。

（2）单击鼠标右键，在弹出的对话框中单击"设置单元格格式"命令，打开"设置单元格格式"对话框，如图 1-22 所示，在对话框中"数字"选项卡的"分类"列表中选择"自定义"，在类型文本框中输入"'410503522'0000"。

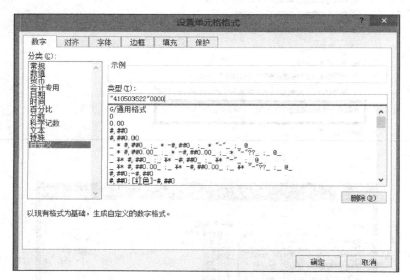

图 1-22　自定义复杂的序列格式

说明：上述自定义格式中，字符串前面的几个数字"410503522"是序列中的公共固有部分，所以用英文的双引号括起来，后面的4个0表示在固定数字后面是一个自然数序列，最大位数为4位，当输入的数字不够4位时，将在输入的数字前面进行补0处理。

（3）单击"确定"按钮，关闭"单元格格式"对话框。

经过以上设置之后，只要在输入区域的前两个单位格分别输入 1 和 2，就会显示 4105035220001 和 4105035220002，然后可以按照上面的方法进行拖动输入。

1.4 设置有效性对输入数据审核

在 Excel 中进行数据输入时，有些输入内容是需要进行审核的，不能什么都可以输入。为此，Excel 提供了"数据有效性"工具，利用这个工具，操作者可以有针对性地输入数据，在输入错误的数据后，系统会出现错误信息框，提醒用户进行修改。

如图 1-23 所示学生信息表，该数据表要满足以下输入条件：

（1）"编号"下面的内容输入都必须以"DY"开头；

（2）"姓名"下面都应该是汉字，所以最好能实现中文输入法自动切换；

（3）"性别"应该可以从"男"、"女"组成的下拉列表中选择输入；

（4）"身份证号"要求必须为 18 位（假设已经全部为第二代号码）；

（5）"入学日期"输入时应在新生注册"2012 年 10 月 1 日"之前；

（6）"成绩"按照学校的管理政策，应该是 0 至 100 之间的整数。

	A	B	C	D	E	F
1	**学院学生信息表					
2	编号	姓名	性别	身份证号	入学日期	成绩
3	DY100301	张晓	男	340802199202073145	2012/9/25	56
4	DY100302	林庆	女	340103198912253063	2012/9/26	78
5	DY100303	张证军	男	340803199207222225	2012/9/27	80
6	DY100304	陈俊	女	500381199202221746	2012/9/28	99
7	DY100305	吴东	男	510105199112140425	2012/9/29	100
8	DY100306	张大军	男	500227199204062136	2012/9/30	0
9						
10						
11						

图 1-23　需要设置"数据有效性"的人员信息表

下面就通过"数据有效性"设置来对输入的数据按照上述要求进行审核。

1. 利用有效性限制数值的输入范围

在图 1-23 表格中，根据前面对成绩的限制，成绩应为 0 至 100 之间的整数。为了防止错误地输入成绩数据（如错误地把 80 输成了 800），需要为其设置输入有效范围。下面以该项设置为例，详细介绍"数据有效性"的整体操作步骤：

（1）选择需要输入成绩数据的区域（本例选取 F2:F11，根据实际人数需要，后者中行号可适当扩大，作为教学用例，此处假设输入人数只有 9 人，下面的一样处理）。

说明：数据有效性设置之前，必须首先选取所需单元格或区域；另外，数据有效性应该在输入之前设置，否则不会自动起作用。

（2）运行"数据"菜单栏下"数据工具"选项中的"数据有效性"命令，打开"数据有效性"对话框。

（3）选择"设置"选项卡，在"允许"下拉列表中选择"整数"，在"数据"下拉列表中选择"介于"，在"最小值"和"最大值"中分别输入"0"和"100"，如图 1-24 所示。

说明：在"允许"下拉列表框中，还有"小数""序列""时间""日期""文本长度""自定义"等类型可选，选择的类型不同，其有效检验的数据类型就不同，特别是在选择"自定义"后，用户可以自己输入有效性公式。

（4）选择"输入信息"选项卡，在"标题"文本框中输入"请输入成绩"，在"输入信息"下的文本框中输入"请输入该学生的成绩（0-100 之间的整数）"，"选定单元格时显示输入信息"复选框保持默认的选中状态，如图 1-25 所示。

（5）选择"出错警告"选项卡，在"样式"下拉列表框中选择"停止"，在"标题"文本框中输入"数据错误"，在"错误信息"文本框中输入"成绩数据超过可能范围，请核对！"，如图 1-26 所示。

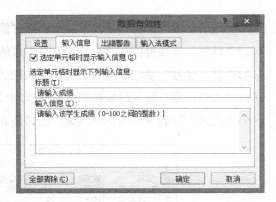

图 1-24　设置有效性条件　　　　　　　图 1-25　设置输入提示信息

说明：

① 在图1-26所示"样式"下共有3个选项：停止、警告、信息，分别对应不同标志，具有不同的含义，可以根据不同情况设置，一般选取审核条件最严格的"停止"。

② 如在数据输入中有小数点的输入时，一般会在"输入法模式"选项卡中的"模式"下拉列表框中选择"关闭（英文模式）"，如图1-27所示。这个设置是在输入数字时自动关闭中文输入方法，切换到英文输入状态，以免在输入小数点时输入汉字的句号。

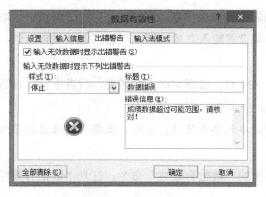

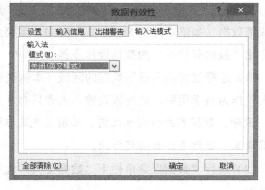

图 1-26　设置出错时提示信息　　　　　　图 1-27　设置输入法模式

（6）单击"确定"按钮，关闭"数据有效性"对话框。

经过以上操作，指定单元格区域的数据有效性就设置完毕。单击该区域内任意一个单元格，就会在其旁边显示一条输入提示信息，如图 1-28 所示。根据该提示，可以输入正确的数字，当输入的数字超过规定的范围时，就会弹出如图 1-29 所示的错误警告信息。

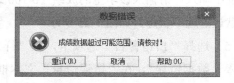

图 1-28　在单元格旁边出现的输入提示信息　　图 1-29　输入超出范围数字之后出现的错误警告信息

说明：如果不再需要有效设置条件，也可将其删除。操作时，先选定相应单元格，然后打开"数据有效性"对话框，单击"全部清除"按钮，最后单击"确定"按钮即可。

2. 利用有效性限制输入数据的格式

限制输入数据的格式就是限定单元格录入数据为特定格式，如日期、整数、文本等。

限定数据的格式有助于提高输入的正确率。上面图 1-23 所示的表格例子中，"入学日期"一列应该必须输入日期型数据，根据题目要求，输入的日期必须在学生注册日期"2012 年 10 月 1 日"之前。

以上有效性限制只要按照图 1-30 所示样式设置有效条件即可，其余选项不再说明。

3. 利用有效性限制文本的录入长度

限制文本的录入长度就是在单元格中录取数字和文本的长度不满足条件时，能够阻止其录入。前面图 1-23 所示的表格例子中，"身份证号"要求必须为 18 位。

该有效性审核只要按照图 1-31 所示样式设置有效性条件即可，其余选项卡不再说明。

图 1-30　对"入学日期"的限制

图 1-31　对"身份证号"输入位数的限制

4. 利用有效性确保必须输入特定内容

有时候，要求输入的内容必须包含特定的内容（比如必须以指定字母开头）。对于这种限制条件，也可以在"数据有效性"对话框中通过输入有效性公式进行设置。

前面图 1-23 所示的表格例子中，"编号"下面的内容输入都必须以"DY"开头。该有效性条件只要按照图 1-32 所示样式设置有效条件即可，其余选项卡不再说明。

说明：上面的有效公式"=COUNTIF(A3，"DY*")=1"中，"*"为通配符，能够用来代替任何字符，如果输入的单元格是以"DY"开头的，该公式为真，则允许输入数据，否则数据输入将会被阻止。需要注意图中绝对单元格和相对单元格的不同使用。如对 COUNTIF 函数或者对相对单元格和绝对单元格的区别的理解有困难，可以先跳过本例的介绍，等学过公式和函数的相关知识后再进行解释。其实，在有效性中通过自定义公式来设置条件是其应用的高级阶段，也是其灵活性和技巧性所在。

5. 利用有效性设置汉字字段自动切换汉字输入法

在数据表中，往往具有英文字符和汉字字段，又有汉字文本字段，在其中输入数据时，难免需要在中文输入法状态之间切换。其实，利用 Excel 的"数据有效性"工具可以设置汉字字段自动切换中文输入法状态的有效性设置。如图 1-23 所示的表格例子中，当光标移动到"姓名"字段下面，就应该自动切换为中文输入法。

以上面"姓名"字段为例，在"数据有效性"对话框中只能按照图 1-33 样式设置输入法模式为"打开"状态即可，其余选项卡不再说明。

图 1-32　利用有效性确保必须输入特定内容

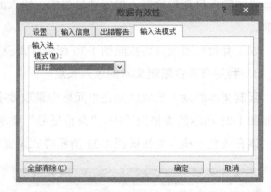

图 1-33　对汉字字段自动切换成中文输入法的有效性设置

6. 利用有效性设置只能接受不超过总数的数值

下面再看一个有效性设置实例，在实例设置后，单元格只能接受不超过总数的数值。

图 1-34 所示为一个简单项目预算表，在区域 C2:C6 中输入各个预算项目的金额，计划总预算在 G8 单元格中。以下"数据有效性"公式设置"=SUM($C$2:$C$6)<=$G$8"保证了各个预算项目的总和不能超过计划总预算。当用户尝试在 C6 中输入 2000 时，弹出事先设置的错误提示信息，如图 1-34 所示。

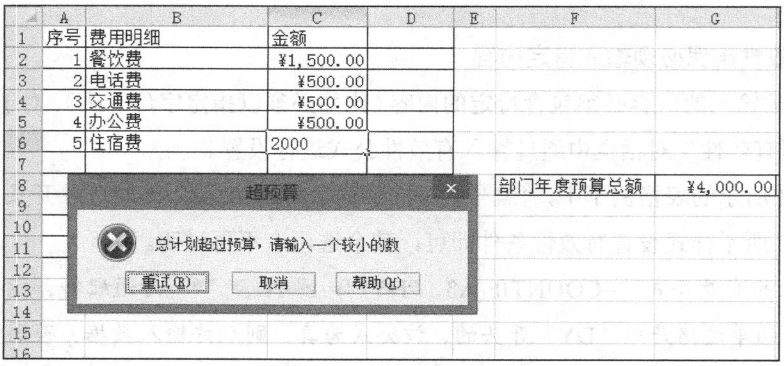

图 1-34　利用"数据有效性"确保区域总数不超过特定数值

除以上各种设置之外，利用有效性设置，在"允许"列表框选择"序列"数据后，还可以构成下拉列表输入，例如，想对"性别"字段设置有效性，使性别输入时可以从"男""女"中选择，需在"允许"列表框中选择"序列"，并在随之出现的来源文本框中输入男女自定义序列（注意：序列中各项中间的逗号必须为英文状态符号）。

1.5 下拉式列表选择输入的设计

下拉式列表输入方法是指在单元格中建立下拉列表，在需要输入数据时，可以方便从列表中进行选取，其目的主要是为了提高数据输入的速度和准确性。在 Excel 中，提供了 4 种不同难度的下拉列表输入方法，下面分别介绍，读者可逐个学习并选择使用。

1.5.1 利用数据有效性创建下拉式选择列表

上节最后已经提到，通过利用“数据有效性”对话框的序列设置可以为单元格建立下拉列表，这种方法非常适合于同时要为多个单元格一次性创建下拉列表。

如图 1-35 所示，在进行学生档案数据库信息输入时，在“所在院系”一栏就设置了下拉式列表，这样可以方便地实现院系名称的快速和准确输入，也便于实现输入的所有名称唯一的表述方法（防止出现“计算机信息学院”“计信院”这种全称和简称并存的情况），有助于将来进行数据的汇总和分级分析，其实，表格中的“性别”“政治面貌”“所学专业”三栏也都可以进行类似的有效性下拉式列表的设计。

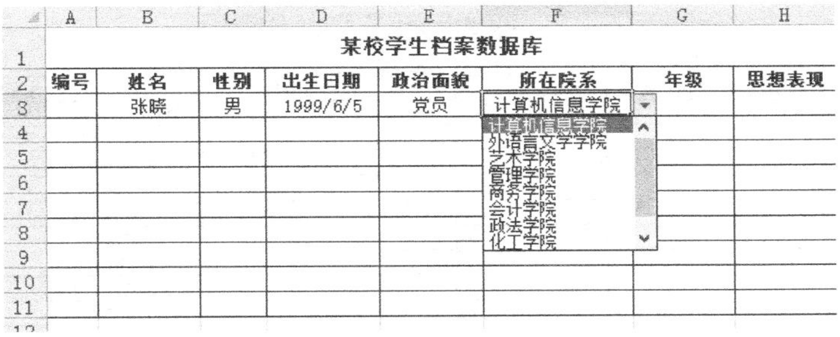

图 1-35 设置院系名称的下拉菜单

下面就以创建“所在院系”一栏的下拉式列表为例介绍其操作方法，具体操作步骤如下。

（1）先建立数据表的整体框架，结构如图 1-36 所示，其中右边的表格列出了各种将来准备设置为下拉列表各个项目的数据，这样做是为了将来数据维护的方便。

	A	B	C	D	E	F	G	H
1	某校学生档案数据库							
2	编号	姓名	性别	出生日期	政治面貌	所在院系	年级	思想表现
3								
4								
5								
6								
7								
8								
9								
10								
11								

	J	K	L	M	N
2	院系	性别	年级	政治面貌	思想表现
3	计算机信息学院	男	2010	党员	优秀
4	外语言文学学院	女	2011	预备党员	合格
5	艺术学院		2012	共青团员	不合格
6	管理学院			群众	
7	商务学院			其他	
8	会计学院				
9	政法学院				
10	化工学院				
11	历史学院				

图 1-36 建立数据表的整体框架

（2）选中"所在院系"一栏中需要设置下拉列表的区域，即图中 F2:F11（此处只是作为教学案例，实际设置时，需根据输入人数将区域放大，例如选择 F2:F1000）。

（3）运行"数据"菜单栏下的"数据有效性"命令，打开"数据有效性"对话框，在"设置"选项卡中设置"允许"类型为"序列"，如图 1-37 所示。

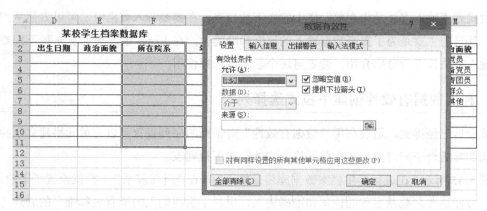

图 1-37　设置数据有效性为"序列"类型

（4）单击"来源"文本框右端的按钮，这时"数据有效性"对话框会折叠起来，然后可以选取院系名称所在单元格区域 J3:J11，如图 1-38 所示。

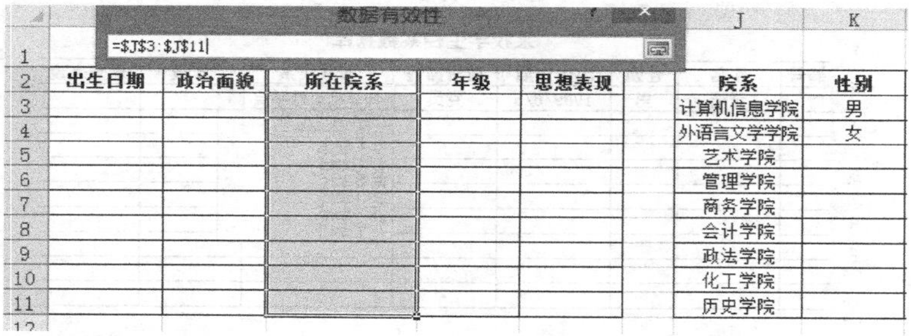

图 1-38　选取下拉列表的数据源

（5）单击 按钮展开"数据有效性"对话框，并在其中单击"确定"按钮即可。

说明：上面步骤中如果事先没有输入列表的数据源，则需要直接在图1-37的"数据有效性"对话框的"来源"文本框中逐个输入各个项目，项目之间用英文逗号隔开，但是这种方法将来不方便维护，而采用直接引用数据源的方法将来修改维护是非常方便的。

1.5.2　利用右键菜单命令从下拉式列表中选择输入

利用 Excel 单元格右键菜单中的"从下拉列表中选择"命令，也可以进行数据的"列表选择"，它适用于前面已经输入过相同数据，后续不想再重复输入的情况。

如图 1-39 所示，在输入"政治面貌"时，在前面已将全部名称输入一遍后，后面如果不想再重复录入，可以单击右键，从弹出的快捷菜单中选择"从下拉列表中选择"命令，就会出现如图 1-40

所示的下拉列表，其中将上面输入过的不重复内容全部列出。

图 1-39　选取下拉列表中的数据源

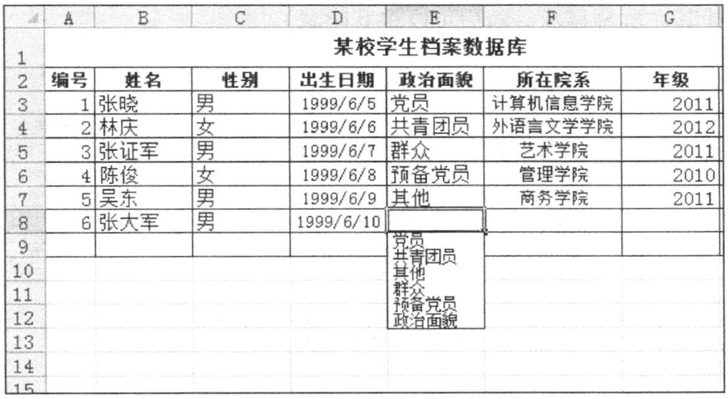

图 1-40　选取下拉列表的数据源

说明：使用"从下拉列表中选择"命令来创建下拉列表时，最好在需要输入的各个项目已经输入一遍之后进行；并且在输入时，目标单元格的上邻单元格不能为空。

1.5.3　利用窗体组合框创建下拉式列表

利用 Excel 窗体中的组合框控件，也可以完成下拉列表的位置。它能做出与专业编程软件中的窗体控件一样的界面，并且使用方法非常简单。

如图 1-41 所示"学生情况登记表"中，"性别""年级""政治面貌"等栏都有与"所在院系"一栏样式相同的利用窗体组合框创建的下拉式表。

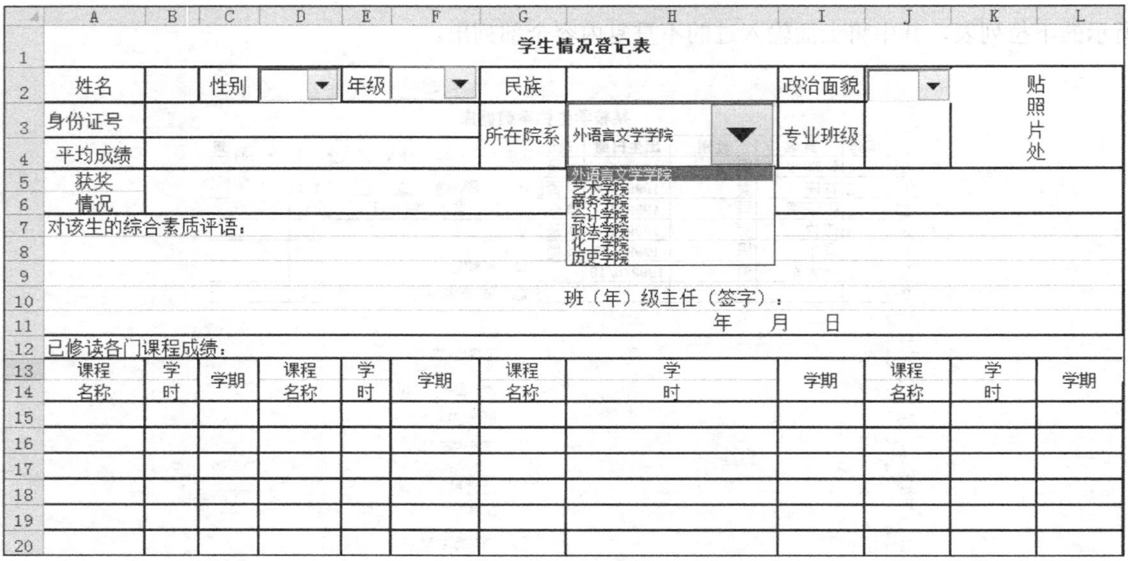

图 1-41　利用窗体组合框创建的下拉式列表

下面就以创建"所在院系"一栏的下拉列表为例介绍其操作方法。具体操作步骤如下。

（1）如图 1-42 所示，先建立录入表的框架结构，注意其中某些单元格进行了单元格合并操作。其中右边的表格列出了各种将来准备设置为下拉列表中各个项目的数据，这样做是为了将来数据维护的方便（如不想让其在屏幕显示，随后可以将其隐藏）。

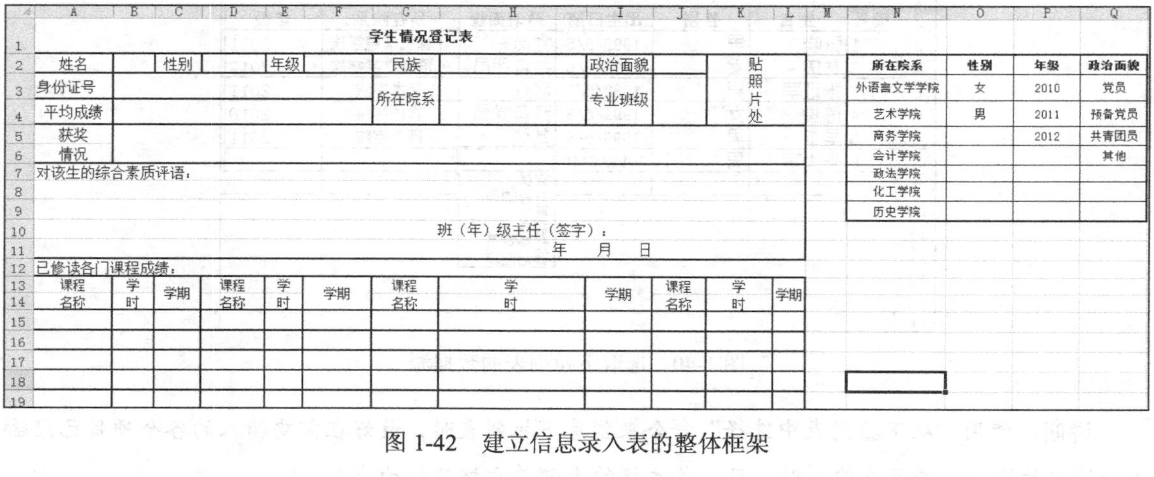

图 1-42　建立信息录入表的整体框架

（2）找到"开发工具"菜单栏下的"控件"单元，单击"插入"命令中的"表单控件"下的 ■ 按钮选项，如图 1-43 所示。然后将鼠标移动到需要创建窗体的单元格，单击即可画出组合框。

说明：Excel 2010默认状态下，菜单栏中不会显示"开发工具"栏，可以在选择"文件"→"选项"→"自定义功能区"，在"开发工具"选项前打勾，选择后开发工具将会出现在菜单栏上，如图1-43所示。

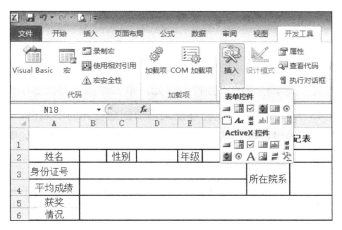

图 1-43 通过单击"插入"命令创建窗体

（3）右键单击组合框，从快捷菜单中选择"设置控件格式"命令，弹出"设置对象格式"对话框，如图 1-44 所示，在"控制"选项卡中，设置数据源区域为"$N$3:$N$11"，单元格链接为"$H$4"，"下拉显示项数"仍为默认值"8"，选中"三维阴影"复选框。右击组合框还可以对组合框进行移动或改变大小的操作。

说明：

（1）在图1-44中，"下拉显示项数"是指将来下拉列表中所能显示出的项目个数，默认值为8，如果项目超过8个，将需要使用滚动条拖动；当不足8个时，最好按照实际数量设置。

（2）"数据源区域"为将来在下拉列表中显示的项目内容，而用户选取的项目列表中的项目会以序数的方式返回到"单元格链接"指向的单元格，例如，在下拉列表中选择"艺术系"，就会在单元格J中显示2（因为"艺术系"在组合框列表中处于第2的位置），如果要想在某一单

图 1-44 进行组合框的相关设置

元格中返回实际选取的项目，还需根据返回的序号使用INDEX函数来处理，本节不再详述，关于INDEX函数会在后面介绍。

通过以上操作，单击"所在院系"一栏后的组合框，将出现如图 1-41 所示的效果，其余的"性别""年级""政治面貌"等栏的下拉列表也可按照上述方法创建。

1.5.4 利用控件工具箱的组合框创建下拉式列表

除了利用"窗体"的组合框外，在 Excel 中还可以利用"控件工具箱"中的组合框控件建立下拉列表，并且它还具有一定的优势，主要表现为：当操纵者从"控件工具箱"的组合框中选取项目后，返回到连接单元格的已经不是序号，而是选取的列表项。

下图仍以图 1-41 所示"学生情况登记表"中"所在院系"一栏的下拉列表的创建方法为例,介绍利用控件工具箱的组合框创建下拉式列表的操作方法。具体操作步骤如下。

(1)建立信息录入表的整体框架,结构样式与图 1-42 所示的完全一样。

(2)找到"开发工具"菜单栏下的"控件"单元,单击"插入"命令中的"ActiveX 控件"下的 ■ 按钮选项,如图 1-43 所示。然后将鼠标移动到需要创建窗体的单元格,单击即可画出组合框。

(3)右键单击上面建立的组合框,从快捷菜单中选择"属性"命令,如图 1-45 所示。

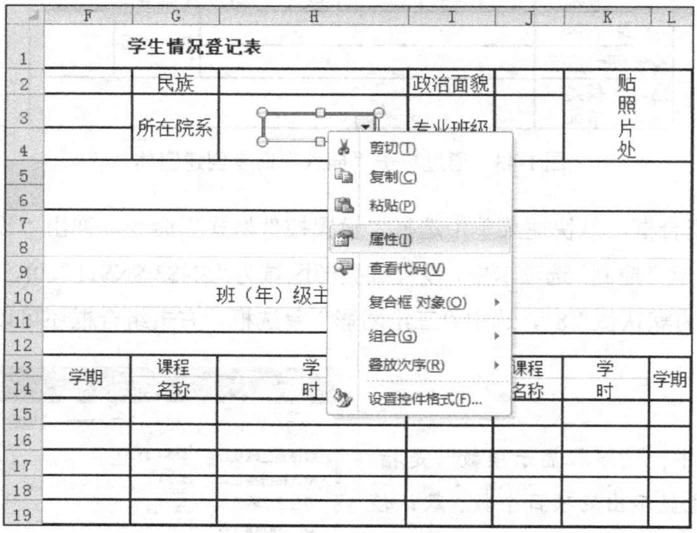

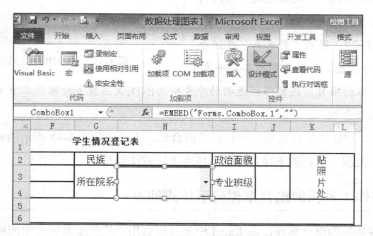

图 1-45　查看控件属性

说明:单击 ■ 按钮后,Excel 表格将处于"设计模式",在"设计模式"下就能对由其生成的控件进行选取和编辑,如图 1-46 所示就是控件处于"设计模式"下。控件设计完毕后,需单击"设计模式"按钮退出设计模式。

图 1-46　控件工具箱处于"设计模式"下

(4)如图 1-47 所示,在打开的"属性"面板中进行设置,其中 LinkedCell 属性(连接单元格)

设置为 H3，ListFillRange 属性（列表数据源）设置为 N3:N9。

图 1-47　组合框相关属性的设置

（5）属性设置完成后，关闭"属性"面板。

（6）单击菜单栏中"开发工具"→"设计模式"图标，退出设计模式。

说明：以上步骤完成后，单击"所在院系"下拉列表中某一院系的名称项，就会在H3中显示选取的院系名称，如图1-48所示，这一点和"窗体"组合框只返回选取项目的序号不同。

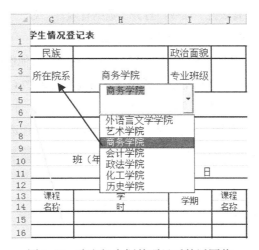

图 1-48　选取组合框某项目后的返回值

1.5.5　级联式下拉列表的设计方法

所谓级联式下拉列表，其实跟级联式菜单类似，也就是在上一层列表选取之后，还需要在下一层下拉列表中继续选取，上一层选取的不同项目都会对应一个不同的下一层下拉列表。比如，在输入"籍贯"的时候，先让操作者在省份列表中选取，待选取了省份后，又可以在出现的对应省的"县市"下拉列表中选择县市名称。

如图 1-49 所示，右边部分 E1:I1 单元格区域为某个学院各系及专业的名称列表，对应各个系名称下面的应该是该系下属的各个专业的名称。现在想在 A 到 C 列区域输入某些学生的姓名、所在系和专业，并且要求能够实现从各系名称列表中选取，且选取不同的系对应不同专业的下拉列表。

	A	B	C	D	E	F	G	H	I
1	姓名	系	专业		计算机信息系	外语系	艺术系	商务系	文学系
2	张晓	计算机信息系	信息工程专业		信息工程专业	英语专业	产品造型专业	商务管理专业	汉语言文学专业
3	林庆	外语系	英语专业		软件工程专业	日语专业	工业设计专业	会计学专业	汉语国际教育专业
4	张证军				计算机科学与技术专业	德语专业	动画专业	审计学专业	广告学专业
5	陈俊				物联网专业	俄语专业	素描专业	资产评估专业	新闻学专业
6	吴东				网络工程专业		雕塑专业	金融学专业	传播学
7	张大军							旅游管理专业	

图 1-49　需要设置名称级联式下拉式列表的表格

上述的级联式下拉列表可以通过设置"数据有效性"，并结合指定和引用"名称"，以及应用 INDIRECT 函数来实现。具体操作步骤如下。

（1）按照图 1-49 所示样式，建立数据表、学院名称及其下属各系的列表。

（2）为各系下属专业指定名称。操作方法为：选中 E1:I7 区域，运行"公式"菜单栏下"定义的名称"中的"根据所选内容创建"命令，打开"以选定区域创建名称"对话框，如图 1-50 所示，选中"首行"复选框。经过这样的设置，每个系名称下的所有专业的名字整体就被定义成了与系名称同名的"名称"，也就是说区域 E2:E6 被定义为名称"计算机信息系"，其余类推。

图 1-50　为系指定名称

（3）设计学院对应的下拉列表。操作方法为：选取单元格区域 B2:B65536，单击"数据"→"有效性"命令，打开"数据有效性"对话框，单击"设置"选项卡，在"允许"下列列表中选择"序列"，在"来源"中输入"=$E$1:$I$1"，如图 1-51 所示，然后根据需要设置其他选项，最后单击"确定"按钮。

（4）设计系对应的下列拉表。操作方法为：选取单元格选项区域 C2:C65536，单击"数据"→"有效性"命令，打开"数据有效性"对话框，单击"设置"选项卡，在"允许"下拉列表中选择"序列"，在"来源"中输入"=INDIRECT"，如图 1-52 所示，然后根据需要设置其他选项，最后单击"确定"按钮。

图 1-51　设计系的下拉列表

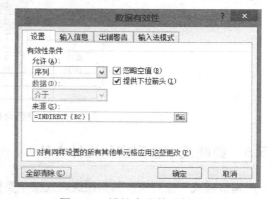

图 1-52　设计专业的下拉列表

经过以上设置后，系名称和专业名称之间的级联式下拉列表创建完毕，当光标移动到 B 列某一单元格时，将显示所选系名称列表（见图 1-53）；当在 B 列选好系名后，将鼠标移动到 C 列时，所选系下属对应专业的名称列表也将显示（见图 1-54）。

图 1-53 系名称列表

图 1-54 专业的名称列表

1.6 数据的编辑操作

数据输入完成后，还需要对输入的数据进行检查，以修改错误；同时，还有可能对数据进行编辑处理，包括移动和复制数据，插入新的单元格，或者删除不用的单元格等。本节介绍数据编辑的基本方法，其中重点强调，"选择性粘贴"的使用方法和技巧。

1.6.1 单元格数据的一般编辑

单元格数据的一般编辑包括对数据进行的修改、移动、复制、删除、插入等操作。

（1）修改单元格中的数据。选定单元格后，单击编辑栏就可以对单元格中的数据直接编辑，或者双击要进行编辑的单元格，就可以在单元格内部对数据进行编辑了。单击单元格，按下 Delete 键，即可删除单元格中的全部内容。

（2）复制和移动数据。复制和移动数据与 Word 中类似，方法有：菜单命令、工具栏按钮、快捷键、快捷菜单中的命令、鼠标拖动等。当对选中的单元格执行复制或剪切命令后，它们的周围有闪烁的虚线，可以按下 Esc 键或者双击其他单元格取消。

（3）插入单元格。选定需要插入单元格的区域，单击鼠标右键，运行"插入"命令，在弹出的"插入"对话框中选择想要的单元插入方式，单击"确定"按钮即可。

（4）删除单元格。选定需要删除单元格的区域，单击鼠标右键，运行"删除"命令，在弹出的"删除"对话框中选择单元格的删除方式，单击"确定"按钮即可。

1.6.2 选择性粘贴的典型运用

在使用 Excel 时，操作者大多对"粘贴"命令非常熟悉，并且会经常应用；但却容易忽视"选择性粘贴"的应用。所谓"选择性粘贴"，就是把剪贴板中的内容按照一定的规则粘贴到动作表中，它是"粘贴"命令的高级运用。如果只想对单元格中的公式、数字、格式进行选择性复制，或者希望将一列数据复制到一行中，都可以使用"选择性粘贴"。采用"选择性粘贴"的一般操作步骤如下。

（1）先对准备进行"选择性粘贴"的单元格区域进行复制操作。

（2）单击鼠标右键，选择粘贴选项中的"选择性粘贴"，将会出现如图 1-55 所示图标。

（3）可以直接单击出现的图标进行选择性粘贴，也可以单击"选择性粘贴"，在出现的对话框（见

图 1-56）中选择所需的粘贴方式，单击"确定"按钮即可。

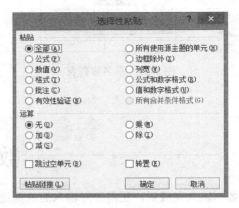

图 1-55　单击右键出现粘贴选项　　　　　　　图 1-56　"选择性粘贴"对话框

从图 1-56 中可以看出，在选择性粘贴对话框中，包含各种可以用来粘贴的目的对象，粘贴时可以进行大的运算，以及跳过空单元格和转置等，善于利用"选择性粘贴"，能够解决实际工作中的很多问题，起到事半功倍的效果。下面举几个应用实例。

1．使从其他地方复制来的文字变"干净"

在 Excel 中也可以粘贴从 Word 文档、HTML 网页或者其他类型文档上复制过来的文本，但是不要原来的格式，此时使用"选择性粘贴"将非常有效。以复制网页上的文字为例，如果直接"粘贴"网页文字，往往字体大小不一，颜色多样，并且经常需要等待（因为 HTML 格式粘贴时容量大），甚至造成"系统假死"，这时，就需要使用选择性粘贴。

在其他地方复制的文本如果粘贴到 Excel 中，可以选择"选择性粘贴"，在出现的"选择性粘贴"对话框（见图 1-57）中，根据需要选择粘贴的方式即可。

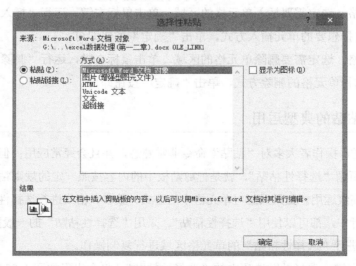

图 1-57　对文本进行"选择性粘贴"

在图 1-57 中，对于从其他地方复制过来的文字，除了粘贴为"文本"格式外，还可以根据需要选择性粘贴为“超链接”“图片”“Word 文档对象”等格式。

2. 复制公式计算的结果而不是公式本身

有时，在利用 Excel 提供的公式计算出来结果之后，还需要把计算结果复制到其他工作表，而不要公式本身，在这种情况下，也可以使用“选择性粘贴”功能，操作方法为：首先选取已经使用公式计算的单元格或者单元格区域，并执行复制操作，然后把光标移动到需要粘贴公式结果的单元格区域开始位置，单击鼠标右键，选择“选择性粘贴”命令，打开“选择性粘贴”对话框，在其中选中“数值”单选按钮，最后单击“确定”按钮即可。

3. 利用选择性粘贴进行数据运算

如图 1-56 所示，读者可能已经看出，利用“选择性粘贴”还可以进行数据运算，如图 1-58 所示，左边表格为某些学生的当前成绩，根据学校规定，学生参加国家大赛获奖后可以对成绩予以加分，现需对这些学生的成绩增加 5 分。

	A	B	C	D	E
1	序号	姓名	成绩		加分分值
2	1	张晓	80		5
3	2	林庆	75		
4	3	张证军	69		
5	4	陈俊	83		
6	5	吴东	90		
7	6	张大军	89		

图 1-58 利用“选择性粘贴”进行运算

要实现表中成绩数据的变化有很多方法（比如利用公式计算），下面介绍利用“选择性粘贴”实现成绩数据的变化，具体操作步骤如下。

（1）复制原数据表，为了进行对比，此处将原始数据保留在原处，即 A1:C7 区域，同时在其中 G1:I7 再复制一份，修改它们的表格标题，如图 1-59 所示。

	A	B	C	D	E	F	G	H	I
1	序号	姓名	成绩		加分分值		序号	姓名	成绩
2	1	张晓	80		5		1	张晓	80
3	2	林庆	75				2	林庆	75
4	3	张证军	69				3	张证军	69
5	4	陈俊	83				4	陈俊	83
6	5	吴东	90				5	吴东	90
7	6	张大军	89				6	张大军	89

图 1-59 复制一份原表格

（2）选中 E2 单元格，执行复制操作。

（3）选中 G1:I7 单元格数据区域，单击鼠标右键，运行“选择性粘贴”命令，打开“选择性粘贴”对话框，然后在“粘贴”项目中选中“数值”，在“运算”项目中选中“加”，单击“确定”按钮，即可得出加分后的成绩结果，如图 1-60 所示，所有成绩比原来增加了 5 分。

	A	B	C	D	E	F	G	H	I
1	序号	姓名	成绩		加分分值		序号	姓名	成绩
2	1	张晓	80		5		6	张晓	85
3	2	林庆	75				7	林庆	80
4	3	张证军	69				8	张证军	74
5	4	陈俊	83				9	陈俊	88
6	5	吴东	90				10	吴东	95
7	6	张大军	89				11	张大军	94

图 1-60 通过“选择性粘贴”实现了成绩的调整

4. 转置功能的实现

选择性粘贴还有一个很常用的功能，就是“转置”功能，就是实现“行”变“列”，“列”变

"行"。现以图 1-61 所示的学院各系和专业的表格为例，说明如何用选择粘贴命令实现表格的转置。先选中 A1:E6 表格并复制，然后将光标定位到 A8，单击鼠标右键，运行"选择性粘贴"命令，在打开的对话框中选中"转置"复选框，最后单击"确定"按钮，即可得到图 1-61 中的效果。（备注：也可以单击鼠标右键，直接选择"粘贴选项"中的 按键）

	A	B	C	D	E	F
1	**计算机信息系**	**外语系**	**艺术系**	**商务系**	**文学系**	
2	信息工程专业	英语专业	产品造型专业	商务管理专业	汉语言文学专业	
3	软件工程专业	日语专业	工业设计专业	会计学专业	汉语国际教育专业	
4	计算机科学与技术专业	德语专业	动画专业	审计学专业	广告学专业	
5	物联网专业	俄语专业	素描专业	资产评估专业	新闻学专业	
6	网络工程专业		雕塑专业	金融学专业	传播学	
7						
8	**计算机信息系**	信息工程专业	软件工程专业	计算机科学与技术专业	物联网专业	网络工程专业
9	**外语系**	英语专业	日语专业	德语专业	俄语专业	
10	**艺术系**	产品造型专业	工业设计专业	动画专业	素描专业	雕塑专业
11	**商务系**	商务管理专业	会计学专业	审计学专业	资产评估专业	金融学专业
12	**文学系**	汉语言文学专业	汉语国际教育专业	广告学专业	新闻学专业	传播学

图 1-61　对文本进行"选择性粘贴"

5．粘贴链接的操作

在图 1-56 所示的"选择性粘贴"对话框中，如果单击"粘贴链接"按钮，执行的粘贴操作将会作为一种链接操作，操作后将会在目的位置建立一个指向源文件的链接，以后用户对源文件所做的改动都将自动反映到粘贴后的文件中，实现复制后的数据会动态变化。

1.6.3　清除单元格数据

单元格中的数据不再需要时，还可以进行清除，清除单元格数据包括 3 种方法：第一是按 Delete 键，删除数值和公式，不能删除格式 、批注、超链接等；第二是单击鼠标右键选择"清除内容"命令；第三是单击"开始"菜单栏中的"编辑"框内的"清除"命令，在弹出的下拉菜单中选择需要删除的类型，选择"全部清除"，将清除单元格的数据及其格式；选择"清除格式"，则仅清除格式，而保留单元格中的数据；选择"清除内容"，则仅清除数据和公式，而保留格式，这就是默认的 Delete 键功能；选择"清除批注"，则仅仅是清除批注；选择"清除超链接"，则仅仅清除所选单元格的超链接。

习题一

1．在 Excel 中，都有哪些快捷的输入方法？请列举 10 种，并说明其操作要点。

2．在 Excel 中，如何设置条件，以便对输入的数据进行有效性审核？

3．在 Excel 中，如何输入有规律的数据和各种序列数据？请举例说明。

4．什么是下拉格式列表选择输入方法？如何设计下拉式列表进行数据输入？

5．什么是"选择性粘贴"？请列举说明 Excel 中选择性粘贴都有哪些主要用处。

6．上机自行将本章的所有实例操作一遍。

7．请按照下面的要求，完成学生信息表（见习题图 1-1）。

	A	B	C	D	E	F	G	H	I	J	K	L	M	N
1				学生信息表										
2	学号	姓名	性别	身份证号	出生日期	学生来源地	专业	班级		专业		班级号码		
3	DR2012101	张晓	男	410526199207250025	1992/7/25	四川	信息工程	1		信息工程专业	1			
4	DR2012102	林庆	女	410526193309250026	1993/9/25	重庆	信息工程	2		软件工程专业	1	2	3	4
5										计算机科学与技术专业	1	2	3	
6										物联网专业	1	2		
7										网络工程专业	1	2	3	
8														
9														
10										学生来源地				
11										河南				
12										安徽				
13										河北				
14										四川				
15										重庆				
16										新疆				
17										辽宁				

习题图 1-1

（1）学号用序列输入，并设置为自动添加前面的公共部分，也就是输入 1、2 就显示为 DR2012101、DR2012102，然后向下拖动即可得到所有序号。

（2）性别、学生来源地设置为下拉列表输入，其中学生来源地在 J10:J17 给出。

（3）光标移动到姓名字段时，自动设置为中文输入法状态。

（4）身份证号码全部为 18 位的文本输入法状态。

（5）出生日期的有效范围设置为 1990-01-01 到 1994-01-01 之间，当光标移动到本列时，给出输入提示信息，输入非区间内的数据时，提示"输入日期错误"的提示信息，并拒绝输入，设置中文输入法状态为自动关闭。

（6）为专业和班级设置级联下拉列表，其中专业列表在 J3:N7 区域，它们后面给出的数字为班级号，要求选择专业后，后面可选的专业班级号码与相关专业的班级号码一致。

第2章 单元格数据的格式设置

本章知识点

- 单元格格式设置的常用方法
- 工作表格式的自动套用
- 单元格格式的替换与复制
- 各种内置数字格式的应用
- 自定义数字的格式代码
- 自定义数字格式的应用
- 条件格式的设置与应用

2.1 单元格格式的一般设置

数据输入 Excel 工作表中之后，还需要对输入的各种数据进行格式设置，数据格式的设置直接关系到数据表的显示效果、编辑处理以及后期的打印质量，本节先介绍单元格格式的一般设置，关于数字、文本、日期等类型数据的详细设置，单元格的自定义设置，以及根据输入条件化的数值或者指定相关公式进行条件格式化的设置将在后续几节介绍。

2.1.1 使用"格式"工具栏

在 Excel 中，大多数常用的格式设置命令都集中到"开始"菜单栏上，通过单击其中的按钮，可以方便地进行各种常用的单元格的格式设置操作，这在实际操作中非常方便。图 2-1 所示为"开始"菜单栏，读者应熟悉这些按钮的具体作用及其使用方法，考虑到本节的读者定位，这些按钮的相关操作不再详细解释。

图 2-1　"开始"菜单栏

2.1.2 使用"单元格格式"对话框

"开始"菜单栏下可以进行一些常见设置，但更多设置还需利用"单元格格式"对话框。运行"开始"菜单中"单元格"→"格式"→"设置单元格格式"命令，或在单元格上单击鼠标右键，从快捷菜单中选择"设置单元格格式"命令，都可以打开"设置单元格格式"对话框，如图 2-2 所示，它提供了 6 个选项卡，可用来分别设置不同格式。下面重点说明图 2-2 中当前显示的"对齐"选项中的一些相关用法。

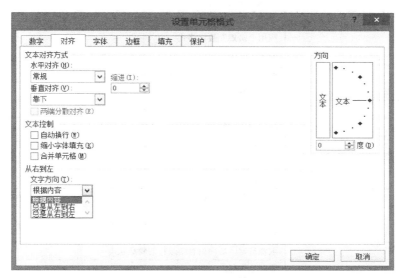

图 2-2　"设置单元格格式"对话框中的"对齐"选项卡

在"对齐"选项卡中，利用相关操作可以非常方便地实现如下几项主要功能。

- 设置数据在单元格中的"垂直对齐"方式（利用"格式"工具栏是无法实现的）。
- 设置当单元格中内容过多，超出其容纳范围时，能够设置"自动换行"功能。
- 当单元格中内容较多，稍微超出其容纳范围时，可设置"缩小字体填充"功能。
- 通过取消"合并单元格"复选框的选中状态，可以取消合并单元格的效果，也就是将合并的单元格再拆分，"格式"工具栏上的"合并居中"只能合并不能拆分。
- 利用"方向"区的相关设置，可以非常方便地设置文字的排列方向，包括常用的文字竖排效果的设置、文字倾斜一定角度的设计。

另外，在图 2-2 中，"对齐"选项卡的"水平对齐"列表中提供了更多的功能设置。例如选择其中的"分散对齐（缩进）"功能，可以实现文字在单元格水平方向的分散对齐。

例如，在图 2-3 中，"姓名"一列就使用了"分散对齐"效果，其中两个字的名字，如"张军"中间的空格不是操作者输入的，而是自动分散对齐的效果。这项功能利用"格式"工具栏中给出的几种水平对齐方式在默认情况下是无法实现的。

	A	B	C
1	序 号	学 生 姓 名	学 生 籍 贯
2	1	张 晓 虹	河 南
3	2	刘 明 明	安 徽
4	3	吴 晓	河 北
5	4	倪 妮	四 川
6	5	张 军	重 庆
7	6	崔 晓	新 疆
8	7	孙 莉	辽 宁
9	8	苏 超	海 南
10	9	赵 宁	河 南

图 2-3　设置姓名水平分散对齐的效果

2.1.3　利用快捷键对单元格格式进行设置

除了上面介绍的利用鼠标右键法或者工具栏打开"单元格格式"对话框进行单元格设置之外，还可以使用一些快捷键对单元格格式进行设置，见表 2-1。

表 2-1 常用的单元格格式设置快捷键

快捷键	实现功能
Alt+'（撇号）	显示"样式"对话框
Ctrl+1	显示"单元格格式"对话框
Ctrl+Shift+~	应用"常规"数字格式
Ctrl+Shift+ $	应用带两个小数位的"货币"格式（负数在括号中）
Ctrl+Shift+%	应用不带小数位的"百分比"格式
Ctrl+Shift+^	应用带两位小数位的"科学记数"数字格式
Ctrl+Shift+#	应用含年、月、日的"日期"格式
Ctrl+Shift+@	应用含小时和分钟并标明上午或下午的"时间"格式
Ctrl+Shift+!	应用带两位小数、使用千位分隔符且负数用符号（-）表示的"时间"格式
Ctrl+B	应用或取消加粗格式
Ctrl+I	应用或取消字体倾斜格式
Ctrl+U	应用或取消下画线
Ctrl+5	应用或取消删除线
Ctrl+9	隐藏选定行
Ctrl+Shift+（（左括号）	取消选定区域内所有隐藏行的隐藏状态
Ctrl+0（零）	隐藏选定行
Ctrl+Shift+）（右括号）	取消选定区域内所有隐藏列的隐藏状态
Ctrl+Shift+&	对选定单元格应用外边框
Ctrl+Shift+	取消选定单元格的外边框

2.1.4 自动套用格式

Excel 提供了自动套用格式工具，其中包含 17 种现成的格式可供用户选取，这有助于对数据表格进行快速格式化设置。对数据表自动套用格式的操作方法和步骤如下。

（1）单击"开始"菜单栏下"样式"命令中的"套用表格格式"图标，将会出现如图 2-4 所示的各种自动套用表格的示例效果。

图 2-4 套用表格下拉菜单所显示的自动套用表格的示例效果

（2）单击自己需要套用的格式后，将会出现"创建表"对话框，在"表数据的来源"一栏中输入所需套用格式的数据单元格区域，如图 2-5 所示，也可以通过单击"表数据的来源"对话栏中的
按钮来选择数据表格区域。

（3）选择完毕后，单击图 2-5 中的"确认"按钮即可。

说明：上述方法将套用示例中的全部格式，如果只想套用其部
分效果（如只使用其字体和边框格式），可以用以下方式进行选择：
套用好格式后，Excel 表格的工具栏将会出现图 2-6 所示的"表格样
式选项"选项，可以在"表格样式选项"选项中通过选择对所选格
式的部分效果进行调整。

图 2-5　在对话框中选择需套用
格式的数据单元格区域

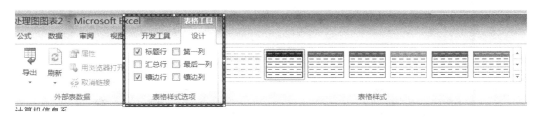

图 2-6　带选项的"表格工具设计"

2.1.5　单元格格式的替换

设置好单元格格式之后，如果后来将具有相同格式的单元格统一更换为另一种格式，如何进行
操作呢？此时，其实利用"查找和替换"工具便可，它不但可以用来替换单元格的内容（该操作读
者一般都熟悉），而且可以用来替换单元格的格式。

下面以将工作表中所有红色、斜体的单元格数据替换为蓝色、加粗字体为例，说明利用"查找
和替换"工具替换单元格格式的操作方法，具体操作步骤如下。

（1）运行"开始"菜单栏下的"查找和选择"→"替换"命令，或直接按 Ctrl+H 组合键，
打开"查找和替换"对话框，然后单击其中的"选项"按钮，展开"查找和替换"对话框，如
图 2-7 所示。

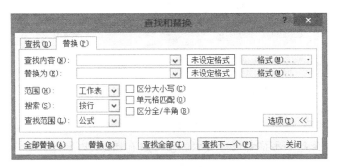

图 2-7　展开"查找和替换"对话框

（2）单击图 2-7 中"查找内容"项目右边的"格式"按钮，打开"查找格式"对话框，如图 2-8
所示，在其中设置字符为红色、斜体效果。

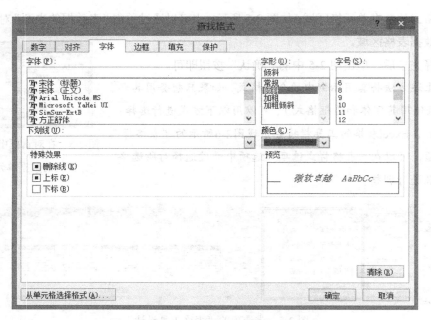

图 2-8   设置需要替换的原始单元格格式

说明：在图2-8中，也可以单击左下角的"从单元格选择格式"按钮，然后用鼠标单击任意一个需要替换格式的原始单元格。

（3）单击图 2-7 中"替换为"项目右边的"格式"按钮，打开"替换格式"对话框，按照步骤（2）中所说的方法，将其中的字符设置为蓝色、加粗效果。

（4）经过以上操作，用来替换格式的"查找和替换"对话框设置完毕，如图 2-9 所示，此时在"查找内容"和"替换为"后面以"预览"为示例文字已经显示相应的文本格式。

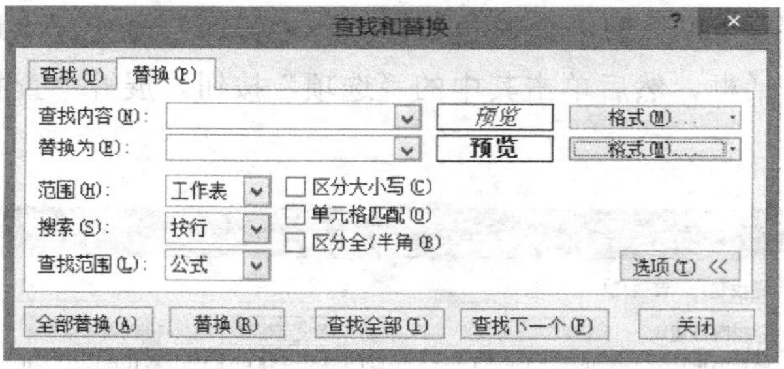

图 2-9   设置好用来替换格式的"查找和替换"对话框

（5）单击"全部替换"按钮，就可以将满足条件的单元格格式全部替换为新格式。

说明：如果不是将全部单元格都进行替换，还可以在图2-9中逐个单击"查找下一个"按钮，然后对需要替换的目标单击"替换"按钮，这样可以实现有选择性地替换。

2.1.6   单元格格式的复制

当对单元格进行格式化设置时，有些操作是重复的，这时可以使用复制格式的方法来提高格式化的效率，Excel 提供了两种复制单元格格式的方法。

　　方法一（菜单法）：先复制设置好格式的单元格，然后单击鼠标右键运行"选择性粘贴"命令，从弹出的"选择性粘贴"对话框中选取"格式"单选按钮，单击"确定"按钮即可。

　　方法二（利用"格式刷"按钮法）：首先选择需要复制格式的源单元格（例如，若想将 B2 的格式复制给 C2:I2，则先选择单元格 B2）；然后单击开始菜单栏下的 格式刷 按钮，此时所选单元格外面出现闪动的虚线框；最后用带有格式刷的光标单击"刷选"目的单元格区域（上述举例应该是 C2:I2 区域），完成单元格格式的复制操作。

2.2　各种内置数字格式的使用

　　本节以及下节所说的单元格中的数据，除了数值数据之外，也包括日期和时间型数据，因为它们在计算机中最终存储的也是数字。对单元格数据的数字格式设置是单元格格式设置中常用的一种操作。用户通过前面介绍的运行"开始"→单元格栏中的"格式"→"设置单元格格式"命令，或按下 Ctrl+1 组合键，或在单元格上单击右键，从快捷菜单中选择"设置单元格格式"命令，都可打开"设置单元格格式"对话框，在如图 2-10 所示的"数字"选项卡中，可以进行数字格式的多种设置。

图 2-10　"设置单元格格式"对话框中的"数字"选项卡

　　对于数值型数据，在图 2-10 的"分类"列表中给出了不同的内置格式设置，读者可以根据需要，单击相关名称之后选择使用。下面的图 2-11 和图 2-12 分别为对输入的数值型数据、日期型数据、时间型数据在设置为不同的数字格式下的不同显示效果。

	A	B	C
1	输入格式	设置后显示的格式	说明
2	32105.15	32105.15	常规格式
3	32105.15	¥32,105.15	人民币货币格式
4	32105.15	32105.1500	增加了四位小数点位数
5	32105.15	32105.2	减少了一位小数点位数
6	32105.15	3210515.00%	默认百分比格式
7	32105.15	32,105.15	增加了千分位符号
8	32105.15	$32,105.15	使用了美元的货币格式
9	32105.15	32,105.15 €	使用了欧元的货币格式
10	32105.15	1987/11/24	把数字当作序号转化为了时间格式
11	32105.15	32105 1/7	分数格式
12	32105.15	3.21E+04	用了科学计数法表示
13	32105.15	32105.15	转换成了文本格式
14	32105.15	三万二千一百〇五.一五	中文小写数字
15	32105.15	叁万贰仟壹佰零伍.壹伍	中文大写数字

图 2-11　数值型数据在设置为不同格式下的显示效果

	A	B	C	D
1	数据类型	输入的格式	设置后的显示效果	说明
2		9/26	9月26日	一般的日期显示格式
3		9/26	2013/9/26	按"年/月/日"顺序显示的日期
4		9/26	2013年9月26日	带"年"、"月"、"日"字样的数字日期
5	日期型数据	9/26	二〇一三年九月二十六日	带"年"、"月"、"日"字样的汉字日期
6		9/26	9/26/13	按"月/日/年"顺序显示的日期
7		9/26	09/26/13	按"月/日/年"顺序显示的日期,并且用长月份格式
8		9/26	26-Sep-13	用了英语月份的缩写词表示月份,显示完整日期数据
9		9/26	26-Sep	用了英语月份的缩写词表示月份,只显示月和日
10		14:30	14:30	一般的时间显示方式
11		14:30	2:30 PM	带上下午标记的时间显示格式
12		14:30	14:30:00	带上秒的完整时间格式
13	时间型数据	14:30	14时30分	带上"时"、"分"字样但用数字表示的时间
14		14:30	14时30分00秒	带上"时"、"分"、"秒"字样但用数字表示的时间
15		14:30	下午2时30分	带上"上午"、"时"、"分"字样但用数字表示的时间
16		14:30	下午2时30分00秒	带上"上午"、"时"、"分"字样但用数字表示的完整时间
17		14:30	下午二时三十分	带上"上午"、"时"、"分"字样,并用中文小写数字表示的完整时间

图 2-12　日期型和时间型数据在设置为不同格式下的显示效果

2.3　自定义数字格式的应用

上一节介绍了各种内置数字格式的使用,仅仅这些设置在实际管理工作中还是不够的,如果内置的数据格式无法满足实际工作的需要,用户还可以创建自定义数据格式。

2.3.1　自定义数字格式的创建与删除

1. 自定义数字格式的创建

要创建自定义数字格式,只要在"单元格格式"对话框的"数字"选项卡中选择"分类"列表中的"自定义",然后在"类型"文本框中输入自定义的数据格式代码,如图 2-13 所示输入的"'成绩' 0.00",或者选择下拉框中系统给出的格式代码,最后单击"确定"按钮即可完成。

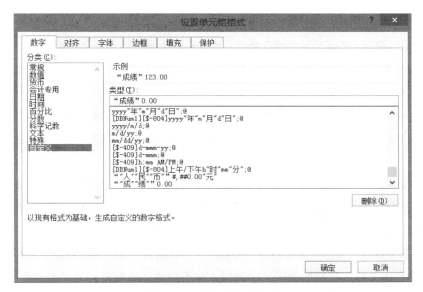

图 2-13　自定义数字格式

2. 自定义数字格式的效果实例

如图 2-14 所示，就是按照图 2-13 中自定义设置前后的单元格数字的显示效果。

3. 自定义数字格式的删除

如不再需要自定义格式，可以将其删除，操作是在图 2-13 的"单元格格式"对话框的"数字"选项卡右侧边"类型"框底部找到需要删除的自定义格式，然后单击"删除"按钮即可。

	A	B
1	输入格式	显示效果
2	80	"成绩" 80.00
3	5	"成绩" 5.00
4	123456	"成绩" 123456.00

图 2-14　自定义数字格式的显示效果

说明： 即使事先已经选取设置单元格的一部分区域，但只要删除自定义格式后，工作簿中所有使用该格式的单元格都将变为默认的"常规"格式，并且该操作无法进行撤销。

2.3.2　自定义数字的格式代码设置

如图 2-13 所示，自定义数字格式都是通过各种格式代码得到的，所以，要想掌握自定义数字的格式设置，必须学会对其格式代码进行设置。

如果用户先在"分类"列表框中选定一个内置的数据格式，然后选择"自定义"项，就能够在"类型"文本框中看到与之对应的格式代码。另外，在原有的格式代码的基础上进行修改，能够更快速地得到自己的自定义格式代码。

1. 自定义数据格式的代码格式

许多用户可能并不了解，自定义数据格式能够让他们随心所欲地显示单元格数值，有的用户或许是因为害怕面对长长的格式代码而放弃使用这个有用的工具，实际上，自定义数字格式代码并没有想象中那么复杂和困难，只要掌握了它的规划，就很容易读懂和书写软件自身给出的各种格式设置代码，甚至还能熟练地创建属于自己的自定义数据格式。

　　自定义数据的完整格式代码组成结构为：

　　"大于条件值"格式；"小于条件值"格式；"等于条件值"格式；文本格式

　　在没有特别指定条件值时，默认条件值为 0，因此，默认情况下格式代码的组成结构为：

　　正数格式；负数格式；零值格式；文本格式

　　也就是说，在默认情况下，自定义格式代码可以分为 4 种类型的数据指定不同的格式：正数、负数、零值和文本，在代码中，各个部分之间用分号来间隔不同的区段，每个区段的代码作用于不同类型的数值。

　　用户并不需要每次都严格按照这 4 个部分来编写格式代码，只写一个或者两个部分也是可以的，如果用户只使用一部分，那么格式代码将应用于所有的值，如果用户使用两部分，那么第一部分将应用于正数和零值，第二部分则应用于负值。如果用户使用三部分，那么第一部分将应用于正数，第二部分应用于负值，第三部分应用于零值。如果四部分都使用，那么最后一部分则应用于单元格中的文本。

　　下面是一个自定义格式代码的例子，它针对 4 种不同类型的数值定义了不同的格式。

　　　　　　#,##0.oo;【红色】 #,　##0.00;【绿色】G/通用格式；"""" @ """"

　　表 2-2 为应用了这种自定义格式代码后在单元格中输入不同内容后的现实效果。

表 2-2　　　　　　　　　　　设置格式代码后单元格显示的一个例子

原始数值	显示值	说明
1230.6	1,230.60	正数显示为带千分号和两位小数
−1230.6	1,230.60	负数显示为带千分号和两位小数并且用红色表示
0	0	零值用绿色表示
学校	"学校"	文本的两边加上双引号

2. 自定义数据的常见格式代码及其含义

　　在用户自定义格式时，经常会用到一些已经有的现成代码，可以直接使用，或者在其基础上进行修改编辑，这都需要先掌握它们的含义，表 2-3 给出了这些代码及其各自含义。

表 2-3　　　　　　　　　　　各种常见格式代码及其各自含义

代码	含义
G/通用格式	不设置任何格式，按原始输入的数据显示
#	数字占字符，只显示有效数字，不显示无意义的零值
0	数字占位符，当数字比代码的数量少时，显示无意义的零
?	数字占位符，需要的时候在小数点两侧增加空格，也可用于具有不同位数的分数
.	小数点
%	百分数。如设置代码 0.00%，此时输入数据 78，则单元格中显示 7800.00%
,	千位分隔符
E	科学计数符
\	显示格式里的下一个字符

续表

代码	含义
*	重复下一个字符来填充列宽
_	留出与下一个字符等宽的空格，利用这种格式可以很容易地将正负数对齐
" "	显示双引号里面的文本
@	文本占位符，如使用单个@，则引用原始文本；如使用多个@，则可重复文本。例如，若设置代码："集团总公司'@'部"，此时输入数据：人事，则单元格中显示：集团总公司人事部。若设置代码：@@@，此时输入数据：加油！，则单元格中显示：加油！加油！加油！
【颜色】	颜色代码。其中的颜色设置可以是：【black】/[黑色]、【white】/[白色]、【red】/[红色]、【cyan】/[青色]、【blue】/[蓝色]、【yellow】/[黄色]、【magenta】/[洋红色]、【green】/[绿色] 需要注意的是，在英文版用英文代码，在中文版则必须使用中文代码
【颜色 n】	显示 Excel 调色板上的颜色，n 是 0~56 的一个数值
【条件值】	设置满足指定条件的数据格式，格式代码中要加入带中括号的条件。如代码：【红色】【<=100】；[蓝色]【>100】，将以红色显示小于等于 100 的数，以蓝色显示大于 100 的数

2.3.3 自定义数字格式应用实例之一：不显示零值

要想使工作表中的零值不显示，有很多方法，包括"选项"设置法、IF 函数判断法、ISBLANK 函数测定法等。其中后面两种方法在本书后面第 4 章的函数部分会进行介绍。

下面介绍"选项"设置法，操作步骤为：运行"文件"→"选项"→"高级"命令，在出现的"Excel 选项"对话框中，将复选框"在具有零值的单元格中显示零"取消默认选中状态即可（见图 2-15）。

图 2-15 取消单元格中显示零值的设置

其实，利用自定义数据格式，不但可以实现以上不显示零值的作用，而且能够让工作表中的一部分单元格不显示零值，而其他的单元格仍然显示零值，这样就比上面的"选项"设置法更为灵活。设置方法为：只要在自定义的输入框中输入代码"#"即可。

2.3.4　自定义数字格式的应用实例之二：缩放数值

很多用户在工作中常常需要处理很大的数字，例如千、万、百万等，在 Excel 中，通过自定义格式，可以在不改变数值本身的同时把它们进行缩放，表 2-4 为部分效果。

表 2-4　　　　　　　　　　　　　　使用自定义数据格式缩放数值

原始数值	显示值	代码	说明
123456789	123.46	0.00,,	按百万缩放数值，保留两位小数，输入正数情况
−123456789	−123.46	0.00,,	按百万缩放数值，保留两位小数，输入负数情况
0	0.00	0.00,,	按百万缩放数值，保留两位小数，输入零的情况
123456789	123.46 百万	0.00,, 百万	按百万缩放数值，并显示"百万"字样
−1234567	−123.5 万	0 "." 0, "万"	按万缩放数值，保留一位小数，并显示"万"字样
123456	123.46 千	0.00, "千"	按千缩放数值，保留两位小数，并显示"千"字样
123456	1234.56 百	0". "00 "百"	按百缩放数值，保留两位小数，并显示"百"字样

2.3.5　自定义数字格式的应用实例之三：智能显示百分比

利用自定义格式，可以进行智能显示百分比的设置，该智能性主要表现为：对于一个单元格区域中的数据，当数据为小于 1 的数字时，就按百分比格式显示；当数据大于或等于 1 时，仍然采用常规的数值格式显示，同时让所有的数据都排列整齐。

上面的自定义格式效果，通过设置以下格式代码就可以实现：

格式代码：【<1】0.00%；0.00_%

按照上面的格式代码设置之后的效果见表 2-5。

表 2-5　　　　　　　　　　　　　　智能显示百分比

原始数值	显示值	代码
0	0.00%	
0.06	6.00%	
0.8	80.00%	[<1]0.00%；#0.00_%
1.235	1.24	
18.5	18.50	

说明：上面的代码有两个区段，第一个区段使用了一个判断，对应数值小于1时的格式；第二个区段则对应不小于1时的格式；在第二个区段中，百分号前使用了一个下划线，目的是保留一个与百分号等宽的空格，另外显示的数字都保留两位小数。

2.3.6　自定义数字格式的应用实例之四：分数的不同显示方式

Excel 内置了一些分数的格式，另外，用户还可以使用自定义数据格式得到更多分数的表示方法。比如在显示的时候加上"又"字，加上表示单位的符号，或者使用一个任意的数字作为分母。

使数据用自定义数据格式设置的一些分数显示效果及其代码见表2-6。

表 2-6 显示分数的自定义数据格式

原始数据	显示值	代码
6.25	6 1/4	# ?/?
6.25	6 25/100	# ????/100
6.25	625/100	#????/100
6.25	6 又 1/4	# "又"?/?
6.25	6 4/16	# ??/16

2.3.7   自定义数据格式的应用实例之五：隐藏某些内容

利用自定义数据格式，用户还可以隐藏某些类型的输入内容，或者把某些类型的输入内容用特定的内容来替换。表 2-7 为使用自定义数据格式隐藏某种类型的数值的一些例子。

表 2-7 使用自定义数据格式隐藏某种类型的数值

原始数值	显示值	代码	说明
12		[>100]0.00;	大于 100 才显示
123	123.00	[>100]0.00;	大于 100 才显示
Excel2003	Excel2003	;;	只显示文本，不显示数字
2003		;;	只显示文本，不显示数字
Excel	*************	0.00;0.00;0 ;**	只显示数字，文本用*表示
123	123.00	0.00;0.00;0;**	只显示数字，文本用*表示
123		;;;	任何类型的数据都不显示
Excel		;;;	任何类型的数据都不显示

2.3.8   自定义数字格式的应用实例之六：日期和时间类型数据的自定义格式

Excel 虽然内置了很多时间和日期的格式设置，但是用户还可以使用自定义数据格式得到更多时间和日期的表示方法。图 2-8 为使用自定义格式设置的时间和日期效果。

表 2-8 使用自定义数据格式设置的时间和日期效果

原始数据	显示值	自定义格式代码
123456	12:0 am Wed Jan 3,2238	h:m am/pm ddd mmm d,yyy
123456	January 3,2238(Wednesday)	mmmm dyyyy(dddd)
123456	2238-01-03	yyyy-mm-dd
123456	Wed 38-Jan-03	ddd yy-mmm-dd
123456.12	2238 年 1 月 3 日星期三 上午 2 时 57 分	Yyy "年"m"月"d"日"aaa 上午/下午 h"时"m"分"
0.123456	2:57	h:mm

原始数据	显示值	自定义格式代码
0.123456	02:57:47 am	hh:mm:ss am/pm
0.123456	2:57:47	h:m:s
0.123456	177:47	[mm]:ss

说明：从上面几个例子可以看出，自定义数据格式非常灵活，用户只要掌握了各种代码的含义和使用方法，就能让数据在表中以任意形式显示。但是，需要强调的是：无论对单元数据格应用了何种数据格式，都只会改变单元格的显示形式，而不会改变单位格存储的真正内容。反之，在工作表上看到的单位格显示内容，也许不一定是格式其真正的存储内容，它有可能仅仅只是原始数据经过各种单元格格式设置变化后的一种表现形式。

2.4 条件格式化的应用

前面介绍的自定义格式中，只能对单元格内的数字显示格式进行设置，无法对单元格式本身的格式（如边框、填充颜色、图案等）进行设置。利用条件格式，可以根据单元格的数值或某一公式结果，设置数据的格式和设置单元格本身的格式。

2.4.1 设置基于数值的条件格式化

在 Excel 中，对单元格数据的条件格式设置有两种方法：一种是基于数值条件进行条件格式化设置；另一种是基于公式计算结果进行条件格式化设置，本节介绍前者的操作。

例如，在如图 2-16 所示的学生考试成绩表中对不同区间的成绩设置了不同的字体格式，分别是：优秀成绩（大于 85 分），浅红填充色深红色的效果；不及格成绩（小于 60），红色斜体效果；其余中间成绩，任用默认字体格式。

	A	B	C	D	E	F	G	H
1	学号	姓名	英语	数学	计算机	C语言	体育	心理健康
2	1	张晓	72	86	67	76	62	82
3	2	林庆	32	83	46	68	86	64
4	3	张证军	44	45	65	61	68	60
5	4	陈俊	61	36	54	75	74	76
6	5	吴东	53	70	61	78	88	82
7	6	张大军	54	48	71	79	60	72
8	7	马洪	59	41	58	67	60	60
9	8	刘军	36	46	75	81	60	61
10	9	张伟	64	34	58	78	63	85
11	10	邢俊	42	34	72	65	90	63
12	11	丁一明	37	40	68	71	87	60
13	12	王征	67	63	80	80	64	70
14	13	刘宝	50	73	66	64	66	75
15	14	刘颖	49	58	49	70	80	74
16	15	郑晖	41	62	50	81	60	71
17	16	洪峰	34	51	65	74	79	81
18	17	马晓丽	74	96	61	62	80	63
19	18	佟红	35	65	47	68	63	65
20	19	韩俊	37	43	65	70	60	69
21	20	孙国军	53	78	62	89	76	60

图 2-16　不同区域的成绩设置成了不同的字体格式

以上效果的获得，使用的就是基于数值的条件格式化设置方法，具体操作步骤如下。

（1）设置 85 分以上单元格的效果：选择表中需要设置条件格式的单元格区域 C2:H21（可根据实际情况输入行数），运行"开始"→样式中的"条件格式"→"突出显示单元格规则"→"大于"命令，在弹出的"大于"对话框中，在"为大于以下值的单元格设置格式"中输入"85"，在其后"设置为"框中选择"浅红填充色深红色文本"，单击"确定"按钮即可，如图 2-17 所示。

图 2-17　"大于"条件格式对话框

（2）设置 60 分以下单元格的效果：选择表中需要设置条件格式的单元格区域 C2:H21（可根据实际情况输入行数），运行"开始"→样式中的"条件格式"→"突出显示单元格规则"→"小于"命令，弹出"小于"对话框，在"为小于以下值的单元格设置格式"中输入"60"，在其后"设置为"框中选择"自定义格式"，在弹出的对话框中将字体设置成红色斜体效果（见图 2-18），单击"确定"按钮即可。

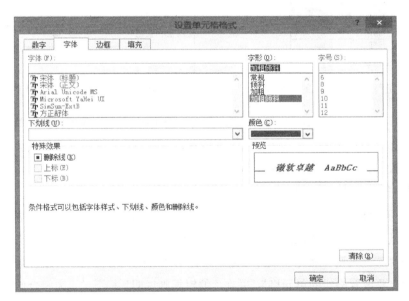

图 2-18　对符合"小于"条件的数值进行字体的设置

说明：如在表格中出现零值，并想将零值隐藏，可采用条件格式化的方法，操作时将满足条件的单元格数据颜色设置为白色即可。

2.4.2　设置基于公式的条件格式化

基于数值条件进行格式化设置的操作比较简单，大多数读者比较容易掌握。作为对条件格式化设置的一个提高，本节介绍基于公式的条件格式化设置。

例如，在图 2-19 所示的各省销售额数据区域中超过平均值以上的单元格使用了特殊的字体和图案，以便突出显示，其中使用的就是基于公式的条件格式化。

要实现对上述单元格区域应用基于公式的条件格式，操作步骤如下。

（1）选择表中需要设置条件的单元格区域 C2:C21（可根据实际情况输入行数）。

（2）运行“开始”→样式中的“条件格式”→“项目选取规则”→“高于平均值”命令，如图 2-20 所示，在弹出的对话框中按照 2.4.1 小节中的例子进行字体以及单元格颜色的设计。

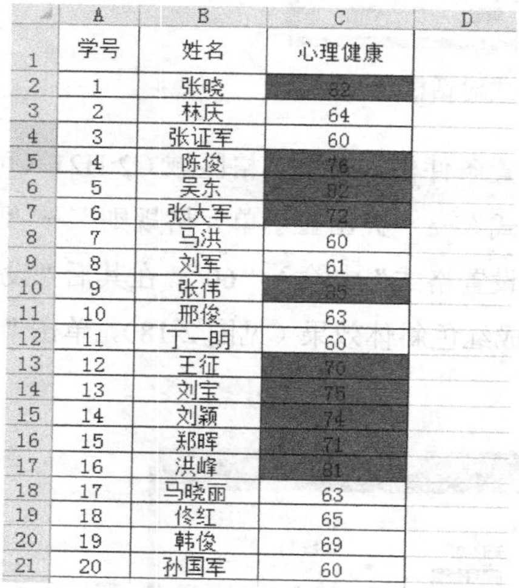

	A	B	C	D
1	学号	姓名	心理健康	
2	1	张晓	82	
3	2	林庆	64	
4	3	张证军	60	
5	4	陈俊	76	
6	5	吴东	82	
7	6	张大军	72	
8	7	马洪	60	
9	8	刘军	61	
10	9	张伟	85	
11	10	邢俊	63	
12	11	丁一明	60	
13	12	王征	70	
14	13	刘宝	75	
15	14	刘颖	74	
16	15	郑晖	71	
17	16	洪峰	81	
18	17	马晓丽	63	
19	18	佟红	65	
20	19	韩俊	69	
21	20	孙国军	60	

图 2-19　基于公式进行条件格式化的设置效果

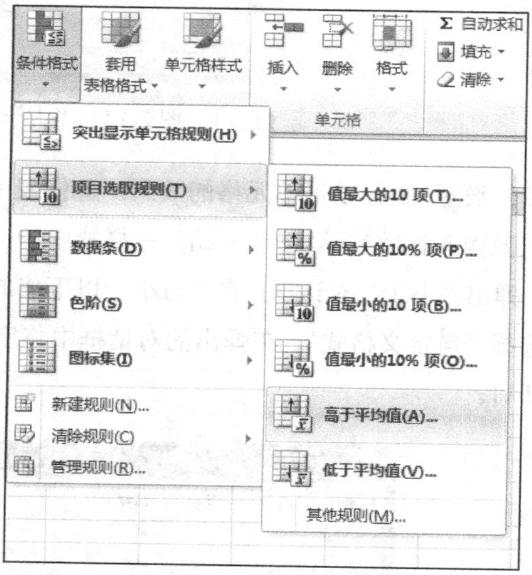

图 2-20　选择条件格式化的命令

如图 2-20 中，Excel2010 系统中列出了几个基本的条件格式化的选项，如对单元格的条件有其他要求，可以选择“其他规则”选项进行自定义设置。下面对自定义单元格格式再举几个应用实例（不详细说明步骤，只给出公式），请读者体会。

1. 特殊显示日程安排中的周末日期

如图 2-21 所示为某公司人事部 6 月的工作月历，其中的周末日期进行了条件格式设置。

要实现如上效果，只要先选取图中所在区域 B2:B17，然后运行“开始”→“条件格式”→“项目选取规则”→“其他规则”命令，在弹出的“新建格式规则”对话框中“选择规则类型”一栏选择“使用公式确定要设置格式的单元格”，并在“编辑规则说明”栏下的“为符合此公式的值设置格式”中输入公式“=WEEKDAY(B2,2)>5”，最后单击“格式”按钮，从弹出的“单元格格式”对话框中设置字体为红色、加粗斜体效果即可（见图 2-22）。

说明：上面的公式“=WEEKDAY(B2,2)>5”中的函数WEEKDAY(B2,2)用来返回指定日期的星期序号，星期一的返回1，星期二的返回2，…，因此当其值大于5时则为周末日期。本节需要使用Excel中公式和函数的一些知识，如果读者以前没有这方面的基础，建议先跳过本节，等学完第3章和第4章中相关知识后，再回到本节学习。

	A	B	C
1	1	日期	工作任务
2	2	*2008/6/2*	各部门秘书业务培训
3	3	2008/6/3	特聘讲师选定工作
4	4	2008/6/5	出差到北京
5	5	2008/6/6	本人人力资源报告
6	6	2008/6/7	召开关于职称评定的会议
7	7	2008/6/8	组织消防培训
8	8	*2008/6/9*	工资滚动前升级前的准备工作
9	9	*2008/6/10*	人事管理信息系统试运行
10	10	2008/6/11	临时性用功岗位重新招聘
11	11	2008/6/14	统计各部门的岗位津贴
12	12	2008/6/16	参加人才交流大会
13	13	2008/6/20	完成"高新工程"人才特殊方案
14	14	2008/6/22	组织"注册会计师"考试的报名工作
15	15	*2008/6/24*	医疗保险的宣传与培训
16	16	*2008/6/26*	本季度费用与预算报表
17	17	2008/6/28	本月人力资源报告

图2-21　特殊显示日程安排中的周末日期　　图2-22　在"新建格式规则"对话框中进行单元格条件设置

2. 自动显示数据区域中的前三名

如图 2-23 所示为某公司业务员某月的销售情况，其中销售额前三名设置有条件格式。

要实现如上效果，只要先选取图中总成绩所在区 F2:F21（后者需要根据实际人数进行选择），选择"开始"→"条件格式"→"项目选取规则"→"其他规则"命令，在弹出的"新建格式规则"对话框中"选择规则类型"一栏选择"仅对排名靠前或靠后的数值设置格式"，并在"编辑规则说明"对话框中进行如图 2-24 所示的设置，最后单击"确定"按钮即可。

	A	B	C	D	E	F
1	学号	姓名	英语	数学	计算机	总成绩
2	1	张晓	72	86	67	*225*
3	2	林庆	32	83	46	161
4	3	张证军	44	45	65	154
5	4	陈俊	61	36	54	151
6	5	吴东	53	70	61	184
7	6	张大军	54	48	71	173
8	7	马洪	59	41	58	158
9	8	刘军	36	46	75	157
10	9	张伟	64	34	58	156
11	10	邢俊	42	34	72	148
12	11	丁一明	37	40	68	145
13	12	王征	67	63	80	*210*
14	13	刘宝	50	73	66	189
15	14	刘颖	49	58	49	156
16	15	郑晖	41	62	50	153
17	16	洪峰	34	51	65	150
18	17	马晓丽	74	96	61	*231*
19	18	佟红	35	65	47	147
20	19	韩俊	37	43	65	145
21	20	孙国军	53	78	62	193

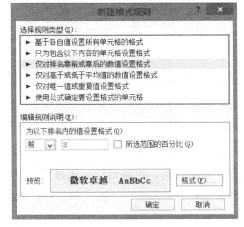

图2-23　自动显示数据区域中前三名　　图2-24　对单元格数值排列前三的进行设置

3. 自动判定输入数据是否符合规则

在实际工作中，有时需要对输入的数据指定范围和规则。如在输入身份证号长度时必须为 15 位或者 18 位，否则数据是错误的。这个问题可以用数据有效性进行设定（上一章已经学过，此处不再做说明），也可以用条件格式化设置完成。具体操作步骤如下。

（1）选择输入的身份证号的单元格区域 D2:D8（可根据实际情况修改行号）。

（2）运行"开始"→"条件格式"→"项目选取规则"→"其他规则"命令，在弹出的"新建格式规则"对话框中选择"使用公式确定要设置格式的单元格"，并输入公式"=OR(LEN(D2)=15, LEN(D2)=18,LEN(D2)=0）"，不设置格式，直接单击"确定"按钮。

说明："=OR(LEN(D2)=15,LEN(D2)=18,LEN(D2)=0)"公式的意思是判断输入的长度是不是15位，或18位，或者还没有输入，只要这3个条件中的一个成立，则为满足条件，其中的OR函数为逻辑"或"的关系，其中多个条件中的一个成立，公式的结果就为真。

（3）再次运行"新建格式规则"对话框，准备输入第二个条件，此时选择"使用公式确定要设置格式的单元格"，并输入公式"=AND(LEN(D2)<>15,LEN(D2)<>18)"，单击"格式"按钮，从出现的"单元格格式"对话框中设置当输入身份证号不满足规则时的显示效果，此处的设置为加上了蓝色填充底纹的效果。

说明："=AND(LEN(D2)<>15,LEN(D2)<>18)"公式的意思是判断输入的长度是不是不等于15位，同时也不等于18位，如果这两个条件都不成立，则为满足条件，其中的AND函数为逻辑"与"的关系，其中多个条件全部成立，公式的结果才为真。

（4）单击"确定"按钮之后，满足身份证号码时，只要满足规则就直接显示，对于不满足规则者，则在输入的单元格上将添加蓝色底纹效果，以示提醒，如图 2-25 所示。

	A	B	C	D	E	F
1				**学院学生信息表		
2	编号	姓名	性别	身份证号	入学日期	成绩
3	DY100301	张晓	男	340802199202073145	2012/9/25	56
4	DY100302	林庆	女	340103198912253063	2012/9/26	78
5	DY100303	张证军	男	340803198207222222	2012/9/27	80
6	DY100304	陈俊	女	500381199202221746	2012/9/28	99
7	DY100305	吴东	男	51010519911	2012/9/29	100
8	DY100306	张大军	男	500227199204062136	2012/9/30	0
9						
10						

图 2-25　不满足规则的输入显示效果

4. 设置数据表格的自动隔行着色

当数据库表格中有大量数据记录时，为使数据显示得更为清楚，便于记录的查阅和观看，可以将数据库中相邻行之间设置为如图 2-26 所示的隔行着色，也称阴影间隔效果。

对于以上效果的取得，读者可能熟悉一种比较容易的简便操作方法——"复制格式法"，以图 2-26 的表格为例，也就是说：先将第1行中的数据单元格设为黄色，然后选中 A1:H2 单元格区域，再用格式化去"刷选"后面的所有行，则最后都变为图 2-26 中的效果。

但是，在实际应用中，上述"复制格式法"有一个很大的缺陷，那就是当数据中的数据因为修序、添加或者删除等原因造成数据行变动时，隔行着色效果可能也会变乱，从而无法起到应有的效果，也就是说，上述方法无法应付将来数据表的动态变化。

以上问题的解决可以通过条件格式化来完成，并可以实现动态变化，具体操作步骤如下。

（1）选定学生成绩所在数据区域 A1:H21（具体行数可以根据实际输入）。

（2）运行"开始"→"条件格式"→"项目选取规则"→"其他规则"命令，在弹出的"新建格式规则"对话框中选择"使用公式确定要设置格式的单元格",并输入公式"=MOD(ROW(),2)=1"。

	A	B	C	D	E	F	G	H
1	学号	姓名	英语	数学	计算机	C语言	体育	心理健康
2	1	张晓	72	86	67	76	62	82
3	2	林庆	32	83	46	68	86	64
4	3	张证军	44	45	65	61	68	60
5	4	陈俊	61	36	54	75	74	76
6	5	吴东	53	70	61	78	88	82
7	6	张大军	54	48	71	79	60	72
8	7	马洪	59	41	58	63	67	60
9	8	刘军	36	46	75	81	60	61
10	9	张伟	64	34	58	78	63	85
11	10	邢俊	42	34	72	65	90	63
12	11	丁一明	37	40	68	71	87	60
13	12	王征	67	63	80	80	64	70
14	13	刘宝	50	73	66	64	66	75
15	14	刘颖	49	58	49	70	80	74
16	15	郑晖	41	62	50	81	60	71
17	16	洪峰	34	51	65	74	79	81
18	17	马晓丽	74	96	61	62	80	63
19	18	佟红	35	65	47	68	63	65
20	19	韩俊	37	43	65	70	60	69
21	20	孙国军	53	78	62	89	76	60

图 2-26　数据表格的隔行着色效果

（3）单击"格式"按钮,从出现的"单元格格式"对话框中设置上述公式结果为真时,单元格为黄颜色填充,最终设置好的"条件格式"对话框如图 2-27 所示。

（4）单击"确认"按钮之后,数据表格的自动隔行着色效果设置完毕。

说明:（1）公式"=MOD(ROW(),2)=1"中的MOD为求余数函数,ROW()测试当前行号,整个公式的意思就是"当行号除以2的余数为1"就执行设置的条件格式,这样就实现了如图2-25所示偶数行单元格正常,奇数行单元格为设置的黄颜色填充效果。

（2）如果想实现偶数行单元格为另一种填充颜色效果,可以安装上面的步骤重新设定一个公式"=MOD(ROW(),2)=0",并设置其满足条件时的另一种填充颜色。

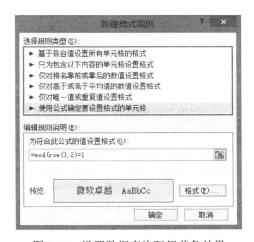

图 2-27　设置数据表格隔行着色效果

2.4.3　条件格式化的删除

条件格式化不再需要的时候还可以删除。如果要删除单元格的条件格式化设置,需要先选取设置有条件格式化的全部单元格,然后选择"开始"→"条件格式"→"清除规则"→"清除所选单元格规则"命令,单击即可。

2.4.4　条件格式化操作的注意事项

在进行条件格式化操作时,以下几点内容需要引起读者的注意。

（1）条件格式化操作对应的"单元格格式"对话框中可以使用的格式主要有字体的字形效果（粗体、斜体）、颜色、下划线、删除线以及边框的颜色和风格、单元格填充颜色和效果。需要注意的是:

它不能定义字体或者改变字号，这主要是因为修改字体、字号后会使行的高度造成混乱，从而使表格打印和显示均不美观。

（2）条件格式化中定义的公式必须是逻辑公式，它的返回值为 TRUE 或 FALSE。如果公式判断为 TRUE 时，条件满足，该条件对应的格式被应用；反之，条件格式不被应用。

（3）应该将公式直接输入"条件格式"对话框中，这样其功能才能真正得以体现。

（4）为单元格区域范围输入一个条件格式公式时，要选择区域范围左上角单元格的引用，并且需要使用相对引用方式，以便条件格式化可以被复制应用到所有选取区域。

（5）将其他单元格复制到包含条件格式的单元格时，将会自动清除条件格式，并不给出任何警告或提示。所以，对于设置有条件格式的单元格，要谨慎使用粘贴方法获取数据。

（6）当复制一个包含条件格式的单元格时，该条件格式也被复制。同样，在包含条件格式的范围内，插入行或列将会使新的行或列也拥有相同的格式。

（7）Excel 工作表中数据格式的设置直接关系到数据表的显示效果、编辑处理以及后期的打印质量。对单元格中数据格式的设置，既可以利用各种内置格式效果，完全或部分自动套用格式，也可以设计条件格式以便实现格式变化，还可以自定义需要的格式显示效果。

习题二

1．利用"单元格格式"对话框进行单元格数字格式的设置，与利用"格式"工具栏进行单元格数字格式的设置相比，具有什么优越的地方？

2．如何将"单元格"命令按钮放置到格式工具栏的最右侧？

3．在 Excel 中，如何进行自定义数字的格式设置？自定义格式代码一般包括几个部分？每一部分是什么含义？相邻的不同部分之间是如何隔开的？

4．什么是条件格式化？在设计基于公式的条件设置时，需要注意什么问题？

5．上机自行将本章的所有实例操作一遍。

6．如习题图 2-1 所示，为某公司人力资源部在 2008 年 5 月进行技术人员招聘时用来登记报名人员信息的汇总表，请按照要求设置各个单元格或者数据列的格式。

习题图 2-1

（1）大标题为合并居中效果，字体为 20 号黑体，加粗效果。

（2）大标题下面的"制表时间"和"录入人员"应与大标题在同一行。

（提示：需要按 Alt+Enter 组合键换行）

（3）"制表时间"和"录入人员"为 12 号楷体，水平方向向右对齐。

（提示：先与大标题一起设置为水平居中，然后按空格键使之右对齐，不能按右对齐按钮使之右对齐，否则将使大标题也设置成为右对齐效果）

（4）第 2、3 行为标题行，请将字体设置为加粗效果，并对相关单元格进行合并，所有单元格中的文字的水平和垂直方向均为居中对齐方式。

（5）设置"报名编号"的自定义格式，以便实现实际输入只需要输入序号，Excel 自动转化为对应的报名编号，例如输入 3，就自动转化为"DY1305001"的格式。

（6）性别、学历和职称设置为下拉列表；其中性别包括"男、女"、学历包括"中专、大专、本科、研究生"，职称包括"实习讲师、讲师、副教授、教授。"

（7）"出生日期"设置为"yyy-mm-dd"的格式，也就是年份用完整的四位，月份和日期均用两位表示，不足的前面补 0，如 75 年 9 月 8 日应显示为"1975/09/08"。

（8）"参加工作时间"设置为汉字显示格式，如 95 年 8 月 8 日应显示为"一九九五年八月八日"。

（9）"期望工资"设置为人民币货币显示格式。

（10）设置"固定电话"的自定义格式，使其前面括号和区号能够自动输入（以便减少重复输入工作量），也就是当输入"82874678"时，自动转化为"（028）82874678"。

（11）"手机"设置为 15 位的文本格式，当输入的手机号码不是 15 位的时候，将其变为红色字体，以便提醒操作人员修改错误。

（12）输入"电子邮箱"时，撤销其自动建立超链接的显示效果。

（提示：输入完成后，单击工具栏上的"撤销"按钮或者按 Ctrl+Z 组合键即可）

（13）除大标题外，内容输入区域全部加上边框，并且最外面边框设置为加粗效果。

（14）调整输入区域的行高和列宽，使表格在一张横放的 A4 纸上可以打印 20 个人的信息，也就是将来应聘人员信息表的打印效果如习题图 2-2 所示。

（提示：关于打印效果设置，详见本书第 9 章，此处重点练习行高、列宽的调整）

7. 接上题，报名结束后，人力资源部组织了一次应聘人员的综合测试，习题图 2-3 所示为测试结果数据，请按以下要求对该表格进行相关操作。

（1）按照上题中（1）～（6）以及（14）的相同要求，制作表格的整体结构。

（2）对表格的测试成绩数据区进行条件格式设置：15 分以上（包括 15 分）设置为蓝色加粗效果，5 分以下设置为红色斜体效果，其余的用默认字体效果。

（3）将表格数据区各行之间的单元格设置为隔行着色效果。

（4）*（选做）如果有一定的公式和函数基础，请计算出表格中每个人的合计成绩（提示：用 SUM 函数），并按合计成绩进行名次排列（提示：用 RANK 函数）。

应聘教师信息汇总表

制表时间：2013-9-1   制表人：吴军

报名编号	姓名	基本信息		教育与工作情况		期望工资	联系方式		
		性别	出生日期	职称	参加工作时间		固定电话	手机	电子邮箱
DY1305001	张晓	男	1985/10/21	讲师	二〇〇六年十一月一日	￥4,000.00	(028) 82878040	13408080720	zhangxiao@163.com
DY1305002	林庆	女	1971/6/12	副教授	一九九三年九月二十五日	￥8,000.00	(028) 82878041	13608080710	linqing@163.com
DY1305003	张证军	男							
DY1305004									
DY1305005									
DY1305006									
DY1305007									
DY1305008									
DY1305009									
DY1305010									
DY1305011									
DY1305012									
DY1305013									
DY1305014									
DY1305015									
DY1305016									
DY1305017									
DY1305018									
DY1305019									
DY1305020									

习题图 2-2

专业技能测评结果一览表

制表时间：2013-9-1   制表人：吴军

报名编号	姓名	专业知识 20分	综合能力 20分	经历状况 20分	工作热情 20分	总体印象 20分	合计 100分	名次排列	备注
DY1305001	张晓	14	18	17	18	19			
DY1305002	林庆	13	17	16	17	16			
DY1305003	张证军	12	19	19	18	17			
DY1305004	陈俊	11	16	17	19	19			
DY1305005	吴东	10	18	19	18	19			
DY1305006	张大军	13	19	18	18	18			
DY1305007	马洪	12	18	19	19	19			
DY1305008	刘军	11	19	19	18	14			
DY1305009	张伟	20	17	18	17	18			
DY1305010	邢俊	18	17	18	0	18			
DY1305011	丁一明	4	18	17	16	18			
DY1305012	王征	2	17	18	18	19			
DY1305013	刘宝	10	18	19	19	18			

习题图 2-3

公式、引用与名称 | 第3章

本章知识点

- 公式的规则与编辑
- 公式本身及结果的查看
- 常见公式错误信息及原因
- 名称的含义、作用与用法
- 建立名称的几种不同方式
- 单元格地址引用的3种方式
- 多表单元格之间的多维引用
- 数组公式的建立规则与应用

3.1 公式及其应用

公式是 Excel 进行数据处理的核心，使用公式不仅可以进行简单的数学运算，如加法、乘法等，还可以进行复杂的运算，如进行各种数据的统计，甚至使用各种函数进行专业运算等。

3.1.1 公式的组成

在 Excel 中，公式是对工作表中数据进行计算的等式，以等号（=）开始。例如："=5*2+8"是一个比较简单的公式，表示 5 乘以 2 再加 8，结果是 18。下面是一个略为复杂的公式："=2*PI()*A1"，其中，A1 单元格的数据是一个圆的半径，该公式可以计算圆的周长。

（1）公式通常由运算符和参与运算的操作数组成。操作数可以是常量、单元格引用、函数等，其间以一个或者多个运算符连接。

（2）常量：直接输入公式中的数字或者文本，而不用计算的值。

（3）单元格引用：引用某一单元格或单元格区域中的数据，可以是当前工作表的单元格、同一工作簿中其他工作表中的单元格、其他工作簿中工作表中的单元格。

（4）工作表函数：包括函数及它们的参数，例如 PI() 函数、SUM()或 AVERAGE()函数等。

（5）运算符：是连接公式中的基本元素并完成特定计算的符号，例如"+"、"/"等。不同的运算符完成不同的运算。

（6）Excel 在一个公式中允许使用的最大字符数为 1 024 个。公式中运算符与运算码之间可以加入空格，以便分隔公式中的各个部分，从而提高公式的可读性。

说明：在写长公式时，可以将公式多行显示，操作时只要单击希望断行的位置，然后按Alt+Enter组合键即可。

3.1.2　公式的输入与编辑

Excel 公式必须以等号"="开始，以提示这是一个公式而不是一个文本。如果在单元格中输入的第一个字符是"="，那么 Excel 就认为输入的内容是一个公式。

1. 输入公式

在工作表中输入一个公式的过程如下：

（1）选中要输入公式的单元格；

（2）输入"="作为准备输入公式的开始；

（3）输入组成该公式的所有运算码和运算符；

（4）按回车键对输入的公式表示确认。

例如在单元格 D3 中输入公式"=10+5*2"，如图 3-1 所示。输入完成按下回车键，在该单元格中即可显示该公式的运算结果，如图 3-2 所示。

图 3-1　输入公式

图 3-2　公式输入完成后的结果

2. 公式的修改

如果要对已有的公式进行修改，可以通过选择下面的方法之一进行：

（1）按 F2 键，可以直接编辑修改单元格中的内容；

（2）双击该单元格，可以直接编辑修改单元格中的内容；

（3）选择需要进行编辑的单元格，然后单击编辑栏，在编辑栏中对公式进行修改；

（4）如果公式的单元格返回一个错误，Excel 会在单元格的左上角显示一个小方块。激活单元格，可以看到一个智能标签。单击该智能标签，可选择一个选项来更正错误。

当编辑结束后，按 Enter 键即可完成操作。如果要取消编辑操作，可以按 Esc 键。

说明：如果用户有一个公式感觉无法正确地编辑它，可以把它转换为文本，等以后再来解决问题。要把公式转换为文本，只需要去掉公式开头的等号（＝）就可以了。当想再一次尝试时，在前面加上等号就又转换回公式了。

3．公式的移动和复制

在数据处理过程中，经常会对公式进行移动和复制操作。公式移动和复制的操作方法与单元格移动和复制类似，此处不再赘述。但是，需要说明的是，与移动和复制单元格数据不同的是：移动和复制公式时，其中原有单元格地址将会发生一定的变化，从而可能会对计算结果产生影响。关于公式中单元格的引用在后面 3.2 节将详细介绍。

如果希望准确地复制公式文本而不调整公式的单元格引用，可以采用以下两种方法。

（1）首先选中需要复制的单元格；然后在公式的开始处即等号（＝）的左边输入一个撇号（'），把公式转换为文本，按 Enter 键确认；最后，复制公式的内容，然后把它粘贴到需要的位置，再删除复制源和目标单元格中的撇号，就可以恢复成公式。

（2）选中单元格，激活编辑模式（或按 F2 键），选中公式文本，然后"复制"，按 Enter 键结束编辑模式（或按 Esc 键取消编辑模式激活状态），在目标单元格粘贴公式文本即可。

3.1.3　公式的运算符号与优先顺序

要使用公式就离不开运算符，运算符是公式的基本元素。一个运算符就是一个符号，代表着一种运算。在 Excel 2007 公式中，运算符有算术运算符、比较运算符、文本连接运算符和引用运算符四种类型。

1．算术运算符

算术运算符能够完成基本的数学运算（如加法、减法、乘法、除法）、合并数字以及生成数值结果。算术运算符见表 3-1。

表 3-1　　　　　　　　　　　　　算术运算符

算术运算符	含义	示例
+（加号）	加法	2+1
-（减号）	减法，负数	2-1，-6
*（乘号）	乘法	3*5
/（除号）	除法	9/2
%（百分号）	百分比	50%
^（乘幂号）	乘方	3^2

2. 比较运算符

比较运算符能够比较两个或者多个数字、文本串、单元格内容、函数结果的大小关系，比较的结果为逻辑值：TRUE 或者 FALSE。比较运算符见表 3-2。

表 3-2　　　　　　　　　　　　　　　　　比较运算符

比较运算符	含义	示例
=（等号）	等于	A1=B1
>（大于号）	大于	A1>B1
<（小于号）	小于	A1<B1
>=（大于等于号）	大于或等于	A1>=B1
<=（小于等于号）	小于或等于	A1<=B1
<>（不等号）	不等于	A1<>B1

3. 文本连接运算符

文本连接运算符用"&"表示，用于将两个文本连接起来合并成一个文本。例如，公式"'中国'&'北京'"的结果就是"中国北京"。

4. 引用运算符

引用运算符可以把两个单元格或者区域结合起来，生成一个联合引用，如表 3-3 所示。

表 3-3　　　　　　　　　　　　　　　　　引用运算符

引用运算符	含义	示例
:（冒号）	区域运算符，生成对两个引用之间所有单元格的引用（包括这两个引用）	A5:A8
,（逗号）	联合运算符，将多个引用合并为一个引用	SUM(A5:A10,B5:B10)（引用 A5:A10 和 B5:B10 两个单元区域）
（空格）	交集运算符，产生对两个引用中共有的单元格的引用	SUM(A1:F1 B1:B3)（引用 A1:F1 和 B1:B3 两个单元格区域相交的 B1 单元格）

5. 运算符的优先顺序

如果在一个公式中包含了多个运算符，就要按照一定的顺序进行计算。公式的计算顺序与运算符的优先级有关。表 3-4 所示为各种运算符的优先级。

表 3-4　　　　　　　　　　　　　　　　　运算符的优先级

运算符（优先级从高到低）	说明
:	区域运算符
,	联合运算符
空格	交集运算符
–	负号
%	百分比

续表

运算符（优先级从高到低）	说明
^	乘幂
*和/	乘法和除法
+和-	加法和减法
&	文本连接符
=,>,<,>=,<=,<>	比较运算符

说明： 对于不同优先级的运算，按照优先级从高到低的顺序进行计算。如果公式中包含相同优先级的运算符，则按照从左到右的顺序进行计算。

如果要改变运算顺序，可以使用括号来控制。例如公式"=（3+5）*3"就是先求和，然后再计算乘积。括号还可以嵌套使用，Excel 会首先计算最里面括号的内容。

Excel 公式中每一个左括号都应该匹配一个相应的右括号。如果不匹配，会显示一个错误信息说明问题，并且不允许用户输入公式。在某些情况下，如果公式含有不对称括号，Excel 会建议对公式进行更正。图 3-3 所示为一个公式自动更正的例子。用户可以直接接受更正结果，但在许多情况下，更正的公式尽管正确，却不一定是所需的公式。

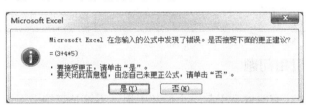

图 3-3　公式错误时 Excel 弹出的自动更正信息

注意： Excel会帮助用户匹配括号，当编辑一个单元格中的公式，把插入点移到一个左括号上时，Excel会立即加粗这个左括号以及与它匹配的右括号。

3.1.4　公式返回的错误信息返回值

在 Excel 中编辑公式时，经常会出现一些错误。当单元格出现错误信息时，Excel 会在单元格的左上角出现一个感叹号，如图 3-4 所示。当用鼠标指向单元格时，在该单元格旁边就会出现错误信息符号。单击该符号，会弹出该错误的一些提示，如图 3-5 所示。

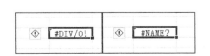

图 3-4　各种不同的错误信息提示

图 3-5　错误提示处理选项

Excel 公式错误返回信息见表 3-5，根据该表操作者可以判断错误原因。

表 3-5　　　　　　　　　　　　　　　Excel公式错误返回信息

错误	常见原因	处理方法
######	单元格所包含的数字、日期或时间占位比单元格宽	拖动鼠标指针更改列宽
#DIV/0!	在公式中有除数为零，或者有除数为空白的单元格（Excel 把空白单元格也当作 0）	把除数改为非零的数值，或者用 IF 函数进行控制
#N/A	在公式使用查找功能的函数（VLOOKUP、HLOOKUP、LOOKUP 等）时，找不到匹配的值	检查被查找的值，使之的确存在于查找的数据表中的第一列
#NAME?	在公式中使用了 Excel 无法识别的文本，例如函数的名称拼写错误，使用了没有被定义的区域或单元格名称，引用文本时没有加引号等	根据具体的公式，逐步分析出现该错误的可能，并加以改正
#NUM!	当公式需要数字型参数时，我们却给了它一个非数字型参数；给了公式一个无效的参数；公式返回的值太大或者太小	根据公式的具体情况，逐一分析可能的原因并修正
#VALUE	文本类型的数据参与了数值运算，函数参数的数值类型不正确；函数的参数本应该是单一值，却提供了一个区域作为参数；输入一个数组公式时，忘记按 Ctrl＋Shift＋Enter 组合键	更正相关的数据类型或参数类型；提供正确的参数；输入数组公式时，记得使用 Ctrl＋Shift＋Enter 组合键确定
#REF!	公式中使用了无效的单元格引用。通常如下这些操作会导致公式引用无效的单元格：删除了被公式引用的单元格；把公式复制到含有引用自身的单元格中	避免导致引用无效的操作，如果已经出现错误，先撤销，然后用正确的方法操作
#NULL!	使用了不正确的区域运算符或引用的单元格区域的交集为空	改正区域运算符使之正确；更改引用使之相交

3.1.5　公式的循环引用问题

在输入公式的过程中，有时候会引起一个循环引用。不管是直接引用还是间接引用，当一个公式引用自己的单元格里面的数据时，往往会发生循环引用。比如，在单元格 A6 里面输入 =Sum(A1:A6)，就会创建一个循环引用，因为该公式引用了包含该公式的单元格，如图 3-6 所示。

图 3-6　Excel 告知公式中包含循环引用

1. 意外出现的循环引用

大多数循环引用错误是由简单排版错误或者不正确的范围定义引起的。例如，在单元格 A6 中创建公式时，无意地把参数 A1:A5 定义成 A1:A6。

知道问题所在，单击"取消"按钮，然后编辑公式并纠正所出现的问题。

2. 有意的循环引用

某些情况下，循环引用设置得合适，可以相当于一个函数，它等同于 VBA 编程语言中的 Do-Loop 语句。有意图的循环引用把递归或者迭代引入问题中。每一个循环引用计算的中间"答案"都会作用于后续的计算，最后结果收敛到最终值。

默认情况下，Excel 不允许迭代计算，需要通过一定的设置告诉 Excel 在工作簿上执行迭代运算。

下面通过一个实例来看一下有意的循环引用。如图 3-7 所示的工作表显示销售代表所完成的销售额。该表格每月更新一次，每月用新的销售额替换 B 列中的数值。此处单元格 D4 的公式为“=MAX(B4:B9,D4)”，其目的是用来跟踪历史最高销售额，也就是用来求出曾经输入 B 列中的最大值。可以看出，D4 的公式中存在循环引用。

在图 3-7 中，D4 中公式显示的结果为 136000，因为该数值不在当前的 B 列中，可以看出它返回的其实就是过去的输入值（也就是说过去在 B4：B16 中曾经输入过 136000）。

显然循环引用有时候很有用，但它存在一些潜在的问题。要使用循环引用，必须设置“迭代计算”为有效，设置方法为：选择“文件”→“选项”→“公式”按钮，在如图 3-8 所示的对话框中将“启用迭代计算”的复选框选中。

	A	B	C	D
1	八月份销售情况			
2				
3	销售人员	销售量		历史最高销售量
4	赵雪晴	136000		136000
5	杨灿	99909		
6	刘钰维	56892		
7	陈莹	59613		
8	汤渠江	92613		
9	都波	85679		

图 3-7 使用公式循环引用求历史最高销售额

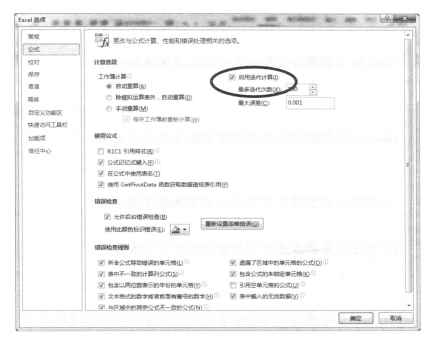

图 3-8 设置“迭代计算”

只有按照上述方法设置了“迭代计算”为有效，Excel 才会不再警告循环引用的出现，但是此时即便是创建了意外的循环引用，Excel 也不再提示，从而会造成操作人员可能一直不知道。另外，迭代计算次数适用于工作簿中的所有公式，所以如果工作簿中包含多个复杂的公式，那么这些附加的迭代会明显地降低 Excel 的执行速度。还有，如果其他人看到循环引用的工作簿，打开之后如果“迭代计算”设置没有激活，Excel 会显示“循环引用”的错误信息，这也会大大降低文件的可读性和共享性。

3.2 | 单元格的引用

在使用公式和函数进行计算时，往往需要引用单元格中的数据。通过引用可以在公式中使用同一个工作表中不同部分的数据，或者在多个公式中使用同一单元格或区域的数值，还可以引用相同工作簿中不同工作表上的单元格和其他工作簿中的单元格数据。

3.2.1 引用样式和R1C1引用样式

默认情况下，Excel 使用 A1 引用样式，就是采用列的字母标识和行的数字标识。若想引用单元格区域，则需要输入区域左上角的单元格引用标识，后面跟一个冒号，接着输入区域右下角的单元格引用标识。例如，B3:E6 引用的是从 B3 到 E6 所在区域的所有单元格。

在 Excel 中有时也使用 R1C1 引用样式。R1C1 引用是使用"R"加行数字和"C"加列数字来确定单元格的位置。例如，R3C5 引用的是第 3 行和第 5 列交叉处的单元格；R3C4:R5C8 引用的是第 3 行 4 列到第 5 行 8 列之间的所有单元格。

系统默认使用的是 A1 引用样式。因此在工作表中要使用 R1C1 引用样式，则需要重新进行一些设置，具体的操作步骤为：选择"文件"→"选项"→"公式"按钮，如图 3-9 所示。

图 3-9 使用 R1C1 引用样式

3.2.2　对单元格地址的引用方式

1. 相对引用

相对引用就是直接用列标和行号表示单元格，这是默认的单元格引用方式。例如，A1 单元格公式如果为 "=B1+C1" 就是相对引用。如果公式所在的单元格的位置发生了变化，那么引用的单元格的位置也会相应地发生变化，但其引用的单元格地址之间的相对地址不变。例如，如果上面 A1 中的公式复制到 A2 单元格，其公式自动变为 "=B2+C2"。

下面来看一个计算总分的例子，具体的操作步骤如下：

（1）制作成绩表，如图 3-10 所示。在 H3 中输入公式 "=C3+D3+E3+F3+G3"，回车后即可得到结果。

（2）选中单元格 H3，将鼠标移至单元格的右下角，待鼠标变成十字形状时，即可按住左键不放拖动到合适的单元格位置，即可得到其余人的总分，这里是拖到 H10 单元格。

（3）双击 H4:H10 区域的任意单元格，查看其公式的变化。例如，双击 H5 单元格，会看见其公式为 "=C5+D5+E5+F5+G5"，如图 3-10 所示。

	B	C	D	E	F	G	H	I
				期末成绩表				
	姓名	数学	语文	英语	物理	化学	总分	平均分
	李宏伟	88	85	80	90	96	439	
	任风	90	89	92	85	92	448	
	曹真	79	76	80	77	83	=C5+D5+E5+F5+G5	
	张小慧	86	90	87	83	92	439	
	宁远	94	90	87	89	95	455	
	王鹏	69	68	66	60	70	333	
	杨欣	76	78	80	79	83	396	
	孙青	95	90	87	88	93	453	
				各科在综评中所占比例				

图 3-10　相对引用

2. 绝对引用

绝对引用是指公式中引用的单元格的地址与单元格的位置无关，即不管公式被复制到什么位置，公式中所引用的还是原来单元格区域的数据。在某些操作中，如果不希望调整引用位置，则可使用绝对引用。单元格绝对引用是在单元格的行和列前加上 "$" 符号，例如 "=$B$1+$C$1"。如将该公式复制到任何单元格中，公式运行以后返回的数值都是 B1 和 C1 两个单元格的数据之和

在上面的例子基础上做以下操作，求综合评定成绩。

（1）在单元格 I3 中输入公式 "=SUMPRODUCT(C3:G3,$C$12:$G$12)"。在该公式中使用了相对引用和绝对引用，回车后即可得到结果。

（2）拖动 I3 单元格使其自动填充，得到其余人的综合评定成绩。

（3）双击 I4:I10 区域的任意单元格，查看其公式的变化。例如，双击 I5 单元格，会看见其公式为 "=SUMPRODUCT(C5:G5,$C$12:$G$12)"，如图 3-11 所示。

3. 混合引用

混合引用就是在单元格引用中既有绝对引用又有相对引用，例如 "$A1" "A$1"。

列绝对、行相对混合引用采用 "$A1" "$B1" 等形式。公式的计算结果不随公式所在单元格的列位置变化而改变，而随公式所在单元格的行位置变化而改变。

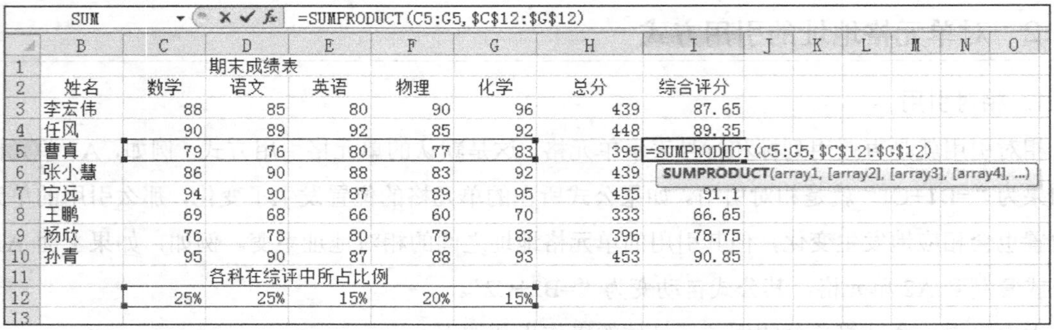

图 3-11　绝对引用

列相对、行绝对混合引用采用"A$1""B$1"等形式。公式的计算结果不随公式所在单元格的行位置变化而改变，而随公式所在单元格的列位置变化而改变。

在某些情况下，复制公式时只需改变行或者只需改变列，这时就需要使用混合引用。

说明：根据需要，可以通过按"F4"键实现在相对引用、绝对引用和混合引用之间进行切换。选中要改变的单元格引用后，循环按F4键，能够以一种"相对引用→绝对引用→列相对行绝对→列绝对行相对→相对引用→……"的顺序循环下去。

3.2.3　跨表格数据的引用

在单元格引用中，不仅是引用当前工作表中的单元格，有时需要引用同一工作簿中其他工作表中的单元格。这就需要使用叹号"!"来实现，格式为：

工作表名称！单元格地址

即在单元格地址前加上工作表名称和叹号。

如果要引用不同工作簿中某一工作表的单元格，则需要使用如下格式：

[工作簿名称]工作表名称！单元格地址

即用[ ]将工作簿名称括起来。

3.2.4　单元格引用的综合应用举例

下面通过一些具体的实例来阐述单元格引用的综合应用。

1. 计算提成——绝对引用与相对引用的适当选取

如图 3-12 所示，A1:E9 为某公司业务员的产品销售信息，现在要计算每一个销售员的产品销售提成，并保存在单元格区域 F2:F9 中。其中，提成率在 I1 中存放。

问题分析：此处每个业务员的销售提成计算可以用每个人的销售金额直接乘上 3.5%得到（也就是在 F2 输入=F2*0.035，然后向下拖动复制到 F9），但是这样一来。如果以后调整了提成率，则公式需要全部修改。

所以，本例中对于提成率 3.5%，最好是选择引用 I1，而不是直接在公式中输入数值 3.5%；另外，还要注意对 I1 的引用方式。综上分析，本例的具体操作步骤如下：

（1）将光标定位到 F2 单元格。

	A	B	C	D	E	F	G	H	I
1	员工编号	销售产品	平均单价	数量	销售金额	销售提成		提成率	3.50%
2	YW0001	冰箱	¥1,529	423	¥646,767				
3	YW0002	空调	¥2,301	280	¥644,280				
4	YW0003	洗衣机	¥2,313	470	¥1,087,110				
5	YW0004	电视	¥1,694	462	¥782,628				
6	YW0005	冰箱	¥1,529	354	¥541,266				
7	YW0006	空调	¥2,301	452	¥1,040,052				
8	YW0007	洗衣机	¥2,313	357	¥825,741				
9	YW0008	电视	¥1,694	456	¥772,464				

图 3-12　需要计算销售提成的表格

（2）在单元格 F2 中输入公式"=E2*I1"，得出对应的第一个业务员的销售提成。

（3）将 F2 一直向下拖到 F9 中，但是发现复制后的数据并不正确，如图 3-13 所示。

	A	B	C	D	E	F	G	H	I
1	员工编号	奶粉品牌	平均单价	数量	销售金额	销售提成		提成率	3.50%
2	1	雀巢	¥1,529	423					
3	2	惠氏	¥2,301	280					
4	3	雅培	¥2,313	470					
5	4	多美滋	¥1,694	462					
6	5	美素	¥1,529	354					
7	6	美赞臣	¥2,301	452					
8	7	贝因美	¥2,313	357					
9	8	合生元	¥1,694	456					
10									

图 3-13　对 I1 错用引用造成的数据错误

说明：很明显，此处错误在于 I1 的引用方式采用了相对引用，这样一来 F2 的公式复制到 F3 后，其公式就变为了"=E3*I2"，而 I2 为空白表格，所以 F3 的结果为 0。因此，此处对 I1 的引用应该为绝对引用，这样公式复制时其所代表的单元格就不变。

（4）将 I1 的相对引用改为绝对引用。选中 F2 单元格，在编辑栏将公式改为"=E2*$I$1"，或在编辑栏里选中 I1，然后按 F4 键一次，使之转换成绝对引用方式。

（5）再次将 F2 一直向下拖到 F9 中，得到各个业务人员的销售提成，如图 3-14 所示。

	A	B	C	D	E	F	G	H	I
1	员工编号	奶粉品牌	平均单价	数量	销售金额	销售提成		提成率	3.50%
2	1	雀巢	¥1,529	423	¥646,767	¥22,637			
3	2	惠氏	¥2,301	280	¥644,280	¥22,550			
4	3	雅培	¥2,313	470	¥1,087,110	¥38,049			
5	4	多美滋	¥1,694	462	¥782,628	¥27,392			
6	5	美素	¥1,529	354	¥541,266	¥18,944			
7	6	美赞臣	¥2,301	452	¥1,040,052	¥36,402			
8	7	贝因美	¥2,313	357	¥825,741	¥28,901			
9	8	合生元	¥1,694	456	¥772,464	¥27,036			
10									

图 3-14　对 I1 使用绝对引用后得到的正确结果

说明：本例中，F2 复制到的单元格与之相比，只是发生了行变化，而列不变，所以其公式中对 I1 的引用也可以用混合方式，即 F2 公式也可为"=E2*I$1"格式。

2．产品费用分配——混合引用的巧妙使用

如图 3-15 所示，B4:B6 为某公司本月各差评的合计产量以及各种产品的产量，C2:F2 为本月的水费金额、电费金额以及人力费用合计。现在需要将这些费用按照平均分摊法分配到各种产品上，并填写到图 3-15 中对应的 C4:F6 区域。

	A	B	C	D	E	F
1	费用分配表					
2	产品	本月产量	水费	电费	其他	合计
3	A产品	2200.00				2200.00
4	B产品	3000.00				3000.00
5	C产品	1600.00				1600.00
6	合计	6800.00	20000.00	32000.00	8000.00	66800.00

图 3-15　需计算各产品分担费用的分配表

问题分析：此处所谓的平均分摊法就是将各种费用按照各种产品的数量平均分配给各种产品，以便进行各种产品的成本核算。以计算 A 产品所消耗的水费为例，需要用总水费金额除以本月所有产品的合计总量，再乘以 A 产品的本月产量，其余产品依此类推。在进行公式编写时，为了使公式复制方便，需要认真考虑单元格的引用方式。

根据以上分析，本例的具体操作步骤如下：

（1）先计算单个产品所消耗的水费。在 C3 中输入公式“=$B3/$B$6*C$6”，然后按回车确认，即可求得 A 产品所消耗的水费。

（2）计算所有产品消耗的水费。选定 C3，向下拖动复制一直到 C5，即可计算所有产品所消耗的水费。

（3）计算所有产品其余各项费用以及费用合计。选定 C3:C5 区域，然后向右拖动复制，一直到 F3:F5 即可计算所有产品其余各项费用以及费用合计，如图 3-16 所示。

	A	B	C	D	E	F
1	费用分配表					
2	产品	本月产量	水费	电费	其他	合计
3	A产品	2200.00	6470.59	10352.94	2588.24	21611.76
4	B产品	3000.00	8823.53	14117.65	3529.41	29470.59
5	C产品	1600.00	4705.88	7529.41	1882.35	15717.65
6	合计	6800.00	20000.00	32000.00	8000.00	66800.00

图 3-16　产品费用分配表的计算结果

说明：在C3的公式“=$B3/$B$6*C$6”中，充分应用了混合引用和绝对引用，其中：

（1）C$6采用了列不固定行固定的混合引用形式，则求A产品所消耗的电费时，只需把C改成D即可，即把C4复制到D4后，D4的公式将为“=$B3/$B$6*D$6”。

（2）$B$6采用绝对引用形式，这是因为不管求何费用，合计产量都是不变的。

（3）$B3采用了列固定行不固定的混合引用形式，则再求B产品的水费时，只需要把3改成4即可，即将C3复制到C4后，C4的公式将为“=$B4/$B$6*C$6”。

可以看出，根据公式使用的单元格行列改变关系来确定公式中采用相对引用、绝对引用还是混合引用（包括应用哪一种混合引用）是非常重要的，上述 C3 的公式中如果出现一个点错误，在复制公式后就得不到想要的结果。

3. 学生成绩计算——跨工作表/簿之间的单元格引用

图 3-17 所示为存储在“计算机平时成绩”工作簿“平时成绩”工作表中的学生平时成绩；图

3-18、图 3-19 分别表示了存储在“计算机考试成绩”工作簿中的“期中成绩”工作表和“期末成绩”工作表的学生期中考试成绩和期末考试成绩，而期末考试成绩又包括期末笔试成绩和期末上机成绩两个部分，它们各自在期末考试成绩中所占比例已经在图 3-19 中给出。

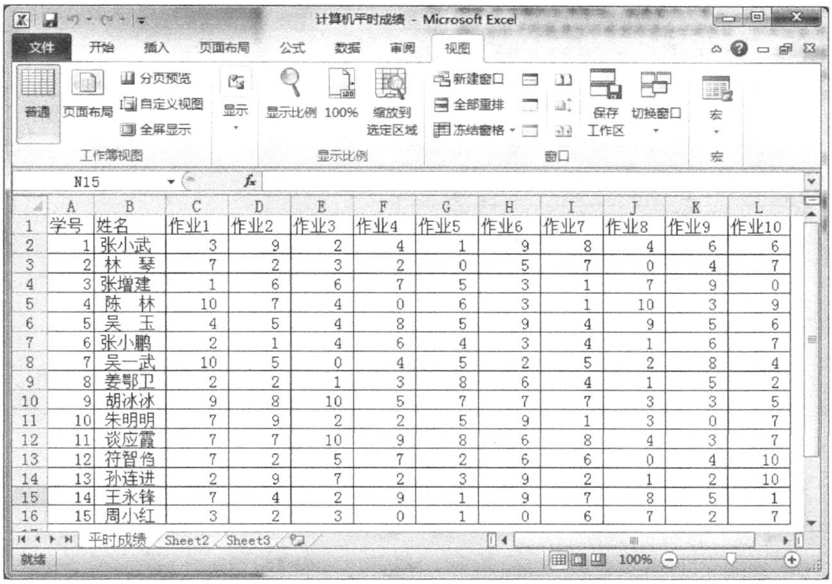

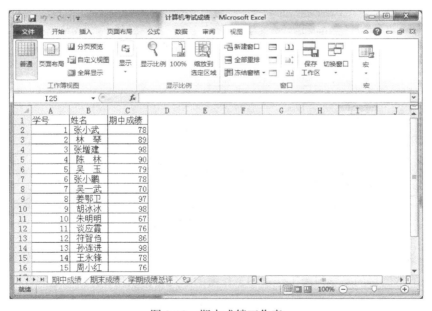

学号	姓名	作业1	作业2	作业3	作业4	作业5	作业6	作业7	作业8	作业9	作业10
1	张小武	3	9	2	4	1	9	8	4	6	6
2	林 琴	7	2	3	2	0	5	7	0	4	7
3	张增建	1	6	6	7	5	3	1	7	9	0
4	陈 林	10	7	4	0	6	3	1	10	3	9
5	吴 玉	4	5	4	8	5	9	4	9	5	6
6	张小鹏	2	1	4	6	4	3	4	1	6	7
7	吴一武	10	5	0	4	5	2	5	2	8	4
8	姜鄂卫	2	2	1	3	8	6	4	1	5	2
9	胡冰冰	9	8	10	5	7	7	7	3	3	5
10	朱明明	7	9	2	2	5	9	1	3	0	7
11	谈应霞	7	7	10	9	8	6	8	4	3	7
12	符智佾	7	2	5	7	2	6	6	0	4	10
13	孙连进	2	9	7	2	3	9	2	1	2	10
14	王永锋	7	4	2	9	1	9	7	8	5	1
15	周小红	3	2	3	0	1	0	6	7	2	7

图 3-17 平时成绩工作表

学号	姓名	期中成绩
1	张小武	78
2	林 琴	89
3	张增建	98
4	陈 林	90
5	吴 玉	79
6	张小鹏	78
7	吴一武	70
8	姜鄂卫	97
9	胡冰冰	98
10	朱明明	67
11	谈应霞	76
12	符智佾	86
13	孙连进	98
14	王永锋	78
15	周小红	76

图 3-18 期中成绩工作表

现在的问题是：要在“计算机考试成绩”工作簿的“学期成绩总评”工作表（见图 3-20）中计算出每个学生的总评成绩。其中平时成绩、期中成绩和期末成绩在总评成绩中所占的比例已经在图 3-20 中给出；平时成绩就是平时记录 10 次作业成绩（10 分制）的总和。

图 3-19　期末成绩工作表

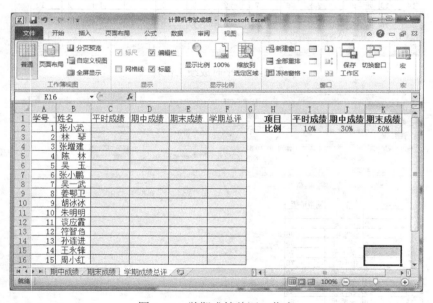

图 3-20　学期成绩总评工作表

问题分析：本题中如果把相关数据都复制到一个工作表上，计算公式应该是比较容易写出的（尽管有些冗长）；但本例目的是学习跨工作表和工作簿的单元格的引用，所以将这些数据放置到不同地点，大家应注意对不同数值的引用方式。本实例的操作步骤如下：

（1）将"计算机平时成绩"工作簿和"计算机考试成绩"工作簿全部打开。

（2）将光标定位到"计算机考试成绩"工作簿的"学期成绩总评"工作表（也就是图 3-20 所示工作表）中 C2 处，准备计算第一个学生的平时成绩。

（3）在编辑栏输入"=SUM()"，然后将光标放置在括号中，用鼠标选取"计算机平时成绩"工作簿"平时成绩"工作表的 C2:L2 单元格区域，之后第一个学生的平时成绩被求出，单击 C2 可以看到，其中的公式为：

"=SUM（[计算机平时成绩.xlsx]平时成绩!$C$2:$L$2）"

（4）将上面步骤（3）公式中的单元格引用通过按 F4 的方法切换成相对引用方式，然后向下拖动复制，使区域 C2:C16 得到每一个学生的平时成绩。

说明：通过点选取实现跨工作簿的单元格引用时，单元格的默认引用方式为绝对引用。

（5）将光标置于 D2 处，输入公式"=期中成绩!C2"，获得第一个学生的期中成绩，然后向下拖动复制，使区域 D2:D16 得到每一个学生的期末成绩。

（6）将光标置于 E2 处，然后通过点取方式输入如下公式，得到第一个学生的期末成绩，然后向下拖动复制，使区域 E2:E16 得到每个学生的期末成绩：

"=期末成绩!C2*期末成绩!$G$2+期末成绩!D2*期末成绩!$H$2"

说明：本步骤公式中，为后面拖动复制方便，对成绩所在单元格（C2和D2）的引用使用了相对引用；而对它们各自所占比例的数值单元格（G2和H2）则设置了绝对引用。

（7）将光标置于 F2 处，输入公式"=C2*$I$2+D2*$J$2+E2*$K$2"，得到第一个学生的总评成绩，然后向下拖动复制，使区域 F2:F16 得到每个学生的总评成绩。

说明：本步骤公式中，单元格的相对引用与绝对引用的确定方式与步骤（6）一样。

经过以上操作，最终每个学生的总评成绩被求出，如图 3-21 所示。从本例中对平时成绩、期中成绩、期末成绩和总评成绩的计算公式，可以充分理解单元格不同的引用情况。

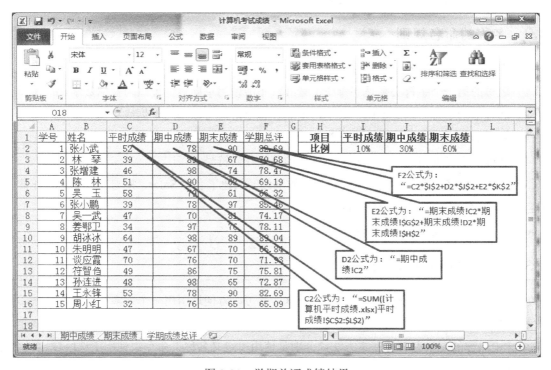

图 3-21　学期总评成绩结果

3.3 名称及其应用

在 Excel 中，可以为单元格或者单元格区域赋予一个名称，并用此名称代替单元格或单元格区域的引用地址。合理使用名称，可以使数据处理和分析变得更加快捷和高效。

3.3.1 使用名称的好处

在 Excel 中，用定义的名称能帮助简化公式编辑和搜索定位数据单元格区域，使用名称的好处如下：

（1）使公式含义更容易理解。

（2）提高公式编辑的准确性。

（3）快速定位到特定位置。

（4）名称可以作为变量来使用。

（5）可以方便地应用于所有的工作表。

（6）可以方便地使用另一个工作簿中的定义名称，或者定义一个引用了其他工作簿中单元格的名称。

（7）使用区域名称比单元格地址更容易创建和保持宏。

3.3.2 名称的命名规则

在建立和使用 Excel 名称时，用户必须遵循以下的基本命名规则：

（1）名称的第一个字符必须是字母或下划线，不能使用单元格地址或阿拉伯数字。

（2）名称中的字符可以是字母、数字，不能含有空格，可以使用下划线和句点。

（3）名称的长度不能超过 255 个字符。

（4）名称中不能使用除下划线和句点以外的其他任何符号。

（5）名称中的字母不区分大小写。例如，如果已经创建了名称 Sales，接着又在同一工作簿中创建了名称 SALES，则第二个名称将替换第一个。

（6）命名时，不要使用 Excel 内部名称。

3.3.3 定义单元格区域的名称

在 Excel 中可以为单元格区域定义名称，这样就可以方便地引用一个或多个单元格区域，并且可以使用"区域交叉"进行区域的重叠引用。

Excel 中名称的定义有 3 种基本方法，分别是使用"定义名称"命令；使用所选区域定义名称；利用名称框。

1. 使用"定义名称"命令：可以任意定义名称

下面通过一个简单的例子介绍如何定义区域名称。

（1）建立如图 3-22 所示工作表。

（2）选中 B2:B5 单元格区域。

（3）单击"公式"选项卡"定义名称"组的"定义名称"按钮，打开"新建名称"对话框，如图 3-23 所示。因事先已选中了要定义的区域，并且"名称"框中自动出现了该列的标题"白菜"，因此不需要手动输入名称和引用位置。

（4）单击"确定"按钮。

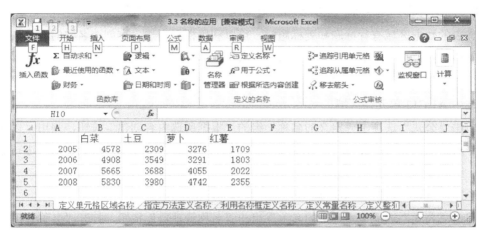

图 3-22　例子工作表

（5）单击"公式"选项卡"定义名称"组的"名称管理器"按钮，打开"名称管理器"对话框，可以看到定义的区域名称，如图 3-24 所示。

图 3-23　"新建名称"对话框　　　　　图 3-24　查看定义好的区域名称

定义好区域名称后，可以方便地在公式中使用这些名称进行计算。例如：若要计算4年中白菜的总产量，可以使用公式"=SUM（白菜）"。

说明：（1）一个单元格或者区域可以有任意数量的名称，不过，选中单元格或者区域时，名称框中一般只会显示第一个名称。

（2）一个名称也可以引用非连续的单元格范围，此时需要在按住Ctrl键的同时用鼠标选中不同的单元格或者单元格区域。

（3）如果某个名称的定义范围或者名称命名有变化，还可以进入上面的"名称管理器"对话框进行修改。

2. 根据所选内容创建名称：根据表格的行标题或列标题定义名称

当工作表的数据区域有行标题和列标题时，可以利用根据所选内容创建名称的方法快速定义多个名称。下面通过一个简单的例子介绍如何根据所选内容创建多个名称。

（1）建立如图3-25所示工作表。

（2）选中A1:C13单元格区域。

（3）单击"公式"选项卡"定义的名称"组的"根据所选内容创建"按钮，弹出"以选定区域创建名称"对话框，如图3-25所示。对话框中的复选框标记是根据Excel对选中范围进行分析得出的结果。

（4）单击"确定"按钮。Excel就会建立一系列的名称。

（5）单击"公式"选项卡"定义的名称"组的"名称管理器"按钮，打开"名称管理器"对话框，可以看到定义的名称如图3-26所示。

图3-25　根据所选内容定义名称

注意：上述方法中如果行标题或列标题是文本，Excel会把行标题或列标题的文本数值直接作为名称使用。但是，如果行标题或列标题数据的第一个字符不是文本而是数字，Excel会把行标题或列标题数字的前面加一个下划线，以此下划线结合数字作为名称，如图3-27所示。

图 3-26　根据所选内容定义的一系列名称

图 3-27　当行标题或列标题的第一个字符是数字时所定义的名称

3. 使用名称框：定义名称的快捷方式

名称框是位于编辑栏左边的下拉框。通过名称框来定义名称是比较快捷、适用性更强的一种方式。其基本步骤为：首先选取需要定义名称的单元格或者单元格区域，然后单击名称框，在其中输入名称，最后按 Enter 键即可创建名称，如图 3-28 所示。

4. 将整行或整列定义名称

如果一个工作表需要保存较长时间的信息，并且每天都要增加新的数据，如图 3-29 所示为某单位产品生产数量的一个销售流水账，如果想在 E2 单元格能够实时地显示当前的产品总数量，就可将整个数量的 C 列整体定义为一个格式"数量"，而 F2 单元格只要输入公式"=SUM（数量）"即可。

这样之后，E2 中的产品总数量会随着左边数据的增加不断发生变化。

图 3-28　使用名称框定义名称

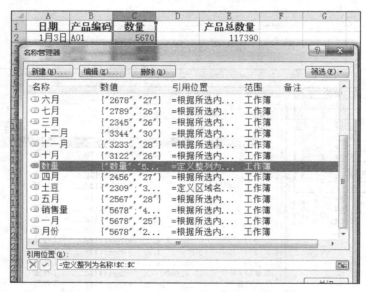

图 3-29　定义整列为名称

3.3.4　定义常量名称

在 Excel 中，除了为单元格或区域命名以外，还可对常量和公式定义名称，以便使用。

1. 为常量数值定义名称

这里以圆周率为例，说明如何定义常量数值名称。其操作
步骤如下：

（1）单击"公式"选项卡"定义的名称"组的"定义名称"
按钮，打开"新建名称"对话框，如图 3-30 所示。

（2）在"名称"文本框中键入数值常量名称"PI"。

（3）在"引用位置"文体框中输入公式"=3.14"。

（4）单击"确定"按钮，Excel 就会建立一常量名称。

图 3-30　定义常量数值名称

上面步骤实际上是创建了一个命名常数，并且可以在别的公式中使用这个常数，例如，"=PI*5*5"。

2. 为公式定义名称

在 Excel 中，也可以为工作表函数以及复杂的公式定义名称。例如，如果想定义一个名称"今天日期"来表示当前的日期，显然其结果是应该能动态变化的，这就可以通过定义公式名称来实现。其操作方法为：在"新建名称"对话框的"引用位置"框中输入如下公式"=today()"，并命名为"今天日期"名称即可。这样就可以生成一个总能够返回当前日期的名称。这项功能非常适用于多个地方重复使用且烦琐复杂的公式。

3. 为文本常数定义名称

在 Excel 中，除了可以命名数值型常数之外，也可以命名文本常数，例如，可以在"新建名称"对话框的"引用位置"框中输入如下公式"=上海浦东发展银行"，并命名为"浦发"名称。然后就可以在工作表中使用公式"=Annual Report：&浦发"，这个公式将返回文本"Annual Report：上海浦东发展银行"。

对于定义过的文本常数名称，也可以进入"新建名称"对话框，随时改变对应的常数值，也就是简单地修改一下"引用位置"中的值就可以了。修改之后，Excel 会使用新值重新计算使用这个名称的公式。

说明：没有引用范围的名称无法在名称框或"定位"对话框（按F5键可以进入）中显示出来，因为这些常数不能驻留在任何实质性的位置。但是它们可以出现在"粘贴名称"对话框中，因为以后需要在公式中使用这些名称。

3.3.5　名称的修改和删除

1. 名称的修改

随着工作的进行，有时会发现需要对单元格的名称进行修改操作。这里对名称的修改操作包括名称的重命名和更改名称指代的区域两种。其操作步骤如下：

单击"公式"选项卡"定义名称"组的"名称管理器"按钮，弹出"名称管理器"对话框，选择一个需要修改的名称，如图 3-31 所示，选择"月份"名称。单击上面的"编辑"按钮，进入"编辑名称"对话框，如图 3-32 所示。

如果要重命名的话，可以在"编辑名称"文本框中直接修改，然后单击"确定"按钮，最后删除原来的名称即可。

如果想更改名称的指代区域，可以单击"引用位置"框的切换按钮，重新选择一个数据区域，然后再单击切换按钮，回到"编辑"对话框，最后单击"确定"按钮。

2. 名称的删除

对于工作表中无用的名称，可以进行删除操作。如果要删除一个名称，只需要在"名称管理器"对话框中选择一个名称项目，然后单击上面的"删除"按钮就可以了。

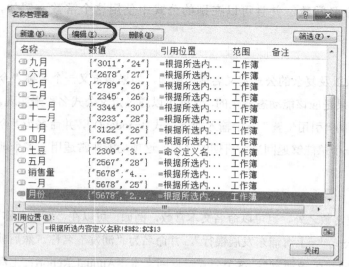

图 3-31　选择要修改的名称

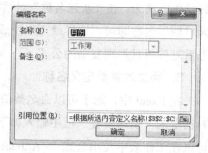

图 3-32　"编辑名称"对话框

　　需要说明的是：删除名称的时候一定要小心。当公式中使用了某一名称时，如果删除了这个名称，将会造成该公式无效（会显示#NAME？）。Excel 不会替换所有被删除名称的实际单元格或区域引用，所以，删除名称之后应该检查一下是否有公式返回#NAME？，然后再做调整。

　　此外，如果把名称所包含的单元格或单元格区域删除了，这些名称是不会被删除的。这时，每个名称都包含一个无效引用。例如，如果把彩电所对应的 B 列删除，那么原先的求和公式 "=SUM（彩电）" 就会变为 "=SUM(#REF!)"（即一个错误引用）。此时，必须手动删除这个名称或者重新定义这个名称。

　　3. 编辑工作表对名称的影响

　　在建立好多个名称后，如果又对工作表进行了编辑操作，将有可能会对名称产生影响。不过，对工作表的不同编辑操作对名称的影响是不同的。

　　（1）插入或者删除行、列或单元格对名称的影响。插入或者删除行、列或单元格，会对名称的指代区域产生影响。一般情况如下：

- 插入行或列，会自动扩展名称的单元格区域。
- 删除行或列，会自动缩小名称的单元格区域。
- 移动全部单元格区域，会自动改变名称引用。

　　（2）删除工作表对名称的影响。删除工作表会使名称出现错误。如果要删除的工作表中有名称，当删除该工作表后，所有的名称都会被留下，但是该名称所引用的单元格区域会出现错误，如图 3-33所示。这是因为名称所引用的工作表已经不存在，因此原来的工作表被改成了#REF!。这样，当在其他工作表的公式中使用这些名称时，就会在单元格中显示错误值#REF!。

图 3-33　删除了定义名称

3.3.6　名称应用的综合举例

1. 使用名称查询数据

利用名称的交集功能可以查看行名称和列名称交叉处单元格的数据。例如图 3-34 中，假如数据区域 A1:C13 中已经指定了首行和最左列为名称，如果现在要查询某月的数据，就可以使用名称的交集功能进行查询。例如，F2 单元格用来查询三月销售量的公式就是"=三月　销售量"（注意两个名称中间必须有空格，表示求交集的含义）。

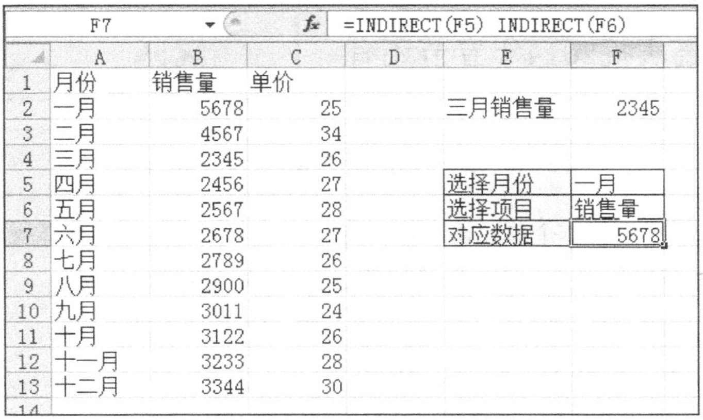

图 3-34　利用名称查询数据

说明：名称交集功能在数据查询中非常有用，特别是与数据有效性、INDIRECT结合进行动态查询非常方便（有关数据有效性设置以及INDIRECT函数的应用在本书后续章节将有专门介绍）。例如，在图3-34中，区域E5:F7为一个动态查询系统，可以方便地根据选择的月份和项目自动查询对应数据。其中，月份和项目对应的输入单元格F5、F6设置了数据有效性，可以方便地选择，而F7单元格公式为"=INDIRECT(F5)INDIRECT(F6)"。

2. 节日倒计时：为常量和公式定义名称的使用

如图 3-35 所示为计算机当天日期距离 2014 年元旦的时间还有多少天的一个倒计时显示牌，可以看出 B5 单元格中公式（"=节日日期-今天日期"）中使用了两个名称。

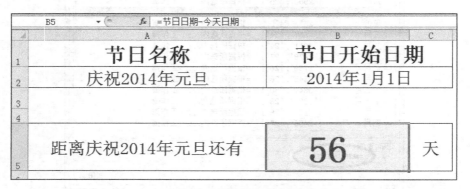

图 3-35　计算节日倒计时

在图 3-35 中，A5 和 A6 中的内容会随着 A2 和 B2 中的内容做动态变化，例如图 3-36 当修改了 A2 和 B2 中的内容后，A5 和 A6 中的内容响应变化结果。

A5	▼	f_x	="距离"&A2&"还有"	
	A		B	C
1	节日名称		节日开始日期	
2	庆祝2014年春节		2014年1月31日	
3				
4				
5	距离庆祝2014年春节还有		86	天
6				

图 3-36　倒计时信息随着输入内容自动变化

在该实例中，使用了定义单个单元格名称和定义公式名称的方法。具体操作步骤如下：

（1）按照图 3-35 所示的样式，输入并格式化 A1:B2 单元格区域。

（2）利用定义名称的方法，将单元格 B2 定义为名称"节日日期"。

（3）如图 3-36 所示，利用公式"=TODAY()"定义"节日日期"名称。

（4）在 A5 单元格输入公式"="距离"&A2&"还有""。

（5）在 B5 单元格输入公式"=节日日期-今天日期"。

经过以上操作，以后就可以随时查看倒计时天数了，且节日信息可以修改。

3. 库存计数：为整列定义名称以及为相对单元格定义名称

如图 3-37 所示为某公司库存管理表格，其中当前库存（F 列）和右边 I2:I4 区域是通过公式计算得到的。显然，如果仅利用公式方法，就可求出以上数值。它们公式分别为：

I2："=SUM(C:C)"（表示对 C 列整列汇总求和）

I3："=SUM(E:E)"（表示对 E 列整列汇总求和）

I4："=F2+I2−I3"（表示用上月库存节余加本月总入库数量，再减本月总出库数量）

F3："=F2=C2−E2"（表示用上一次的库存数量加本日入库，再减本日出库）

利用 F3 向下拖动，得到单元格区域，F4:F 16（根据需要，可以拖动更多）的结果。

	A	B	C	D	E	F	G	H	I
1	日期	入库单位	入库数额	领料单位	出库数额	当前库存			
2	4月1日					3000		总入库量	#NAME?
3	4月1日	一分厂	5000			#NAME?		总出库量	#NAME?
4	4月2日			郑州销售处	2000	#NAME?		最新库存	#NAME?
5	4月3日	二分厂	4000			#NAME?			
6	4月4日			上海销售处	5500	#NAME?			
7	4月5日	三分厂	6000			#NAME?			
8	4月6日			苏州销售处	3000	#NAME?			
9	4月7日	三分厂	5600			#NAME?			
10	4月8日			杭州销售处	4200	#NAME?			
11	4月9日	一分厂	3400			#NAME?			
12	4月10日			北京销售处	2000	#NAME?			
13	4月11日			温州销售处	2300	#NAME?			
14	4月12日	二分厂	2300			#NAME?			
15	4月13日			天津销售处	2100	#NAME?			
16	4月14日	一分厂	3400			#NAME?			
17									

图 3-37　库存计算表格

虽然直接利用公式就可计算，但是下面重点介绍通过利用名称进行这些数据的计算。

（1）先将 C 列和 E 列分别定义为名称"入库数据"和"出库数据"，则 I2 中只要输入公式"=SUM（入库数额）"，I3 中只要输入公式"=SUM（出库数额）"，即可计算出来总入库量和总出库量。这种方法利用了整列定义名称的操作。

（2）对于 I4 的计算，名称此处发挥不了作用，只能通过公式"=F2+I2−I3"来计算。

（3）关于 F3:F16 的计算，可以定义一个名称"当前库存"用来计算每个日期的当前库存。由于是逐日计算，为有关的单元格定义名称时就不能采用绝对引用了。

（4）单击"公式"选项卡"定义名称"组"定义名称"按钮，打开"新建名称"对话框。

（5）在"名称"文本框中输入名称"当前库存"；在"引用位置"文本框中输入公式"=库存计算！F2+库存计算！C3−库存计算！E3"，如图 3-38 所示。

说明：默认情况下，Excel认为定义的名称都是绝对引用的。在上面的步骤（3）中，可以使用鼠标选取单元格，然后按下F4键将绝对引用变为相对引用。

（6）单击"确定"按钮，"当前库存"名称定义完毕。

（7）在单元格 F3 中输入公式"=当前库存"，并将其向下复制到需要的行。

经过以上操作步骤，即可计算出各个日期所对应的当前

图 3-38　以相对引用定义名称

库存数量。这里的定义名称的公式中采用了相对引用，因此在不用的单元格中，公式"=当前库存"的实际引用是不一样的。例如，单元格 F5 中公式"=当前库存"的实际引用是"=F4+C5−E5"，而单元格 F16 中公式"=当前库存"的实际引用是"=F15+C16−E16"。

可以得到，此时如果在 F26 中输入公式"=当前库存"，其实际引用将是"=F25+C26-E26"。这种以相对引用定义的名称在处理单元格变化的场合时非常有用。

4. 公司在上半年产品汇总计算：为多张工作表的相同单元格区域定义名称

在实际管理数据处理中，有时候数据会按照部门、时间、地点等分类保存在多张数据表中，并且这些表格的整体结构、数据格式、单元格区域的行标题和列标题都是相同的，这些数据区域其实就是有些类似于数据仓库中所讲的数据立方体。可以为这些三维的数据立方体定义为一个名称。这样，就可以方便地利用名称对这些工作表数据进行有关求和、求平均值、求最大值、求最小值等算术运算。

如图 3-39 所示为某公司上半年各个月份各分厂生产各种产品的情况，它们分别存放在各个月份名称对应的工作表中，这些表格的整体格式都与图中显示的一月份的相同。

图 3-40 所示的"上半年情况汇总"数据表用来对上面各月的数据进行汇总计算。

根据上面的介绍，可以将 6 个月对应工作表中的数据区域定义为名称，以便在图 3-40 中可以引用。此处将多张工作表的相同单元格区域定义为名称的操作步骤如下：

	A	B	C	D	E	F	G
1	商品名称	1分厂	2分厂	3分厂	4分厂	5分厂	
2	商品 1	7065	6660	6055	7464	6705	
3	商品 2	146	4336	8303	218	2403	
4	商品 3	6294	4236	2394	9649	6150	
5	商品 4	1959	2932	1253	150	1372	
6	商品 5	2950	8798	2950	4318	2824	
7	商品 6	2992	1823	3694	8156	7297	
8							
9							

图 3-39　各个月份数据工作表格式

（1）单击"公式"选项卡"定义的名称"组"定义名称"按钮，打开"新建名称"对话框。

（2）在"名称"文本框中输入名称"数据区"。

（3）在"引用位置"文本框中输入等号（=）。

（4）单击需要引用的第一个工作表（本例为"一月"工作表）的标签。

（5）按住 Shift 键不放，单击需要引用的最后一个工作表（本例为"六月"工作表）的标签。

说明：本例需引用的工作表是连续的，所以先选择第一个，然后按住Shift键不放，再选择最后一两个即可；如果引用的那些工作表不连续，需要按住Ctrl键，然后一一选取。

（6）在任意一个工作表中选定需要引用的单元格区域（本例为 B2:F7），如图 3-41 所示为最后"引用位置"的效果。

（7）单击"确定"按钮，为多张工作表的相同区域定义的名称"数据区"建成。

（8）名称"数据区"建好之后，在"上半年汇总"数据表上就可以方便地进行相关计算，其中，C3 到 C6 各个单元格的公式分别为：C3——"=SUM（数据区）"；C4——"=AVERAGE（数据区）"；C5——"=MAX（数据区）"；C6——"=MIN（数据区）"。

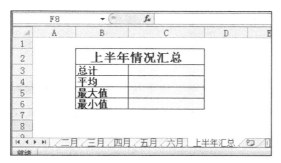

图 3-40　上半年汇总工作表格式

图 3-41　为多张工作表的相同单元格区域定义名称

3.4 | 数组公式及其应用

前面介绍的公式都是只执行一个简单的计算且只是返回一个运算结果。数组公式可以对两组或多组以上的数据（两个或者两个以上的单元格区域）进行计算，并能返回一个或多个结果。这样，通过使用数组公式可以大大简化计算过程，减少工作量，提高效率。

在数组公式中使用的两组或者多组数据成为数组参数，数组参数可以是一个数据区域，也可以是数组常量。数组公式中的每个数组参数必须具有相同数量的行或列。

3.4.1　数组公式的建立

1. 数组公式的输入

数组公式与一般公式不同之处在于它被括在大括号（{}）中，其输入步骤如下：

（1）选中一个单元格或者单元格区域。

说明：如果数组公式只是返回一个结果，需要选择用来保存结果的那一个单元格；如果数组公式返回多个结果，则需要选中需要保留数组公式计算结果的单元格区域。

（2）按照前面介绍的公式输入规则，输入公式的内容。

（3）公式输完后，按 Ctrl+Shift+Enter 组合键结束操作。

说明：本步骤非常关键，只有按下了 Ctrl+Shift+Enter 组合键，才能将输入的公式视为一个数组公式；否则，若只是按下 Enter 键，则输入的只是一个简单的公式，Excel 也只能在选中的单元格区域的第一个单元格位置显示一个计算结果。

例如，图 3-42 中某产品各月的销售量和销售单价已

月份	销售量	单价	销售额
1月	5678	25	141950
2月	4567	34	155278
3月	2345	26	60970
4月	2456	27	66312
5月	2567	28	71876
6月	2678	27	72306
7月	2789	26	72514
8月	2900	25	72500
9月	3011	24	72264
10月	3122	26	81172
11月	3233	28	90524
12月	3344	30	100320

图 3-42　数组公式的输入

经给出，现在如果想求出各月的销售额，就可以方便地应用数组公式。操作时，首先选中 D2:D13 区域，然后在编辑栏输入"B2:B:13*C2:C13:"，最后按 Ctrl+Shift+Enter 组合键结束操作，得到图 3-42 所示的效果。

说明：上面公式的含义就是：乘号"*"前后的两个单元格区域中相对应单元格内容相乘，结果放入D列同行的单元格中。也就是首先计算B2*C2，结果放入D2中；再计算B3*C3，结果放入D3中；其余依次类推，一直到计算出B13*C13，结果放入D13中。

2. 使用数组公式的好处

读者可能已经发现，上面的销售额也可以通过单个公式来计算：先通过在 D2 中输入"=B2*C2"，求出 D2，然后采用向下拖动鼠标复制的方法得到其余各月的销售额。虽然在每个单元格中输入单个公式也能得到同样的结果，但是使用数组公式具有以下优越性：

（1）数组公式可以节省储存空间。以上面的销售额计算为例，如果使用单个公式法，需要存储12 个公式，数组公式只用保存一个公式即可。当数组公式的范围很大时，可以大大节省存储空间。

（2）可以保证在同一个范围内的公式具有同一性。

（3）减少了意外覆盖公式的可能性，因为数组公式中无法修改一个单元格的内容。

（4）可以完全防止公式被随意篡改，因为无法删除数组公式中的一部分。

上例只是数组公式的一个简单应用，后面实例会使读者更好地体会数组公式的好处。

3. 使用数组公式的局限性

数组公式在编辑方面与一般公式的一大不同之处在于：不能单独对数组公式所涉及的单元格区域中的某一单元格进行编辑、清除或者移动操作，具体来说，包括以下问题：

（1）不能修改组成数组公式的任一个别单元格的内容（可以修改整个数组公式）。

（2）不能移动组成数组公式某一部分的单元格（可以移动整个数组公式）。

（3）不能删除组成数组公式某一部分的单元格（可以删除整个数组公式）。

（4）不能向一个数组范围内插入新的单元格，包括插入新行或新列。

也就是说，在使用数组公式的时候，不能复制、删除、剪切或者修改数组公式的某一部分。任何时候都只能把数组公式所包含的单元格区域当成一个整体进行编辑和修改。

图 3-43　修改数组公式元素时
弹出的警告信息

如果试图只修改数组公式中的某一元素，Excel 会显示如图 3-43 所示的错误提示信息。

3.4.2　数组公式的编辑

1. 修改数组公式

数组公式输入完毕后，如果又发现错误需要进行修改，则需按以下步骤操作：

（1）选中任意一个包含数组公式的单元格。

（2）单击编辑栏或按 F2 键，使编辑栏处于活动状态，此时大括号（{}）会从数组公式上去掉。

（3）编辑修改数组公式的内容。

（4）修改完毕后，按 Ctrl+Shift+Enter 组合键结束操作。

说明：有时候很容易忘记使用Ctrl+Shift+Enter组合键。另外，如果意外地按了Ctrl+Enter组合键（而不是Ctrl+Shift+Enter组合键），公式将被输入每一个选择的单元格中，但是，它已不再是数组公式，这也需要在操作时注意。

2. 移动数组公式

要把数组公式移到另一个位置，需要先选中整个数组公式包括的范围，然后把整个区域拖放到目标位置，也可以通过“剪切”和“粘贴”菜单命令进行。

3. 删除数组公式

删除数组公式的方法是：首先选定存放数组公式的所有单元格，然后按 Delete 键。

3.4.3 二维数组的应用

前面对数组的讨论基本上都局限于单行或单列，在实际应用中，往往会涉及多行或者多列的数据处理，这就是所谓的二维数组。Excel 支持二维数组的各种运算，如加、减、乘、除等。在实际应用中，二维数组的运用是非常广泛的。合理地应用二维数组运算能够提高数据处理的能力，特别是在不同工作表之间的数据汇总时非常高效。

例如，如图 3-44 所示为某商场各分店商品情况的工作簿，该工作簿的前 3 个工作表中分别是一、二、三月的各分店商品销售情况。现在需要计算该商场各分店中各种商品的一季度汇总以及各种商品的季度总销售额，并将计算结果存放在“一季度汇总”工作表中，如图 3-45 所示。

	A	B	C	D	E	F	G	H
1	一月份各分店销售情况表							
2		冰箱	空调	洗衣机	彩电	影碟机	电饭锅	热水器
3	1分店	63	96	121	236	103	225	231
4	2分店	59	89	109	219	162	213	256
5	3分店	48	92	116	302	127	261	241
6	4分店	62	91	135	258	119	210	284
7	5分店	57	73	162	267	108	196	297
8	6分店	52	82	117	279	97	243	253
9	7分店	51	76	134	298	103	187	302
10	8分店	60	102	128	261	132	229	198
11								

一月份 / 二月份 / 三月份 / 一季度汇总

就绪

图 3-44　前三个月每月份店销售情况

要实现以上季度销量汇总，可以通过使用二维数组的方法实现。具体操作步骤如下：

（1）在“一季度汇总”表中选择单元格区域 B3:H10。

（2）输入如下公式，然后按下 Ctrl+Shift+Enter 组合键，构造数组公式“=一月份！B3:H10+二月份！B3:H10+三月份！B3:H10”。

（3）在“一季度汇总”表中选择 B11 单元格。

（4）输入如下公式“=SUM(B3:B10)”，然后向右拖动复制该公式一直到 H11。经过以上操作，就可以得到如图 3-45 所示结果。

B11 =SUM(B3:B10)

	A	B	C	D	E	F	G	H
1	一季度销量汇总							
2		冰箱	空调	洗衣机	彩电	影碟机	电饭锅	热水器
3	1分店	214	334	408	751	388	729	535
4	2分店	188	309	357	689	516	712	604
5	3分店	162	364	333	965	428	880	560
6	4分店	206	363	428	815	490	686	630
7	5分店	188	300	500	794	354	748	701
8	6分店	193	300	419	877	414	782	614
9	7分店	185	282	483	973	460	736	720
10	8分店	219	401	415	832	485	777	488
11	总销售量	1555	2653	3343	6696	3535	6050	4852
12								

一月份 / 二月份 / 三月份 / 一季度汇总

图 3-45 利用二维数组计算季度汇总数据

3.4.4 数组公式的扩展

在公式中使用数组作为参数时，一般来说所用的数组必须是同维的。但是，如果数组参数或数组区域的维数不匹配，Excel 会自动扩展该参数。下面通过一个例子进行说明。

如图 3-46 所示，A1:D9 单元格区域为某公司销售产品的原价格，目前因为原材料涨价，公司准备为所有产品涨价，其中涨价幅度存储在 F2 单元格中（目前为 5%）；图中 H1:K9 就是利用数组公式计算出来的涨价后的价格。本实例的操作步骤如下：

（1）通过单元格复制的方式，构造 H1:K9 中除中间数据之外的表格行头和列标题。

（2）选取 I3:K9 单元格区域，然后输入公式"=B3:D9*F2"。

（3）按下 Ctrl+Shift+Enter 组合键，构造数组公式。

经过以上操作后，I3:K9 中的数据将会全部出来，如图 3-46 所示。

I16

	A	B	C	D	E	F	G	H	I	J	K
1	产品原价					涨价幅度		产品涨价后的价格			
2	规格	品牌1	品牌2	品牌3		5.00%		规格	品牌1	品牌2	品牌3
3	50克	¥ 1.00	¥ 1.50	¥ 1.75				50克	¥ 1.05	¥ 1.58	¥ 1.84
4	75克	¥ 1.50	¥ 2.00	¥ 3.00				75克	¥ 1.58	¥ 2.10	¥ 3.15
5	100克	¥ 2.00	¥ 3.30	¥ 5.00				100克	¥ 2.10	¥ 3.47	¥ 5.25
6	150克	¥ 3.00	¥ 4.00	¥ 6.00				150克	¥ 3.15	¥ 4.20	¥ 6.30
7	200克	¥ 5.00	¥ 7.00	¥ 8.00				200克	¥ 5.25	¥ 7.35	¥ 8.40
8	250克	¥ 6.00	¥ 8.00	¥ 10.00				250克	¥ 6.30	¥ 8.40	¥ 10.50
9	500克	¥ 8.00	¥ 12.00	¥ 14.00				500克	¥ 8.40	¥ 12.60	¥ 14.70
10											
11											
12											

销售日记帐随时汇总 / 计算销售总金额 / 多数据区域求和 / 商品涨价计算 / 评选"季度之星"

图 3-46 维数不匹配的数组运算

说明： 可以看出，公式"=B3:D9*F2"并不平衡，乘号"*"左边有21个参数，乘号"*"的右边只有一个参数。对于这种情况，Excel将扩展公式的第2个参数，使之与第1个数组参数的个数相同。经过Excel内部处理之后，上述公式实际上就变成了"=B3:D9*{B12，B12，B12，B12，B12，B12，B12，B12，B12，B12，B12，B12，B12，B12，B12，B12，B12，B12，B12，B12，B12}"。数组公式的这种扩展在某些时候特别有用。

3.4.5 数组公式的应用举例

1. 实例 1：单个单元格使用数组公式

如果数组公式的计算结果是一个结果，就可以只选择一个单元格用来返回计算结果。

如图 3-47 所示，图中 A 到 D 列存储的是某公司产品销售的日记账，该数据区域随着业务开展一直在进行动态变化，数据行将会越来越多。现在想计算累计销售额，也就是将已经输入的数据中的销售额进行汇总计算，其计算累计销售额，也就是将已经输入的数据中的销售额进行汇总计算，其计算结果如图 3-47 中单元格 F2 所示。

要实现以上效果，可以通过定义整列名称并利用数组公式来实现。操作步骤如下：

（1）分别将 B 列和 C 列整列命名为“单价”和“数量”。

（2）将光标定位到单元格 F2 中，并输入公式“=SUM（单价*数量）”。

（3）按下 Ctrl+Shift+Enter 组合键，构造数组公式。

经过以上操作，便可得到累计销售额，如图 3-47 所示，并且该数值会随着日志数据的不断增加而自动地发生相应变化。

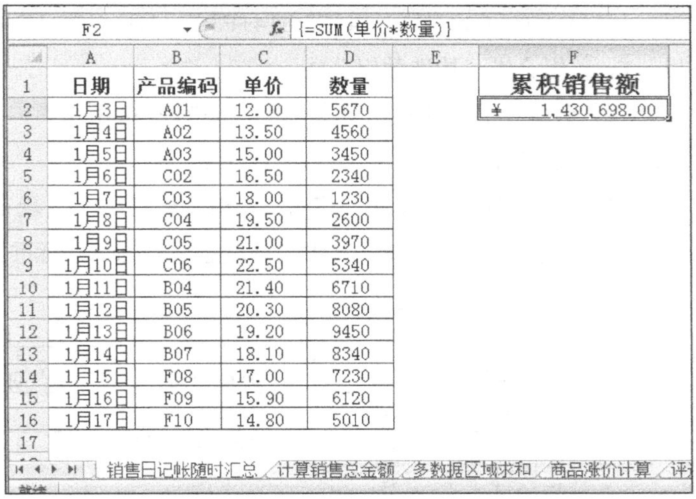
F2 {=SUM(单价*数量)}

	A	B	C	D	E	F
1	日期	产品编码	单价	数量		累积销售额
2	1月3日	A01	12.00	5670		¥ 1,430,698.00
3	1月4日	A02	13.50	4560		
4	1月5日	A03	15.00	3450		
5	1月6日	C02	16.50	2340		
6	1月7日	C03	18.00	1230		
7	1月8日	C04	19.50	2600		
8	1月9日	C05	21.00	3970		
9	1月10日	C06	22.50	5340		
10	1月11日	B04	21.40	6710		
11	1月12日	B05	20.30	8080		
12	1月13日	B06	19.20	9450		
13	1月14日	B07	18.10	8340		
14	1月15日	F08	17.00	7230		
15	1月16日	F09	15.90	6120		
16	1月17日	F10	14.80	5010		
17						

图 3-47 使用数组公式计算累计销售额

说明：本实例中定义了两个整列名称“单价”和“数量”，这样使用采用数组公式计算的累计销售额会随着定义名称“单价”和“数量”中内容的不断扩展（也就是随着日志数据的不断增加）而发生变化，自动地反应最新销售额的情况。

2. 实例 2：用数组公式计算多个数据区域的和

如果需要把多个对应的行或列数据进行相加或者相减运算，并得到与之对应的一行或者一列数据时，也可以使用数组公式来实现。

如图 3-48 所示，A1:I14 区域为某公司 2013 全年各月各种原材料的入库数量和单价。J1:J14 区域为通过使用数组公式计算出来的每月进货总额。

J6 {=B3:B14*C3:C14+D3:D14*E3:E14+F3:F14*G3:G14+H3:H14*I3:I14}

月份	原料A		原料B		原料C		原料D		月进货总额
	入库量	单价	入库量	单价	入库量	单价	入库量	单价	
1月	200	¥ 25.00	450	¥ 45.00	560	¥ 120.00	450	¥ 8.00	¥ 96,050.00
2月	300	¥ 27.00	400	¥ 47.00	450	¥ 125.00	400	¥ 9.00	¥ 86,750.00
3月	400	¥ 26.00	350	¥ 49.00	400	¥ 130.00	350	¥ 12.00	¥ 83,750.00
4月	500	¥ 25.00	300	¥ 25.00	350	¥ 135.00	300	¥ 11.00	¥ 70,550.00
5月	450	¥ 24.00	350	¥ 27.00	300	¥ 140.00	350	¥ 10.00	¥ 65,750.00
6月	400	¥ 25.00	400	¥ 26.00	350	¥ 145.00	400	¥ 9.00	¥ 74,750.00
7月	350	¥ 26.00	450	¥ 25.00	400	¥ 135.00	450	¥ 8.00	¥ 77,950.00
8月	300	¥ 27.00	500	¥ 24.00	450	¥ 137.00	500	¥ 10.00	¥ 86,750.00
9月	350	¥ 23.00	300	¥ 25.00	500	¥ 139.00	450	¥ 12.00	¥ 90,450.00
10月	400	¥ 25.00	350	¥ 27.00	300	¥ 141.00	400	¥ 14.00	¥ 67,350.00
11月	450	¥ 27.00	400	¥ 29.00	350	¥ 143.00	350	¥ 16.00	¥ 79,400.00
12月	500	¥ 29.00	700	¥ 31.00	400	¥ 145.00	300	¥ 18.00	¥ 99,600.00

销售日记帐随时汇总 / 计算销售总金额 / 多数据区域求和 / 商品涨价计算 / 评选“季度之星” / 1

图 3-48　使用数组公式计算多个数据区域的和

可以看出，要计算出某月的月进货总额，需要先用入库量乘以相应单价，计算出该月各种原材料的入库金额，然后再累计计算。

其实，这也可以方便地通过数组公式来实现。操作步骤如下：

（1）选取单元格区域 J3:J14。

（2）输入以下公式：=B3:B4*C3:C14+D3:D14*E3:E14+F3:F14*G3:G14+H3:H14*I3:I14。

（3）按下 Ctrl+Shift+Enter 组合键，构造数组公式。

经过上述操作，可以很快计算出各月份的月进货总额，如图 3-48 所示。

3. 实例 3：数组公式的扩展应用

如图 3-49 所示，A2:G25 区域为海达公司 2013 年第一季度销售情况表。现在需要统计各分店的“季度之星”人数，并将结果填充到 J3:L3 区域。其中“季度之星”的评选标准需要满足以下条件：员工的月销售业绩必须在全体员工的平均值之上。

海达公司2013年第一季度销售情况表

分店号码	职工编号	姓　名	1月	2月	3月	第一季度合计销售
1	106	张群一	22	16	9	47
1	107	张少英	36	10	8	54
1	108	张小武	12	15	6	33
1	103	林　琴	9	10	8	27
2	211	张增建	11	13	7	31
2	212	陈　林	28	18	10	56
2	213	吴　玉	14	10	9	33
3	301	张小鹏	9	26	6	41
3	302	吴一武	12	28	9	49
3	303	姜鄂卫	16	20	10	46
3	304	胡冰冰	12	25	11	48
2	216	朱明明	17	22	8	47
2	217	谈应霞	19	26	10	55
2	218	符智俗	15	16	7	38
2	219	孙连进	26	15	9	50
2	220	王永锋	16	12	11	39
1	110	周小红	15	10	9	34
1	111	钟洪成	19	14	12	45
1	112	钟　延	12	13	29	54
1	116	汪小勇	18	21	14	53
3	310	陈文坤	14	15	16	45
3	311	刘天宇	27	16	10	53
3	312	李少杰	22	26	8	56

海达公司“季度之星”评比结果

分店号码	1	2	3
“季度之星”人数	5	4	6

说明：季度销售合计数量达到全体职工平均数以上者可以评为“季度之星”。

图 3-49　数组扩展的应用——评选“季度之星”

本实例的操作步骤如下：

（1）在单元格 J2 中输入以下公式：

=SUM((($G$3:$G$25>=AVERAGE($G$3:$G$25))*($A$3:$A$25=J2))。

（2）按下 **Ctrl+Shift+Enter** 组合键，构造数组公式。

（3）将单元格 J2 向右拖动，将其公式复制到单元格 K2、L2 中。

在公式"=SUM((($G$3:$G$25>=AVERAGE($G$3:$G$25))*($A$3:$A$25=J2))"中：

- "$G$3:$G$25>=AVERAGE($G$3:$G$25)用来测定每一个职工的销售总量是否大于等于所有员工的平均销售量，如果该式成立，结果返回 1，否则返回 0。其中$G$3:$G$25 表示所有职工的销售总量，AVERAGE($G$3:$G$25)返回所有员工的平均销售量；为了后面复制公式时方便，这两个区域都使用了绝对引用的方式。

- $A$3:$A$25=J1 表示若分店号是 1 分店，则表达式返回 1，否则返回 0；数组$A$25 表示分店也是固定的，所以也使用绝对引用；要把公式复制到单元格 K2、L2 中求其他分店的优秀员工，所以单元格 J1 此处必须使用相对引用。

- ($G$3:$G$25=AVERAGE($G$3:$G$25))($A$3:$A$25=J2)表示两个部分相乘，当销售总量大于所有员工的平均销售量且分店号为"1"，这一行的结果是 1，否则是 0（1 或 0）。

- SUM($G$3:$G$25)最终再把上面得到的所有的 0 和 1 汇总起来，其结果的多少就表示了 1 分店的优秀员工数。

说明：在本实例中，两个表达式都使用了数组参数与单个常量之间进行比较，之所以可以这样运算，就是因为Excel可以启动数组扩展功能。

数组的应用非常灵活，尤其是可以作为很多函数的参数，它在简化数据运算、提高数据处理效率方面能发挥很大的作用，这在后续相关章节会有更为详细的应用和说明。

习题三

1. Excel 中在进行公式输入时，需要注意哪些问题？

2. 什么是公式中的单元格循环引用？如果想使用该功能，需要注意什么设置？

3. Excel 中对单元格地址的引用有哪些方式？如何进行这些方式之间的快速切换？

4. 名称的定义主要有哪几种方法？它们主要的使用场合有什么不同？

5. 建立数组公式时要注意什么事项？如何删除数组公式？

6. 上机自行将本章的所有实例操作一遍。

7. 习题图 3-1 为某公司工资表，请计算出表格中空白项的值。其中计算公式为：应发小计=岗位工资+津贴，应扣小计=医保+房积金，实发金额=应发小计-应扣小计。

8. 请根据习题图 3-2 中的数据区域和相关公式体会相对引用和混合引用的不同作用。题目要求，先自己思考公式的结果，然后再实际上机验证。例如，先判断将 E2 单元格中的公式复制到 E2:F5

后，E2:F5 中各个单元格的数值应为多少，然后实际上机验证。

	A	B	C	D	E	F	G	H	I
1				公司工资表					
2	序号	姓名	岗位工资	津贴	应发小计	医保	房积金	应扣小计	实发金额
3	1	吴1	500	1128.00		30.40	100.10		
4	2	吴2	450	1077.00		28.50	83.00		
5	3	吴3	550	1202.00		32.00	110.20		
6	4	吴4	450	1079.00		28.50	83.50		
7	5	吴5	500	1109.00		29.10	101.00		
8	6	吴6	600	1188.00		32.50	112.20		
9	7	吴7	450	1093.00		29.50	103.20		
10	8	吴8	450	1050.00		28.20	82.00		
11	9	吴9	550	1089.00		31.25	100.45		
12	10	吴10	600	1121.00		31.60	103.30		
13	11	吴11	600	1198.00		32.83	113.20		
14	12	吴12	500	1102.00		28.80	84.00		
15	13	吴13	600	1173.00		33.20	110.36		
16	14	吴14	450	1072.00		27.10	81.30		
17	15	吴15	650	1186.00		35.20	118.30		
18	16	吴16	650	1192.00		35.80	118.60		
19	17	吴17	550	1147.00		31.60	101.20		
20	18	吴18	550	1116.00		31.22	99.80		
21		总计							
22									

习题图 3-1

O9				f_x							
	A	B	C	D	E	F	G	H	I	J	K	L
1	原始数据区				相对引用			混合引用1			混合引用2	
2	23	34	14		=SUM(A2:B3)			=SUM(A$2:$B3)			=SUM($A2:B$3)	
3	12	23	16									
4	24	35	17									
5	23	45	18									
6												
7												

习题图 3-2

9. 习题图 3-3 中 A1:F13 区域为某公司最近 1 年的经营数据，请利用定义名称的方法完成 H1:I3 区域的查询功能，实现当用户从 I1 和 I2 中分别输入或者选择对应的年度和项目后，I3 单元格能够自动显示出对应的数据。

K5				f_x				
	A	B	C	D	E	F	G	H	I
1	月份	销售金额	广告费用	销售利润	上缴税金	净利润		选择月份	
2	一月	5825	44	873	977	348		选择项目	
3	二月	5200	35	1211	965	952		对应数据	
4	三月	5955	32	1270	1826	311			
5	四月	2441	28	1157	832	368			
6	五月	4283	47	630	1586	935			
7	六月	2262	31	1373	1940	477			
8	七月	5272	39	984	1962	463			
9	八月	3714	36	594	899	359			
10	九月	4444	38	1404	1964	717			
11	十月	2016	28	1111	1404	727			
12	十一月	3093	48	1164	1652	715			
13	十二月	2600	24	1029	1160	545			
14									

习题图 3-3

10. 根据习题图 3-4 中的数据，利用数组公式计算个月平均销售额，保存到 C15 中。

	A	B	C		
	F21		f_x		
	A	B	C	I
1	月份	销售量	单价	
2	1月	7567	￥ 25.00	
3	2月	9013	￥ 34.00	
4	3月	5323	￥ 26.00	
5	4月	1190	￥ 27.00	
6	5月	7399	￥ 28.00	
7	6月	5056	￥ 27.00	
8	7月	1544	￥ 26.00	
9	8月	1503	￥ 25.00	
10	9月	2412	￥ 24.00	
11	10月	6998	￥ 26.00	
12	11月	4627	￥ 28.00	
13	12月	6025	￥ 30.00	
14				
15	各月平均销售额			
16				
17				

习题图 3-4

11. 如习题图 3-5 所示，A1:F24 区域为普锐商场 2013 年第一季度各分店的商品分类销售统计表。利用数组公式，在 I3:I8 区域计算出每个分店的总销售数量；在 I12:I15 区域计算出每一类产品的平均销售量。

	A	B	C	D	E	F	G	H	I
1	普锐商场2013年第一季度各分店商品分类销售统计表								
2	分店号码	产品类	1月	2月	3月	第一季度合计销售		分店号码	总销售数量
3	1	产品类1	6	16	9	31		1	128
4	1	产品类2	8	10	8	26		2	177
5	1	产品类3	7	15	12	34		3	168
6	1	产品类4	10	10	17	37		4	181
7	2	产品类1	9	13	19	41		5	119
8	2	产品类2	6	18	15	39		6	205
9	2	产品类3	9	10	26	45			
10	2	产品类4	10	26	16	52			
11	3	产品类1	12	28	15	55		产品类	月平均销售量
12	3	产品类2	16	20	19	55		产品类1	99.33
13	3	产品类3	22	25	11	58		产品类2	84.67
14	4	产品类1	36	22	8	66		产品类3	83.00
15	4	产品类2	12	26	10	48		产品类4	59.00
16	4	产品类3	9	16	7	32			
17	4	产品类4	11	15	9	35			
18	5	产品类1	28	12	11	51			
19	5	产品类2	14	10	9	33			
20	5	产品类3	9	14	12	35			
21	6	产品类1	12	13	29	54			
22	6	产品类2	18	21	14	53			
23	6	产品类3	14	15	16	45			
24	6	产品类4	27	16	10	53			

习题图 3-5

第4章 函数及其应用

本章知识点

- 函数的功能与类型
- 函数的输入与调用
- 常用的函数及其应用
- 主要数学函数应用
- 逻辑判断函数应用
- 日期时间函数应用
- 文本函数及其应用

4.1 函数的基本知识

函数是由系统或用户预先定义好的具有名称的特殊公式，在这种特殊公式中，要进行处理的数据不再成为运算对象，而称为函数的参数，而且这些参数需要按特定的顺序或结构进行排列和计算。

Excel 提供了大量的内置函数可供用户使用，合理利用这些函数进行数据计算和分析，不仅可以大大提高工作效率，而且数据出错的几率大大缩小。本节先介绍函数应用的一些基本知识，后续的几节将对 Excel 中的典型函数进行主要功能说明和应用实例讲解。

4.1.1 函数的功能

Excel 处理数据时，利用函数可以大大增强公式的功能，简化和缩短工作表中的公式。并可以完成日常运算符难以实现的运算，甚至还可以实现智能判断，提高工作效率。

1. 使用函数可以大大简化公式

例如，要在工作表 A1:A10 这个区域中编辑公式 "=A1+A2+A3+A4+A5+A6+A7+A8+A9+A10"，如果要扩大范围，计算 A1:A100 这 100 个单元格中的数值的和，如果仍用公式编辑，将会变得非常麻烦。如果采用 Excel 中的 SUM 函数 "=SUM(A1:A100)" 来计算，就会变得简单得多。

2. 使用函数可以实现用公式无法进行的某些运算

例如，要计算 A1:A100 这个区域中的最大值，不使用 "=MAX(A1:A100)" 这样含有 Excel 函数的公式是无法得到答案的。

3. 使用函数可以减少手工编辑，提高编辑速度

例如，在 Excel 工作表中的 A1:A100 区域中有 100 个人物的英文名字，这些英文名字均采用小写，如 john f.crane，根据外国人的习惯，书写名称时每个单词的第一个字母应该大写，即 John F.Crane。如果对于这 100 个英文名字逐个去改，将会花费很长时间，但如果使用文本函数 PROPER 函数解决这个问题，则会方便很多。具体方法为：首先在 B1 单元格中输入公式 "=PROPER(A1)"，接着用复制填充柄将公式复制填充到 B2:B100 这个区域，选择 B1:B100 区域中的内容进行复制，然后选中 A1:A100 区域，执行 "选择性粘贴" → "数值" 命令，将复制结果转换成数值，最后删除工作表中的第 B 列就可以了。

4. 使用函数可以实现判断功能，进行有条件的运算

例如，某班学生某门课程的成绩放在 Excel 工作表中的第 A 列，要根据这门课的分数来判断学生成绩等级，具体判断标准为：85 分以上为 "优秀"，75～85 之间为 "良好"，60～75 分之间为 "及格"，60 分以下为 "不及格"。如果不使用函数，需要创建 4 个不同的公式，而且要根据每个学生的分数来确定公式是否正确。如果引入判断 IF 函数，只需要在第一个学生相应的单元格中输入公式 "=IF(AL>=85，"优秀"，IF(AL>=75，"良好"，IF(AL>=60 "及格"，"不及格")))，然后用自动填充就可以了。

总之，函数功能相当强大，如果想快速进行数据处理，必须熟练运用函数这一工具。

4.1.2　函数的结构

在 Excel 中，函数的结构一般由三部分组成，分别是函数名、括号和参数表。如下所示：函数名（参数 1，参数 2，参数 3，…）

（1）函数名：确定函数的功能和运算规则，在形式上一般采用大写字母，但在具体使用过程中，用户也可以采用小写形式，系统自动将其转换为大写字母的状态。

（2）括号：在 Excel 函数中，圆括号 "()" 不能省略，必须紧跟在函数名称后面，里面用来书写参数。需要注意的是：函数嵌套使用时，用户经常容易忘记书写括号，为了避免出现这些错误，用户需要把握一个原则："不管函数嵌套多少层，每个函数名后面都应紧跟一个圆括号"，最后要能够保证 "有几个函数名就有几个圆括号"。

（3）参数表：参数表规定了函数的运算对象、顺序或结构等。不同的函数具有的参数个数也不相同，一般情况下，每个函数都需要一个或多个参数，也有少数几个函数（如随机函数 RAND、日期函数 TODAY、时间函数 NOW）不需要任何参数，这些函数被称为 "无参函数"，其后空括号 "()" 仍必不可少。

注意：参数表之间用来分隔各参数的逗号必须用半角状态。

在 Excel 中，参数可以是常量（数字和文本）、逻辑值（例如 TRUE 或 FALSE）、数组、单元格引用、形如 "#N/A" 样式的错误信息或其他函数名称。

参数的类型和位置必须满足函数语法的要求，否则将返回错误信息。

（1）常量：直接输入单元格或公式中的数字或文本，或有名称代表的数字或文本值。注意公式或公式计算出的结果都不是常量，因为只要公式中的运算对象发生变化，它自身或计算出来的结果就会发生变化。

（2）逻辑值：比较特殊的一类参数，它只有逻辑"真"（TRUE）和逻辑"假"（FALSE）两种类型。如在公式"=IF(A1=0，""，A1/A2)"中，"A1=0"就是一个可以返回 TRUE 或 FALSE 两种结果的参数。根据 A1 单元格中的数据来判断，当"A1=0"为 TRUE 时，整个公式的结果为空字符，否则为表达式 A1/A2 的计算结果。

（3）数组：在 Excel 中有两类数组，常量数组和区域数组。常量数组将一组给定的常量用做某个函数的参数，放在大括号"{ }"内部；区域数组是一组矩形的单元格区域，如公式"=AVERAGE(A1:A3，B1:B3)"中的参数"A1:A3，B1:B3"就是一个区域数组。

（4）单元格引用：单元格引用是函数中最常使用的参数，引用的目的在于标识工作表中单元格或单元格所处位置。具体引用形式可参照第 3 章中的"单元格的引用"部分。

（5）错误值：使用错误值作为参数的函数主要是信息函数，例如，"ERROR.TYPE()"函数就是以错误值作为函数参数，用来返回与错误值对应的数字。它的语法为 ERROR.TYPE(error-val)，如果其中的参数是#NU，返回数值 6。

（6）名称：为了更加直观地标识单元格区域，也可以给它们赋予一个名称，从而在函数中直接作为参数来使用。例如，已有公式"=AVERAGE(A1:A10)"，为了简便，可以将工作表中 A1:A10 这个单元格区域命名为"分数"，该公式就可以书写为"=AVERAGE（分数)"。给一个单元格（或单元区域）命名的方法前面已经作过介绍。

注意：如果使用名称作为函数参数，则创建好的名称可被所有工作表引用，而不需要在名称前面添加工作表名，这是使用名称的主要优点，因此名称引用实际上是一种绝对的引用。

4.1.3 函数的调用

函数的调用就是在公式或者表达式中应用函数，它包括如下三种形式：

（1）在公式中直接调用函数。如果函数以公式的形式出现，只需要在函数前面加上等号"="即可，例如"=SUM(A1:A100)"。

（2）在表达式中调用函数。如果函数作为表达式的组成部分使用，则需要在公式的相应位置输入函数，例如"=C9+SUM(A1:A100)"，此时不用在函数前面加"="。

（3）函数的嵌套使用。函数也可以嵌套使用，即一个函数作为另一个函数的参数，例如"=IF(RIGHT(A2, 1)="1"，"男""女")"。其中公式的 IF 函数中嵌套了 RIGHT 函数，而且将 RIGHT 函数返回的结果作为 IF 函数的逻辑判断依据。对于函数的嵌套调用，作为参数的函数前面不能添加"="，如上面公式中内部的 RIGHT 函数前面就不能添加"="。

注意：在进行函数的嵌套调用时，需要注意以下两个问题：第一，有效的返回值。当嵌套函数作为参数使用时，它返回的数值类型必须与参数要求的数值类型相同。例如，如果参数要求是一个逻辑值时，内部的嵌套函数必须能够返回一个TRUE或FALSE值，否则Excel将显示错误信息"#VALUE!"。第二，注意嵌套级数的限制。Excel公式中最多可以包含七级嵌套函数。当函数B作为函数A的参数时，函数B称为第二级函数，而函数B中调用函数C称为第三级函数，……，依此类推，最高可达七级。例如，上面公式中共同嵌套两层，其中IF函数为第一级函数，而其调用的RIGHT

函数是第二级函数。

4.1.4 函数的输入

在 Excel 的公式和表达式中调用函数，第一个要解决的问题就是函数的输入。函数的输入有借助函数向导输入和手工直接输入两种方法，下面分别进行说明。

1. 手工直接输入函数

手工直接输入函数，就是指通过编辑栏快捷地手工输入函数。它适用于以下情况：

- 用户对于需要使用的函数名以及函数的参数意义已经比较熟悉。
- 用户需要套用某个已经编写完成的现成公式，可以通过复制得到。
- 需要输入一些嵌套关系复杂的公式。

如图 4-1 所示为某单位工资计算的一个表格，现在需要按照如下公式计算实发工资：实发工资=基本工资+职务津贴+奖金+岗位津贴-本月水电费-本月房租。

根据以上公式可以看出，本例在 I2 中直接输入公式也可以，但为了简单起见，此处考虑利用 SUM 函数进行 4 个收入项的求和，然后再减去需要扣除的两项，求出实发工资。

下面就以该实际工资的计算为例来说明手工直接输入函数的方法。操作步骤如下：

	A	B	C	D	E	F	G	H	I
1	姓名	性别	基本工资	职务津贴	奖　金	岗位津贴	本月水电费	本月房租	实发工资
2	王力洞	男	¥3,534.40	¥　720.00	¥960.00	¥360.00	¥66.36	¥400.00	
3	张泽民	男	¥1,232.10	¥　468.00	¥150.00	¥234.00	¥179.49	¥100.00	
4	魏　军	女	¥1,742.40	¥　540.00	¥510.00	¥270.00	¥119.06	¥200.00	
5	叶　枫	女	¥2,433.60	¥　624.00	¥840.00	¥312.00	¥118.31	¥200.00	
6	李云清	女	¥1,742.40	¥　540.00	¥660.00	¥270.00	¥102.70	¥200.00	
7	谢天明	男	¥5,290.00	¥　930.00	¥900.00	¥465.00	¥52.00	¥500.00	
8	史杭美	女	¥3,534.40	¥　720.00	¥750.00	¥360.00	¥15.73	¥400.00	
9	罗瑞维	女	¥4,000.00	¥　468.00	¥240.00	¥234.00	¥123.93	¥400.00	
10	秦基业	男	¥2,433.60	¥　624.00	¥720.00	¥312.00	¥146.68	¥200.00	
11	刘予予	女	¥5,290.00	¥　930.00	¥1,140.00	¥465.00	¥32.84	¥500.00	
12	苏丽丽	女	¥3,534.40	¥　720.00	¥870.00	¥360.00	¥173.12	¥400.00	
13	蒋维模	男	¥5,290.00	¥　930.00	¥1,020.00	¥465.00	¥116.26	¥500.00	
14	王大宗	男	¥2,433.60	¥　624.00	¥570.00	¥312.00	¥119.66	¥200.00	
15	毕　外	男	¥1,232.10	¥　468.00	¥330.00	¥234.00	¥115.83	¥100.00	
16									

图 4-1　工资表

（1）将光标定位到 I2 单元格。

（2）用鼠标单击编辑栏，输入公式"=SUM(C2:F2)－G2-H2"。

（3）单击编辑栏中的"√"按钮或按下回车键，即可求出第一个人的实发工资。

（4）选定 I2 单元格，采用向下拖动复制公式的方法得到其余人员的实发工资。

说明：手工输入时，单元格区域的引用同样可以采取通过选择单元格区域从而自动生成的方法，但是对于那些多参数函数，函数多个参数之间用来分隔参数的逗号必须手工输入，而不能像利用函数向导那样自动添加。

2. 借助函数向导输入

Excel 提供的函数多达 400 多个，覆盖了许多应用领域。要记住所有函数的名字、函数及用法不太现实。当知道函数的类别以及需要计算的问题时，或者知道函数的名字，但不知道函数所需要的函数时，可以使用函数向导完成函数的输入。

例如：对于某一个数据汇总问题，需要按照性别对某一数据进行条件求和，操作者知道可以利用 SUMIF 函数，但是不清楚 SUMIF 函数的参数个数、意义及其先后顺序，此时，用函数输入向导输入就非常适合。操作步骤如下：

（1）选择需要输入的第一个单元格。

（2）单击"公式"选项卡的"函数库"组的"插入函数"按钮，弹出如图 4-2 所示的"插入函数"对话框，该对话框将会起到"向导"的功能。

（3）在对话框的"选择函数"列表框中选择所需函数，此处选择 SUMIF 函数。

注意：如果在"插入函数"对话框中没有找到所需要函数，则可以在该对话框的"或选择类别"选项中选择"全部"，然后再在"选择函数"列表框中进行选择。

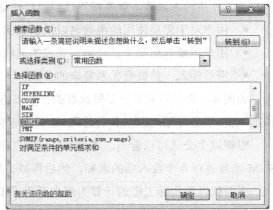

图 4-2　插入函数

（4）单击"确定"按钮，弹出如图 4-3 所示的"函数参数"对话框，其中给出了 SUMIF 函数的功能和参数，当将鼠标定位到各个参数输入框时，将会显示出对应参数的意义。

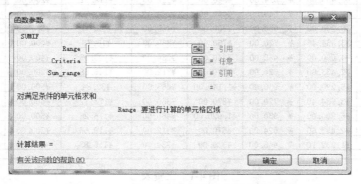

图 4-3　SUMIF 函数的"函数参数"对话框

（5）在各个参数输入框中输入相关内容，输入完成以后，会看到在"函数参数"对话框下方会显示函数计算结果，最后单击"确定"按钮，即可利用 SUMIF 函数计算出相关结果。

说明：（1）上面往参数输入框中输入单元或者单元格区域引用时，可以手工输入，也可以单击输入框右侧的工作表标签按钮，让"函数参数"对话框暂时折叠，然后到工作表中采取通过选择单元格区域从而自动生成的方法，自动获得对单元格或者单元格区域的引用，然后再次单击输入框右侧的工作表标签按钮，返回"函数参数"对话框，进行下一个参数的输入。

（2）往参数输入框中输入文本内容时，不需要自己添加引号（""），Excel会自动添加。

（3）多个参数之间用来分隔参数的逗号不用手工输入，系统会自动添加。

4.1.5　函数的分类

Excel 提供了大量内置函数，根据函数的功能，可将 Excel 函数分为以下几种类型。

（1）数学和三角函数：可以进行各种数学计算，例如对数值取整、计算单元格区域中的数值总和或一些复杂计算。

（2）日期和时间函数：可以在公式中分析和处理日期值和时间值。例如，取得当前的时间、计算两个时间之间的工作日天数等。

（3）文本函数：可以在公式中处理文字串。例如，可以改变文本的大小写、替换字符串等。

（4）逻辑函数：是进行逻辑运算或复合检验的函数，这类函数主要包括 AND（与）、OR（或）、NOT（非）、IF（逻辑检测）等。虽然个数不多，但使用很广泛，特别是 IF 函数，通过 IF 函数和其他函数结合使用，可以实现很多功能。

（5）财务函数：可以进行一般的财务数据统计和计算，如确定贷款的支付额、投资的未来值或净现值，以及债券或息票的价值。

（6）统计函数：用于对数据区域进行统计分析。例如，可以统计某次考试缺考人数，统计某食品加工厂的经营信息。

（7）信息函数：可以返回存储在单元格中的数据的类型，同时还可以使单元格在满足条件的情况下返回逻辑值。例如可以利用 INFO 函数取得当前操作环境的信息。

（8）工程函数：主要用于工程分析，可以对复数进行计算，还可以在不同的数字系统（如十进制系统、十六进制系统、八进制系统和二进制系统）间进行数值和在不同的度量系统中进行数值转换，例如将十进制转换为二进制数。

（9）数据库函数：用于对存储在数据清单中或数据库中的数据进行分析，判断其是否符合某种特定条件。例如，在一个包含销售信息的数据清单中，可以计算出所有销售数值大于 100 且小于 200 的记录的总数。

（10）查找和引用函数：可以在数据清单或表格中查找特定数值，或者查找某一单元格的引用函数。例如，在表格中查找与第一列中的值相匹配的数值。

（11）加载宏和自动化函数：用于计算一些与宏和动态链接库相关的内容。

（12）多维数据集函数：用于返回多维数据集中的相关信息，例如返回多维数据集中成员属性的值。

4.1.6　使用Excel帮助理解函数

多数情况下，用户对一些不熟悉的函数常常采用插入函数的方法，其实在使用"插入函数"对话框或"函数参数"对话框的时候，用户都可以通过单击对话框下方的"有关该函数的帮助"超链接或按 F1 键，进入 Excel 的帮助系统，以便得到该函数的帮助。

进入帮助系统后，Excel 将显示如图 4-4（a）所示的界面。

假设某人对 SUMIF 函数的具体作用和参数意义不太清楚，可以通过帮助系统进行学习，下面以查找 SUMIF 函数的帮助为例，说明 Excel 帮助系统的使用方法。操作过程如下：

（1）按 F1 键进入 Excel 帮助系统，屏幕显示如图 4-4（a）所示的界面。在该界面中，可以直接在搜索框中输入关键字获取帮助，也可以打开目录分层查找帮助信息。

说明： 建议使用图4-4（a）中的"搜索"方式查询需要的内容，这种方式快速、方便。

（2）在"搜索"文本框中输入 SUMIF，Excel 将搜索出所有与 SUMIF 相关的一些搜索结果，显示如图 4-4（b）所示的帮助内容。

（3）双击搜索结果列表中的"SUMIF 工作簿函数"，Excel 将显示出如图 4-4（c）所示的帮助内容。该帮助内容不但有函数的功能描述、使用语法、函数各参数的数据类型及意义的讲述，而且提供了函数应用的示例，这些示例可以复制到 Excel 中进行学习。

说明： Excel的帮助系统具有极其强大的功能，它比许多参考书的内容更全面，讲述得更清楚，实例更丰富。用户利用它能够解决在使用Excel过程中遇到的各种问题，如Excel的新技术、疑难问题解答、专用名词术语、函数说明、函数应用实例等。一个Excel的真正用户应该运用帮助系统，从中获取有用的资料，培养自学能力，养成"终身学习"的习惯。

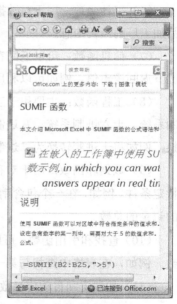

（a）Excel 帮助系统窗格　　　　（b）Excel 帮助的搜索结果　　　　（c）查找到的函数信息

图 4-4　Excel 帮助系统

4.2 常用函数

所谓常用函数，并不是 Excel 函数类型中的一种，只是因为这些函数的使用频率比较高，如在

Excel 自动求和按钮及其下拉菜单中包含的对于任何人员都经常使用的求和、求平均值、计数、求最大值、求最小值等函数，以及某些跟自己工作领域相关的经常使用的函数（财务人员常用财务函数、统计人员常用的统计函数等）。当然，对于不同的使用者，其"常用"的含义也是不一样的，所以，在"插入函数"中属于"常用函数"的函数也不是固定不变的。本节只是介绍大多数人员都使用的常用函数及其使用案例。

4.2.1 自动求和按钮下对应的常用函数

求和是最为常用的运算，所以 Excel 以前一直将求和做成一个命令按钮。从 Excel 2003 开始，Excel 自动求和按钮又提供了一个下拉菜单，其中包括求和、求平均值、计数、求最大值、求最小值等常用函数以及可以用来打开"插入函数"的"其他函数"超链接，下面介绍几个常用函数的使用方法。

1. SUM 函数

SUM 函数的功能是求出所有参数的和。其语法格式为：

SUM(number1，number2，…)

其中参数 number1，number2，…为需要求和的 1 到 30 个参数；如果参数为错误值或不能转换成数字的文本，将会导致错误；如果参数为数组或引用，则只有其中的数字被计算，数组或引用中的空白单元格、逻辑值、文本或错误值将被忽略。

示例：工作表中 B10 单元格中的公式为 "=SUM(B9:D9,F9:H9,100)"，表示计算"单元格区域 B9:D9 和 F9:H9 的和，并加上 100"所得到的合计值。

2. AVERAGE 函数

AVERAGE 函数的功能是求出所有参数的算术平均值。其语法格式为：

AVERAGE(number1，number2，…)

其中参数 number1，number2，…为需要求和的 1 到 30 个参数，可以是数字，包括数字的名称、数组或引用。如果数组或引用参数包含文本或逻辑值，则这些值同样被忽略。

示例：工作表中 B10 单元格中的公式为 "=AVERAVG(B9:D9,F9:H9,9,10)"，表示计算"单元格区域 B9:D9 和 F9:H9 中所有值，以及数字 9、数字 10"的平均值。

3. COUNT 函数

COUNT 函数的功能是计算单元格区域或数字组中数字内容的个数。其语法格式为：

COUNT(value1，value2，…)

其中参数 value1，value2，…为包含或引用各种类型数据的参数，但只有数字类型的数据才被计算，其参数个数也不能超过 30 个。

示例：如图 4-5 所示，公式 "=COUNT(A1:B9,"9",5)"的返回值为 4,其原因就是单元格区域 A1:B9 中有 3 个数字（日期型也为数字），"9"为文本，不

	B9	▼	f_x	=COUNT(A1:B9,"9",5)	
	A	B	C	D	
1	数据				
2	20006-6-6				
3					
4	20				
5	20.22				
6	TRUE				
7	#DIV/0!				

图 4-5 用 COUNT 函数统计含数字单元格的个数

是数字。

说明：COUNT函数在计数时，将把数字、日期或以文本代表的数字计算在内；但是错误值或其他无法转换成数字的文字将被忽略。如果参数是一个数组或引用，将只统计数组或引用中的数字；数组或引用中的空白单元格、逻辑值、文字或错误值都将被忽略。

4. MAX 函数和 MIN 函数

MAX 函数和 MIN 函数的功能分别是返回一组值中的最大值和最小值。语法格式为：

MAX(number1，number2，…)

MIN(number1，number2，…)

其中：参数 number1，number2，…为要从中找出最大/小值的 1 到 30 个数字参数。

示例：公式"=MAX(B9:D9,10)"，表示计算 B9:D9 中的数据和数字 10 中的最大值。

公式"=MIN(A1:A20,3)"，表示计算 A1:A20 中的数据和数字 3 中的最小值。

4.2.2 其他常用计数函数

除了上面介绍的 COUNT 函数外，还有几个常用的与计数相关的函数，介绍如下：

1. COUNTA 函数

COUNTA 用来返回参数列表中非空值单元格的个数，语法格式与 COUNT 函数相同。

示例：在如图 4-5 所示的工作表中，公式"=COUNTA(A1:A7)"的返回值为 6，原因是只有 A3 单元格为空，没有统计在内，其余还有 6 个，所以结果为 6。

2. COUNTBLANK 函数

COUNTBLANK 返回指定参数中空白单元格的个数，语法格式与 COUNT 函数相同。

示例：在前面图 4-5 所示工作表中，公式"=COUNTBLANK(A1:A7)"的返回值为 1。

3. COUNTIF 函数

COUNTIF 函数的功能是计算指定参数中满足给定条件的单元格的个数，语法格式为：

COUNTIF(range,criteria)。

其中，参数 range 为需要计算其中满足条件的单元格数目的单元格区域；criteria 是指定的条件，其形式可以为数字、表达式或文本。如果是文本或表达式，则 criteria 参数必须加上半角状态下的双引号。

示例：在如图 4-5 所示的工作表中，公式"=COUNTIF(A1:A7,20)"表示在单元格区域 A1:A7 中统计数据等于 20 的单元格个数，返回值为 1；公式"=COUNTIF(A1:A7,TRUE)"表示在单元格区域中统计数据为 TRUE 的单元格个数，返回值为 1；要统计单元格区域中含有字符"数据"的单元格个数，可用公式"=COUNTIF(A1:A7,"数据")"，返回值为 1；同样要统计单元格区域中数值大于 20 的单元格个数，可用公式"=COUNTIF(A1:A7,">20")"，返回值为 2。

4.2.3 常用函数应用实例：学生成绩处理

问题描述：如图 4-6 所示为一个需要进行数据处理的学生成绩分析表，请利用本节所讲的函数计算出每个学生的总分和各科平均分，并对单科成绩进行分析，添加到相应位置。

	A	B	C	D	E	F	G	H	I	J	K
								M18		f_x	
1	学号	姓名	计算机基础	英语	数学	微机原理	体育	法律	会计	成绩总分	各科平均分
2	1	赵雪晴	55	96	100	52	91	78	99		
3	2	杨灿	90	84	87	96	62	69	71		
4	3	刘钰维	54	63	98	66	94	81	92		
5	4	陈莹	76		70	69	90	94	58		
6	5	汤渠江	51	81	64	82	72		84		
7	6	都波	80	88	99		67	56	96		
8	7	刘达玺		57	80	89	100	87			
9	8	陈鑫	68	68	68	68	54	73	52		
10	9	范烨	59	66	85	65	89	60	81		
11	10	张溢锋	50	85		62	54	55	65		
12	11	丁柯	83	63	91	53	98		90		
13	12	肖翔	81	84	53	76	51	52	53		
14	13	任泽	59	72	51	70	54	75	56		
15	14	梁仁奕	52	64	52	55	81	93	74		
16	15	王倩	64	85	50	56	76	87	77		
18					成绩分析						
19	统计项目		计算机基础	英语	数学	微机原理	体育	法律	会计		
20	应考人数										
21	参考人数										
22	缺考人数										
23	最高分										
24	最低分										
25	85分以上人数										
26	比例										
27	60～85分人数										
28	比例										
29	60以下人数										
30	比例										

图 4-6　待进行数据处理的学生成绩分析表

问题分析：成绩总分和各科平均分可以用 SUM 和 AVERAGE 计算，单科成绩统计可依靠计数函数，各个成绩段的比例可通过简单的公式计算得到。具体操作步骤如下：

（1）建立工作表。按照图 4-6 的样式，制作表格的框架结构。注意表格中边框和底纹的设置效果，以及某些单元格的合并居中效果的设置。

（2）成绩总分的计算。将光标定位到 J2 单元格，通过求和按钮计算出第一个同学的总分，然后用鼠标向下拖动复制的方法，计算出所有学生的成绩总分。

（3）各科平均分的计算。将光标定位到 K2 单元格，在编辑栏输入公式"AVERAGE(C2:I2)"，按回车键，计算出第一个同学的各科平均分，然后用鼠标向下拖动复制的方法，计算出所有学生的各科平均分。

（4）应考人数的统计。将光标定位到 C20 单元格，在编辑栏输入公式"=COUNT(A2:A16)"，按回车键，计算应考人数。

说明：不管哪一科课程，应考人数是一样的，所以此处将C20:I20进行合并，合并后的单元格名字为C20。

（5）参考人数的统计。将光标定位到 C21 单元格，在编辑栏中输入公式"=COUNTA(C2:C16)"，按回车键，计算出计算机基础课程的参考人数；然后用鼠标向右拖动复制的方法，计算出所有课程的参考人数。

（6）缺考人数的统计。将光标定位到 C22 单元格，在编辑栏输入公式"=COUNTBLANK (C2:C16)"，按回车键，计算出计算机基础课程的缺考人数；然后用鼠标向右拖动复制的方法，计算出所有课程的缺考人数。

（7）最高分和最低分的计算。分别在 C23 和 C24 单元格中输入公式"=MAX(C2:C16)"和"=MIN(C2:C16)"，按回车键，计算出计算机基础课程的最高分和最低分；然后选定 C23:C24，用鼠标向右拖动复制的方法，计算出所有课程的最高分和最低分。

（8）计算优秀成绩（85 分以上）人数及其比例。将光标定位到 C25 单元格，在编辑栏输入公式"=COUNTIF(C2:C16, ">=85")"，按回车键，计算出计算机基础课程成绩在 85 分以上的人数；然后用鼠标向右拖动复制的方法，计算出所有课程成绩在 85 分以上的人数。

（9）计算优秀成绩（85 分以上）的比例。将光标定位到 C26 单元格，在编辑栏输入公式"=C25/C21"，按回车键，计算出计算机基础课程成绩在 85 分以上人数的比例，并将结果单元格的数字格式设置为带两位小数的"百分比"格式；然后用鼠标向右拖动复制的方法，计算出所有课程成绩在 85 分以上人数的比例。

（10）采用与步骤（8）类似的方法，计算出各门课程的及格和不及格人数及其比例。其中单元格 C29 的公式为："=COUNTIF(C2:C16, "<60")"。

说明：COUNTIF函数的条件中不能进行逻辑运算，所以C27采用了统计出60分以上的人数，然后再减去85分以上人数的方法来统计出60分到85分之间的人数。

经过以上操作，学生成绩分析表已经做好，最终结果如图4-7所示。

	A	B	C	D	E	F	G	H	I	J	K
1	学号	姓名	计算机基础	英语	数学	微机原理	体育	法律	会计	成绩总分	各科平均分
2	1	赵雪晴	55	96	100	52	91	78	99	571	81.57
3	2	杨灿	90	84	87	96	62	69	71	559	79.86
4	3	刘钰维	54	63	98	66	94	81	92	548	78.29
5	4	陈莹	76		70	69	90	94	58	457	76.17
6	5	汤渠江	51	81	64	82	72		84	434	72.33
7	6	都波	80	88	99		67	56	96	486	81.00
8	7	刘达玺		57	80	89	100	87		413	82.60
9	8	陈鑫	68	68	68	68	54	73	52	451	64.43
10	9	范烨	59	66	85	65	89	60	81	505	72.14
11	10	张溢锋	50	85		62	54	55	65	371	61.83
12	11	丁柯	83	63	91	53	98		90	478	79.67
13	12	肖翔	81	84	53	72	51	52	53	450	64.29
14	13	任泽	59	72	51	70	54	75	56	437	62.43
15	14	梁仁奕	52	64	52	55	81	93	74	471	67.29
16	15	王倩	64	85	50	56	76	87	77	495	70.71
18	成绩分析										
19	统计项目	计算机基础	英语	数学	微机原理	体育	法律	会计			
20	应考人数	15									
21	参考人数	14	14	14	14	15	13	14			
22	缺考人数	1	1	1	1	0	2	1			
23	最高分	90	96	100	96	100	94	99			
24	最低分	50	57	50	52	51	52	52			
25	85分以上人数	1	4	6	2	6	4	4			
26	比例	6.67%	26.67%	40.00%	13.33%	40.00%	26.67%	26.67%			
27	60~85分人数	6	9	4	8	5	6	6			
28	比例	40.00%	60.00%	26.67%	53.33%	33.33%	40.00%	40.00%			
29	60以下人数	0	0	0	0	0	0	0			
30	比例	0.00%	0.00%	0.00%	0.00%	0.00%	0.00%	0.00%			

图4-7　学生成绩分析表的最终结果

4.3 逻辑函数

逻辑函数是用来判断真假值或者进行复合检验的 Excel 函数。在对工作表进行计算或者统计分析时，常常要对某些条件进行判断才能得出需要的结果，这时就可以使用逻辑函数。

4.3.1 逻辑函数的功能和用法介绍

在 Excel 2007 中提供了这样一些逻辑函数，即 AND、OR、NOT、TRUE、FALSE、IF 和 IFERROR 函数。

1. AND

功能：当 AND 的参数全部为 TRUE 时，返回结果为 TRUE，否则为 FALSE。

语法：AND(logical1,logical2,…)

参数：logical1, logical2,…表示待检测的条件值，各条件值可能为 TRUE，可能为 FALSE。参数必须是逻辑值，或者包含逻辑值的数组或引用。

例如：如果 B1:B3 单元格中的值为 TRUE、FALSE、TRUE，则公式"=AND(B1:B3)"的结果为 FALSE。

2. OR

功能：当 OR 的参数中如果任一参数为 TRUE，返回结果 TRUE，否则为 FALSE。

语法：OR(logical1,logical2,…)

参数：logical1, logical2,…表示待检测的条件值，各条件值可能为 TRUE，可能为 FALSE。参数必须是逻辑值，或者包含逻辑值的数组或引用。

例如："=OR(TRUE,FALSE,TRUE)"的结果为 TRUE。

3. NOT

功能：NOT 函数用于对参数值求反。

语法：NOT(logical)

参数：logical 为一个可以计算出 TRUE 或 FALSE 的逻辑值或逻辑表达式。

例如：NOT(2+2=4)，由于 2+2 的结果的确为 4，该参数结果为 TRUE，由于是 NOT 函数，因此返回函数结果与之相反，为 FALSE。

4. TRUE

功能：返回逻辑值 TRUE。

语法：TRUE( )

5. FALSE

功能：返回逻辑值 FALSE。

语法：FALSE( )

说明：由于可以直接在单元格或公式中键入值TRUE或者FALSE。因此TRUE、FALSE这两个函数通常可以不使用，这两个函数主要用于与其他电子表格程序兼容。

6. IF

功能：对指定的条件计算结果为 TRUE 或 FALSE，返回不同的结果。

语法：IF(logical_test,value_if_true,value_if_false)

参数：

logical_test 表示计算结果为 TRUE 或 FALSE 的任意值或表达式，本参数可使用任何比较运算符；

value_if_true 显示在 logical_test 为 TRUE 时返回的值，value_if_true 也可以是其他公式；

value_if_false 为 FALSE 时返回的值，value_if_false 也可以是其他公式。

7. IFERROR

功能：如果公式计算出错误，则返回指定的值，否则返回公式结果。IFERROR 函数常用来捕获和处理公式中的错误。

语法：IFERROR(value,value_if_error)

参数：value 是需要检查的公式；value_if_error 是公式计算出错误时要返回的值。如果判断的公式中没有错误，则会直接返回公式计算的结果。

说明：IS类函数参数value的类型在运算中是不会被转换的。例如，在其他大多数需要数字的函数中，文本"20"会被转换成数字20，但是在ISNUMBER中，文本不能转换成数字，所以其结果是返回False。

4.3.2 逻辑函数应用实例一：党费提交计算

问题描述：如图 4-8 所示为某公司员工的工资情况，请计算每个党员应交的党费，计算标准为：如果基本工资在 800 元以内为 0.5%，如果基本工资在 800～1 000 元为 1%，如果基本工资在 1 000-1 500 元为 2%，如果大于 1 500 元为 3%。

问题分析：本例的关键是判别各个办事处的奖金提成比例。根据前面描述的标准，可以考虑使用多层嵌套的 IF 函数来实现，具体操作步骤如下：

（1）将光标定位到 C3 单元格，输入如下公式 " =IF(B3<800,0.5%,IF(B3<1000,1%,IF(B3<1500,2%,3%)))"，然后按回车键，计算第一个党员应交党费比例，并把计算结果之后的单元格数字格式设置为带小数点的百分比样式。

（2）选定 C3 单元格，向下拖动复制一直到所需行，判断出所有党员应交党费比例。

（3）将光标定位到 D3 单元格，输入公式 "=B3*C3"，然后按回车键，计算第一个党员应交党费金额，把 E3 单元格的数字格式设置为带两位小数的数值格式。

（4）选定 D3 单元格，向下拖动复制一直到所需行，算出其他党员应交党费金额。

经过以上操作，奖金提成计算表制作完毕，效果如图 4-9 所示。

图 4-8　党员党费计算表格

图 4-9　党员党费计算结果

4.3.3　逻辑函数应用实例二：考试成绩评判

问题描述：如图 4-10 所示为某班计算机考试成绩的数据，包括三部分：平时成绩、期末理论和期末上机，均为百分制，请在该表中计算总分，并将那些三项成绩全部及格的同学在其对应的"是否全通过"栏中输入 YES，在"总分等级"一列中输入对应总分的登记数字，标准为：250 以上——优秀，225～250 良好，200～225——中等，180～200——及格，180 以下——不及格。

图 4-10　计算机考试成绩表基本数据

问题分析：总分计算直接用 SUM 即可，是否通过需要利用 IF 函数，另外必须三项成绩全部及格才行，所以条件函数的参数需要用 AND 函数连接；总分等级需要使用嵌套 IF 函数进行判断。经过以上分析，本例具体操作步骤如下：

（1）选取 F3 单元格，输入公式"=SUM(C3:E3)"，按回车键，求出第一个学生的总分，然后再向下拖动复制，计算出每一个学生的总分。

（2）选取 G3 单元格，输入如下公式"=IF(AND(C3>=60,D3>=60,E3>=60),"YES","")"，按回车键，判断第一个学生是否通过，然后再向下拖动复制，判断每一个学生是否通过。

说明：上面的公式中，在 IF 中参数为假时，设置为输入""，""此处代表为空（意思是什么也不输入，注意""并不是空格），如果不设置这个参数，则IF函数在其条件表达式结果不成立时，将会返回默认的错误值FALSE，这种方法在IF函数中经常使用。

（3）选取 H3 单元格，输入如下公式"=IF(F3>=250,"优秀",IF(F3>=225,"良好",IF(F3>=200,"中等",IF(F3>=180,"及格","不及格")))))"，按回车键，判断第一学生的总分等级，然后再向下拖动复制，判断每一个学生的总分等级。

经过如上操作后，计算机考试成绩表制作完毕，效果如图 4-11 所示。

学号	姓名	平时成绩	期末理论	期末上机	总分	是否全通过	总分等级
				计算机考试成绩表			
20080201001	郑柏青	93	66	77	236	YES	良好
20080201002	王秀明	41	68	54	163		不及格
20080201003	贺东	78	72	74	224	YES	中等
20080201004	裴少华	26	88	45	159		不及格
20080201005	张群义	88	68	87	243	YES	良好
20080201006	张亚英	78	50	56	184		及格
20080201007	张武	71	78	60	209	YES	中等
20080201008	林桂琴	80	85	62	227	YES	良好
20080201009	张增建	54	93	66	213		中等
20080201010	陈玉林	74	41	68	183		及格
20080201011	吴正玉	45	78	72	195		及格
20080201012	张鹏	87	26	88	201		中等
20080201013	吴绪武	56	88	68	212		中等
20080201014	姜鄂卫	60	41	68	169		不及格
20080201015	胡冰	26	78	72	176		不及格

图 4-11　制作完毕的计算成绩表

4.4　数学函数

Excel 提供了丰富的数学与三角函数，基本包括了平时经常用到的各种数学公式和三角函数。使用这些函数可以方便、快速地进行各种常见的数学运算和数据处理。

在 Excel 的"数学和三角函数"大类中，这类函数很多，本节无法一一介绍，仅对一些现代办公与数据管理实践中最常用的函数进行简单介绍。对于没有介绍的函数，如果需要，读者可以通过 Excel 的帮助信息进行查找。

4.4.1　常用数学函数的功能介绍

1．ABS

功能：计算数值的绝对值。

语法：ABS(number)

参数：number 表示需要计算其绝对值的参数。

2．FACT

功能：计算给定正整数的阶乘。

语法：FACT(number)

参数：number 为要计算其阶乘的非负数。

例如：如果在单元格 B1 中输入 5，则"=FACT(B1)"的值为 120。

3．MOD

功能：计算两数相除的余数，其结果的正负号与除数相同。

语法：MOD(number,divisor)

参数：number 为被除数，divisor 为除数（divisor 不能为零）。

例如：若 B1 中的值为 21，则"=MOD(B1，4)"的值为 1。"=MOD(-101，-2)"的值为–1。

4．PRODUCT

功能：计算所有参数的乘积。

语法：PRODUCT(number1,number2,…)

参数：number1，number2，…为需要相乘的数字参数。

5．RAND

功能：产生一个大于等于 0 小于 1 的均匀分布随机数，每次计算工作表（按 F9 键）将返回一个新的数值。

语法：RAND()

参数：无

例如："=RAND()*100"产生一个大于等于 0、小于 100 的随机数。

6．RANDBETWEEN

功能：产生位于两个指定数值之间的一个随机数，每次重新计算工作表（按 F9 键）都将返回新的数值。

语法：RANDBETWEEN(bottom,top)

参数：bottom 是 RANDBETWEEN 函数可能产生的最小随机数，top 是可能产生的最大随机数。

例如："=RANDBETWEEN(10，99)"将产生一个大于等于 10、小于等于 99 的随机数。

说明：RANDBETWEEN函数位于"分析工具库"加载宏中，如果在工作表中调用此函数时出现"#NAME？"的错误，则说明没有安装"分析工具库"。解决方法是选择运行"工具"→"加载宏"命令，然后从弹出的对话框中选择"分析工具库"。另外，如果要生成a、b之间的随机实数，还可以使用公式"=RAND()*（b-a）+a"。

7．POWER

功能：计算给定数值的乘幂。

语法：POWER(number,power)

参数：number 为底数，power 为指数，均可以为任意实数。

例如："=POWER(4,1/2)"的值为2。

8. SIGN

功能：返回数值的符号。正数返回1，零返回0，负数返回-1。

9. SQRT

功能：计算某一正数的算术平方根。

10. INT

功能：将数值进行向下舍入计算。

11. TRUNC

功能：将数值的小数部分截去，返回整数。

12. ROUND

功能：按指定位数四舍五入数值。

13. SUMIF

功能：根据指定条件对若干单元格、区域或引用求和。

语法：SUMIF(range,criteria,sum_range)

参数：range 为用于条件判断的单元格区域。criteria 是表示确定单元格被相加求和的条件，形式可以是数字、表达式或文本。sum_range 为需要求和的单元格、区域或引用。

例如：某学校要统计教师职称为"教授"的工资总额，假设工资总额存放在工作表的 B 列，员工职称存放在工作表 C 列。则公式为"=SUMIF(C1:C10000，"教授"，B1:B10000)"，其中"C1:C10000"为提供逻辑判断依据的单元格区域，"教授"为判断条件，"B1:B10000"为实际求和的单元格区域。

14. SUMPRODUCT

功能：计算数组间对应的元素相乘，并返回乘积之和。

语法：SUMPRODUCT(array1,array2,array3,…)

参数：array1，array2，array3，…为 2 至 30 个数组，其相应元素需要进行相乘并求和。

例如：函数"=SUMPRODUCT({1,2;3,4},{5,6;7,8})"的计算结果是 70。

4.4.2 数学函数应用实例一：利用随机函数快速获取虚拟数据

问题描述：在 Excel 的数据处理学习中，读者为了练习数据分析和处理功能，必须建立一定的数据表格，并输入相关数据，有时候需要输入的演示数据还很多。如果这些练习用的数据都要一个一个地实际输入，则非常麻烦，而且费时（当然如果不是为了学习和练习，而是实际工作需要，必须耐着性子，认真输入，一点不能马虎；不过，实际办公或者管理实践中有些数据是从其他系统导入的）；如果过于随意地输入数据（比如随意复制相同数据），则可能会造成数据输入无效，甚至不能比较真实地显示数据处理的结果。

例如，学过"公式和函数"之后，某学生想做一个课程成绩表，根据计算方法，表格结构设置成如图 4-12 所示，其中平时作业总共 5 次，每次满分为 20 分，平时成绩为 5 次之和；期中考试、期末上机成绩和期末笔试成绩总分均为 100 分，学期总成绩通过如下结构公式加权计算求出：

学期总成绩=平时成绩*15%+（上机成绩*30%+笔试成绩*70%）*60%

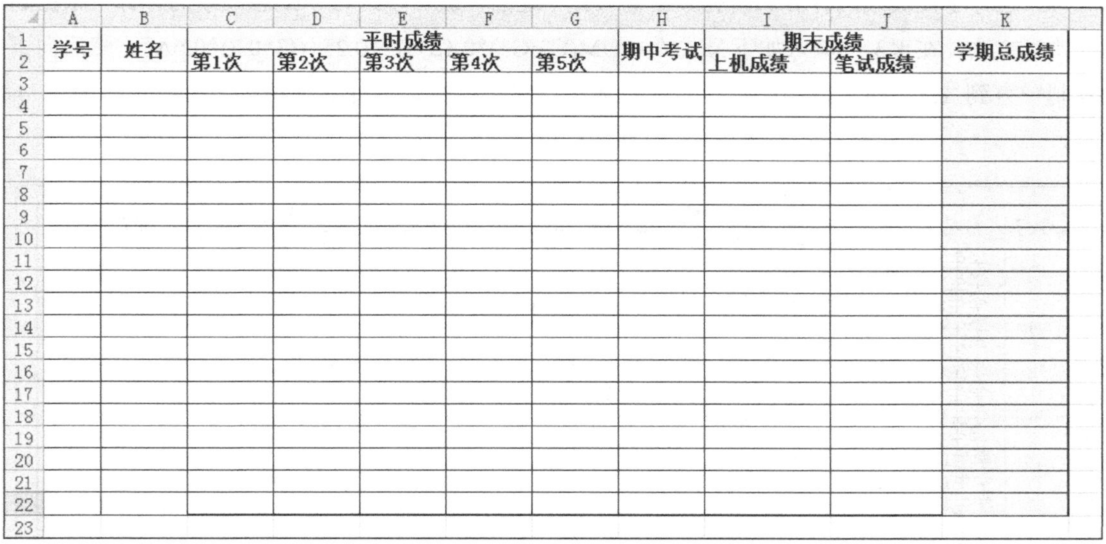

	A	B	C	D	E	F	G	H	I	J	K
1	学号	姓名	平时成绩					期中考试	期末成绩		学期总成绩
2			第1次	第2次	第3次	第4次	第5次		上机成绩	笔试成绩	
3											
4											
5											
6											
7											
8											
9											
10											
11											
12											
13											
14											
15											
16											
17											
18											
19											
20											
21											
22											
23											

图4-12　课程成绩处理表框架结构

问题分析：本题的公式不算复杂，就是数据输入量比较大，如果不是进行真正的班级成绩处理而仅仅是练习，下面介绍一下利用随机函数产生相关数据。操作步骤如下：

（1）建立工作表框架。按照图4-12的样式制作表格框架，注意表格中边框和底纹的设置效果，以及某些单元格的合并居中效果的设置，学生个数下面只设计到20行即可。

（2）学号的输入。采用数字序列输入法，快速在A列输入数字1～20。

（3）姓名的输入。作为练习，姓名按实际输入也没有意义。此处采用在B3输入“学生1”，然后向下拖动在B4:B22自动生成从“学生2”至“学生20”的文字行列。

（4）平时作业数据的输入，采用随机数方式输入。假设学生平时作业都交，并且老师评分都在10～20分之间，则可先选取H3:H22区域，然后输入以下公式“=ROUND(RAND()*10，0)+10”，最后按下Ctrl+Enter组合键，即可得到所有学生平时作业分数。

说明： 上面先选取C3:G22区域，再输入公式，最后按Ctrl+Enter组合键，只是为了在一个大块区域快速输入相同公式，从而得到大量数据，并不是数组公式。

（5）期中考试成绩输入，仍采用随机方式输入。假设期中考试成绩全部合格，则可先选取C3:G22区域，然后输入公式“=60+INT(RAND()*40)”，最后按下Ctrl+Enter组合键，即可快速得到所有学生的期中考试的虚拟成绩。

说明：（4）与（5）中分别将RAND函数作为ROUND和INT的参数，目的都是为了使得到的数字结果为整数，否则RAND函数产生的随机数会带有多个小数位数。

（6）期末上机成绩和期末笔试成绩的输入，假设班级学生成绩在45～95分之间，此处考虑采用区间随机数函数RANDBETWEEN输入。先选取I3:J22区域，然后输入公式“=RANDBETWEEN(45，95)”，最后按下Ctrl+Enter组合键，即可快速得到所有学生的期末上机成绩和期末笔试成绩的虚拟数据。

（7）进行学期成绩的计算。所有数据输入完毕之后，就可以进行学期总成绩的计算。根据题目中的计算方法，在 K3 中输入如下公式 "=SUM(C3:G3)*0.15+H3*0.25+(I3*0.7)*0.6A"，然后向下拖动复制一直到 K3，即可得到所有学生的总成绩，根据虚拟数据计算的结果，最终效果如图 4-13 所示。

学号	姓名	平时成绩					期中考试	期末成绩		学期总成绩
		第1次	第2次	第3次	第4次	第5次		上机成绩	笔试成绩	
1	学生1	18	11	19	15	12	67	74	92	80
2	学生2	19	12	16	16	11	99	51	45	64
3	学生3	14	11	15	13	11	68	66	76	70
4	学生4	20	19	16	16	15	69	80	57	68
5	学生5	14	15	12	12	20	81	63	51	64
6	学生6	12	13	19	20	11	63	56	94	77
7	学生7	18	19	11	12	12	66	91	95	84
8	学生8	16	16	20	20	19	95	47	58	70
9	学生9	11	16	16	18	18	95	93	68	81
10	学生10	17	20	13	13	13	88	78	59	72
11	学生11	19	18	13	18	11	97	56	72	76
12	学生12	12	18	19	14	19	70	87	49	66
13	学生13	20	19	10	17	13	78	65	85	79
14	学生14	14	12	19	11	14	94	63	56	69
15	学生15	13	17	16	10	19	92	46	84	78
16	学生16	12	17	10	12	19	94	84	45	68
17	学生17	10	14	10	11	16	99	60	45	64
18	学生18	19	14	18	18	19	83	90	89	88
19	学生19	19	14	19	12	20	66	46	95	77
20	学生20	14	19	19	14	14	61	75	79	74

图 4-13　利用随机数据制作的成绩表

说明： 利用上面随机数方法产生的数据为"活数字"，当工作表的数据有变化时，Excel会重新调用随机函数，产生新的数据。如果不想让数据发生变化，在所有数据产生之后，可以选取全部随机产生的数据，然后利用"编辑"菜单的"复制"和"选择性粘贴"命令将这些数据粘贴为"数值"。

4.4.3　数学函数应用实例二：按实发工资总额计算每种面额钞票的张数

问题描述：在工资数据处理中，每位职工的实发工资已求出，需要进行工资发放。现在想在发给每个职工钞票张数最少的情况下（没有拖欠工资情况），根据所有职工实发工资的总数，计算出财务部门应该准备的每种面额钞票的总张数，如图 4-14 所示。

姓名	实发工资	100元	50元	20元	10元	5元	2元	1元	5角	2角	1角
李林	¥　2,027.40										
王芳	¥　3,185.30										
李洋	¥　2,320.70										
吴秀文	¥　2,024.00										
刘志军	¥　3,266.90										
赵明	¥　2,042.00										
张晨光	¥　2,863.10										
石龙	¥　3,761.20										
总数	¥　21,490.60										

图 4-14　工资发放中各面额钞票准备张数一览表

问题分析：可以利用本节介绍的取整函数 INT，对每个职工的实发工资从钞票面额由大到小进行计算，从而确定各个面额需要的张数，然后对所有人的不同面额再进行汇总，得到财务部门应该准备的每种面额钞票的总张数。操作步骤如下：

（1）建立工作表。按照 4-14 样式制作数据表，注意表格中边框和底纹的设置效果。另外，表中的"姓名"和"实发工资"两列下的数据可以考虑从工资计算表中复制得到，下面的总数利用 SUM 函数计算。C2:L9 区域数据留到下面用公式计算。

（2）选择 C2 单元格，在编辑栏中输入公式"=INT(B2-C2*100)"，然后按下回车键，即可计算出第一个职工实发工资中 100 元人民币的张数。

说明：根据常识可知，工资是100元的多少倍，就有多少张100元的人民币，而且计算结果必须为整数，所以可以用实发工资除以100取整来实现求100元人民币的张数。

（3）选择 D2 单元格，在编辑栏中输入公式"=INT((B2-C2*100)/50)"，然后按下回车键，即可计算出第一个职工实发工资中 50 元人民币的张数。

（4）采用同样的方式计算第一个职工其他面额值钞票的数量，输入的公式分别如下。

20 元对应 E2："=INT((B2-C2*100-D2*50)/20)"；

10 元对应 F2："=INT((B2-C2*100-D2*50-E2*20)/10)"；

5 元对应 G2："=INT((B2-C2*100-D2*50-E2*20-F2*10)/5)"。

（5）选取 C2:L2 区域，然后向下拖动复制到 C2:L2，计算出其他职工的情况。

（6）在 C10 中输入公式"SUM(C2:C9)"，然后向右拖动复制一直到 L20，求出各种面额钞票的总张数。最后，按实发工资总额计算每种面额钞票张数，如图 4-15 所示。

	A	B	C	D	E	F	G	H	I	J	K	L
1	姓名	实发工资	100元	50元	20元	10元	5元	2元	1元	5角	2角	1角
2	李林	￥ 2,027.40	20		1		1	1			2	
3	王芳	￥ 3,185.30	31	1	1	1	1				1	1
4	李洋	￥ 2,320.70	23		1					1	1	
5	吴秀文	￥ 2,024.00	20		1			2				
6	刘志军	￥ 3,266.90	32	1		1	1		1	1	2	
7	赵明	￥ 2,042.00	20		2			1				
8	张晨光	￥ 2,863.10	28			1		1	1			1
9	石龙	￥ 3,761.20	37	1		1			1		1	
10	总数	￥ 21,490.60	211	4	6	4	3	5	3	2	7	2

图 4-15 按实发工资总额计算每种面额钞票的张数

4.5 日期和时间函数

Excel 功能强大，可以制作出各种表格，如财务报表等。在制作这些表格时，经常会插入日期和时间，而在引用包含日期和时间的表格中则需要对此进行一些计算，如计算工龄等。

Excel 2007 中提供了大量计算日期和时间的函数，本节只对其中部分常用函数作简单介绍。

4.5.1 日期和时间序列号简介

1. 日期序列号

Excel 将日期存储为一个序列号，也就是说，在 Excel 中日期只是一个数字，是一个自从 1900 年 1 月 1 日以来所代表的天数。序列号 1 对应于 1900 年 1 月 1 日，序列号 2 对应于 1900 年 1 月 2 日，依此类推。

可以直观地观察序列号与日期之间的关系。在一个空白单元格中输入 1，然后在"设置单元格格式"对话框中将数字格式设置为"日期"，单击"确定"按钮后就可以看到单元格中显示为"1900-1-1"。反过来，如果输入一个日期，就可以查看它所对应的序列号，如序列号 39448 对应的日期是 2008 年 1 月 1 日。

Excel 支持两种日期系统：1900 日期系统和 1904 日期系统。默认情况下，Excel 在 Windows 系统中使用 1900 日期系统。

2. 时间序列号

Excel 同样以数值来存储与处理时间值。当需要处理时间值时，只要将 Excel 的日期序列号扩展到小数即可，也就是说，在 Excel 中使用小数来处理时间。每一天为 1，每一小时可记为二十四分之一，如 2008 年 8 月 8 日中午（即一天的一半）用序列号表示为 39668.5。

3. 日期和时间的格式

使用数值序列号使得计算机对于日期和时间的处理变得容易，但这种格式却不适合人来阅读和理解。Excel 负责在这些格式之间进行转换，Excel 保存序列号值，而显示为人们易懂的日期时间格式。在输入日期或时间的时候，可以使用表 4-1 所示的任何格式，由 Excel 将其转换为序列数进行保存。

表 4-1   Excel 的日期和时间格式（部分）

格式	示例
m/d/yyyy	8/15/2009
d-mmm-yy	15-Aug-09
d-mmm	15-Aug（Excel 指的是当前年份）
mmm-yy	Aug-09（Excel 指的是该月的第一天）
h:mm:ss AM/PM	8:20:10 PM
h:mm AM/PM	8:20 PM
h:mm	8:20
m/d/y h:mm	3/15/09 8:20

4.5.2 常用日期和时间函数介绍

日期函数在实际管理中应用广泛，下面介绍几个常用的日期函数，读者可灵活应用。

1. TODAY

功能：返回当前日期的序列号，如果在输入函数前单元格的格式为默认的"常规"格式，则结果将会是日期格式的当前日期。

语法：TODAY()

该函数没有参数。如果需要在一个公式、函数或表达式中输入当前日期，就可以使用 TODAY 函数。该函数并不总是返回相同的值，每当执行打开工作簿、编辑工作表中的公式、重新计算等操作时，TODAY 函数总会更新为当前日期。

2. NOW

功能：返回当前日期和时间的序列号，如果在输入函数前单元格的格式为"常规"，则结果将为日期格式。

语法：NOW()

NOW 函数与 TODAY 函数一样没有参数。

使用 NOW 函数可将当前日期和时间同时返回，TODAY 函数返回值中忽略时间。

3. YEAR

功能：返回某日期对应的年份。返回值为 1900 到 9999 之间的整数。

语法：YEAR(serial_number)

参数：serial_number 为一个日期值，其中包含要查找年份的日期。应使用 DATE 函数输入日期，或者将函数作为其他公式或函数的结果输入。例如，使用函数 DATE(2008,5,23)输入 2008 年 5 月 23 日。如果日期以文本形式输入，则会出现问题。

例如：YEAR(TODAY())可返回当前日期的年份。

4. MONTH

功能：返回日期中的月份。返回值是介于 1 到 12 之间的整数。

语法：MONTH(serial_number)

参数：serial_number 表示要计算其月份数的日期。应使用 DATE 函数输入日期，或者将函数作为其他公式或函数的结果输入。例如，使用函数 DATE(2008,5,23)输入 2008 年 5 月 23 日。如果日期以文本形式输入，则会出现问题。

例如：MONTH(TODAY())可返回当前日期的月份。

5. DAY

功能：返回一个 1～31 之间的数，对应给定日期的日部分。

语法：DAY(serial_number)

参数：serial_number 表示要查找的那一天的日期。

例如：DAY(TODAY())可返回当前日期的天数。

6. DATE

功能：返回代表特定日期的序列号，如果在输入函数前单元格的格式为"常规"格式，则结果将会是日期格式。

语法：DATE(year, month, day)

例如：如果 A1 中的值是 "2009"，A2 的值是 "6"，A3 中的值是 "20"，则公式 "=DATE(A1，A2，A3)" 的返回值为 "2009-6-20"，或者返回日期序列号 "39984"。

可见，日期包括年、月、日三部分，使用 DATE 函数可以将分散的三部分组成一个正确的日期格式。

DATE 函数返回代表特定日期的序列号。其语法格式为：DAET(year，month，day)。

其中的 3 个参数中：

year 为年份，也可以为年份的序列号，用一到四位数字表示。

mouth 为月份，如果输入的月份大于 12，将从指定年份下一年的一月份开始往上加算。如 "DATE(2013，14，2)" 返回代表 2014 年 2 月 2 日的序列号。

day 代表在该月份中的天数，如果 day 大于该月份的最大天数，将从指定月份的下一月的第一天开始往上累加。如 "DATE(2013,5,50)" 将返回 2013 年 6 月 19 日。

示例：在有些数据库中，日期的年、月、日数字可能分为 3 个字段来保存，当导入 Excel 工作表后，可以利用 DATE 函数将年、月、日合并成一个具体的日期数据。假设单元格 A1 是年份数字，B1 是月份数字，C1 是日数，则公式 "=DATE(A1,B1,C1)" 将 A1 的年份数字、B1 的月份数字和 C1 的日数合并到一起组成一个具体的日期数据。

7. TIME

功能：返回某一特定时间的小数值，它返回的小数值从 0 到 0.99999999 之间，代表 0:00:00（12:00:00 AM）到 23:59:59（11:59:59 PM）之间的时间。如果在输入函数之前单元格为常规格式，则结果会显示为日期格式。

语法：TIME(hour,minute,second)

参数：hour 是 0 到 23 之间的数，代表小时；minute 是 0 到 59 之间的数，代表分；second 是 0 到 59 之间的数，代表秒。

例如：公式 "=TIME(12,10,30)" 返回序列号 0.51，等价于 12:10:30 PM。公式 "=TIME(9,30,10)" 返回序列号 0.40，等价于 9:30:10AM。

8. HOUR

功能：返回时间值对应的小时数，即一个介于 0（12:00 A.M.）到 23（11:00 P.M.）之间的整数。

语法：HOUR(serial_number)

参数：serial_number 表示一个时间值，其中包含要查找的小时。

例如：HOUR(NOW())将返回当前时间的小时数。

9. MINUTE

功能：返回时间值中的分钟部分，即介于 0 到 59 之间的一个整数。

语法：MINUTE(serial_number)

参数：serial_number 表示需要返回分钟数的时间。

例如：公式 "=MINUTE("15:30:00")" 返回 30。公式 "=MINUTE(0.06)" 返回 26。

10. SECOND

功能：返回时间值的秒数（为 0 至 59 之间的一个整数）。

语法：SECOND(serial_number)

参数：serial_number 表示一个时间值，其中包含要查找的秒数。

例如：公式 "=SECOND("3:30:26 PM")" 返回 26。"=SECOND(0.016)" 返回 2。

11. WEEKDAY 函数

WEEKDAY 函数的功能是返回某日期为星期几，默认情况下，其值为 1（星期天）到 7（星期六）之间的整数。其语法格式为：WEEKDAY(serial_number，return_type)。

其中参数 serial_number 为日期序列号，可以是日期数据或是对日期数据单元格的引用。参数 return_type 用来确定返回值类型的数字，具体见表 4-2。

表 4-2　　　　　　　　　　　　参数 return_type 含义说明

参数 return_type 的值	返回结果数字及其含义说明
1 或省略	数字 1（星期日）到数字 7（星期六）
2	数字 1（星期一）到数字 7（星期日）
3	数字 0（星期一）到数字 6（星期日）

示例：2013 年 11 月 14 日是星期四，则 "=WEEKDAY（"2013/11/14"）" 返回 5；"=WEEKDAY("2013/11/14"，2)" 返回 4；"=WEEKDAY("2013/11/14"，3)" 返回 3。

12. NETWORKDAYS 函数

NETWORKDAYS 函数的功能是返回两个日期之间完整的工作日数值（不包括周末和专门指定的假期）。其语法格式为：NETWORKDAYS(start_date，end_date，holidays)。

其中的参数：start_date 表示开始日期；end_date 表示终止日期；holidays 为节假日，可以是包含日期的单元表格区域，也可以是由代表日期的序列号所构成的数组常量。

示例：公式 "=NETWORKDAYS("2013-5-1", "2013-5-10", "2013-5-1")" 返回 7。

4.5.3　日期和时间函数应用实例一：生日提醒

问题描述：某公司为体现人文关怀，想在员工生日当天为其庆祝生日并送上礼物。为了能够事前知道当天有哪些人过生日，公司根据人事档案只做了一个生日提醒表格，如图 4-16 所示，想在"年龄"一列中能够动态显示员工年龄，同时在"生日祝词"一列中能够在相关行动态地显示当天过生日的人的形如"××岁生日快乐"的祝词。

问题分析：表中已经有了生日，所以可方便地计算年龄；另外，生日的判断可通过日期函数实现。所以本例可以利用 TODAY、MONTH、DAY 以及 IF 函数实现。具体操作步骤如下：

（1）在单元表格 E2 中输入公式 "=YEAR(TODAY())-YEAR(C2)"，求第一个员工的年龄（计算结果默认显示为 "1900-2-9 0:00" 样式的日期格式，需将其设置为 "常规" 格式）。

（2）在单元表格 F2 中输入如下公式，得到第一个员工的生日祝词："=IF(AND(MONTH(TODAY())=

MONTH(C2),DAY(TODAY())=DAY(C2)),E2&"岁生日快乐","")"

代码	姓名	生日	电话	年龄	生日祝词
1	张 艺	1968/06/05	65430981		
2	伊 奇	1968/05/16	66789082		
3	柯以敏	1968/07/15	68147183		
4	李梦想	1968/08/04	69505284		
5	李梦先	1968/08/24	70863385		
6	柯 见	1971/07/09	72221486		
7	马 力	1970/10/24	73579588		
8	刘 利	1970/04/11	87493768		
9	李 梦	1969/08/27	87629578		
10	王中华	1969/01/12	87765388		

图 4-16　生日提醒表格框架

（3）选取 E2:F2，然后向下复制到所需行，得到所有员工的年龄和生日祝词。

经过以上操作，当天过生日的人员"生日祝词"一栏将有相应的提示文字，如图 4-17 中第 3 个员工后面的文字所示，其余人员都显示为空白，是在上面的函数中已经作的设置。

代码	姓名	生日	电话	年龄	生日祝词
1	张 艺	1968/06/05	65430981	45	
2	伊 奇	1968/05/16	66789082	45	
3	柯以敏	1968/11/14	68147183	45	45岁生日快乐
4	李梦想	1968/08/04	69505284	45	
5	李梦先	1968/08/24	70863385	45	
6	柯 见	1971/07/09	72221486	42	
7	马 力	1970/10/24	73579588	43	
8	刘 利	1970/04/11	87493768	43	
9	李 梦	1969/08/27	87629578	44	
10	王中华	1969/01/12	87765388	44	

图 4-17　生日提醒表格制作效果

说明：当员工人数很多时，为便于找到那些过生日的员工，还可以借助于自动筛选。

4.5.4　日期和时间函数应用实例二：会议日程安排

问题描述：某公司准备在"五一"召开职工表彰大会，会议开始时间、每一个会议议程的计划时间以及中间主持人串词时间（假设为 1 分钟）都已经确定，如图 4-18 所示，现在请根据一些基本数据将本会议议程表制作完整。

序号	会议项目	持续时间	开始时间	结束时间
	2013年"五一"表彰大会议程安排			
1	公司张总经理致开幕词	5 分钟	14:00	
2	工会主席宣布各种表彰决定	7 分钟		
3	公司领导为获奖人员发奖	15 分钟		
4	销售部获奖代表讲话	15 分钟		
5	市场部获奖代表讲话	15 分钟		
6	技术部获奖代表讲话	10 分钟		
7	市工业局局长发表重要讲话	6 分钟		
8	公司董事长最后总结发言	10 分钟		

图 4-18　会议议程基本数据

问题分析：根据会议议程的设计规划，可以用 TIME 函数进行计算。具体操作步骤如下：

（1）选取 D3:E10 单元格区域，将数字格式设置为 13:30 样式的“时间”格式。

（2）在单元格 E3 中输入公式“=D3+TIME(0,C3,0)”，得到第一个议程的结束时间。

（3）在单元格 D4 中输入公式“=E3+TIME(0,1,0)”，得到第二个议程的开始时间。

（4）选取 D4 单元格，然后向下拖动复制一直到 D10，准备计算其余节目的开始时间（因为此时后面其他节目的结束时间还没有求出，并未得到应用结果）。

（5）选取 E3 单元格，然后向下拖动复制一直到 E10，计算出其余节目的结束时间。

（6）选取 C3:C10 单元格区域，将其格式设置为“#"分钟"”的自定义格式。

经过以上操作后，会议议程表制作完毕，效果如图 4-19 所示。

	A	B	C	D	E
1	2013年“五一”表彰大会议程安排				
2	序号	会议项目	持续时间	开始时间	结束时间
3	1	公司张总经理致开幕词	5 分钟	14:00	14:05
4	2	工会主席宣布各种表彰决定	7 分钟	14:06	14:13
5	3	公司领导为获奖人员发奖	15 分钟	14:14	14:29
6	4	销售部获奖代表讲话	15 分钟	14:30	14:45
7	5	市场部获奖代表讲话	15 分钟	14:46	15:01
8	6	技术部获奖代表讲话	10 分钟	15:02	15:12
9	7	市工业局局长发表重要讲话	6 分钟	15:13	15:19
10	8	公司董事长最后总结发言	10 分钟	15:20	15:30
11					

图 4-19　会议议程制作效果

说明：上面的步骤（6）只是将持续时间的数字形式显示成一种易于理解的格式，单元格中存储的仍为数字；如果直接输入“n分钟”的文字，则E列的公式将会出错。

4.5.5　日期和时间函数应用实例三：加班工资计算

问题描述：如图 4-20 所示，A2:G14 单元格区域是某公司一个部门的加班记录表，表中已经记录了每个人的加班日期以及加班的开始时间和结束时间。加班工资按小时计算，为了方便计算，若加班时间超过半个小时的就按一个小时计算，但是低于半小时的部分不再计算；一般工作日的加班工资标准为 20 元/小时。

	A	B	C	D	E	F	G
1	5月份加班记录表						
2	姓名	日期	开始时间	结束时间	加班小时	星期	是否节假日
3	张　艺	2013/5/4	14:00	21:00			
4	伊　奇	2013/5/5	18:00	22:00			
5	柯以敏	2013/5/7	14:25	18:35			
6	李梦想	2013/5/10	8:00	12:00			
7	张　艺	2013/5/12	18:00	21:00			
8	伊　奇	2013/5/14	14:00	21:00			
9	柯以敏	2013/5/17	18:00	22:00			
10	李梦想	2013/5/21	14:25	18:35			
11	张　艺	2013/5/22	18:00	22:00			
12	伊　奇	2013/5/25	8:00	12:00			
13	柯以敏	2013/5/27	18:00	21:00			
14	李梦想	2013/5/29	18:00	22:00			
15							

	I	J	K	L	M
1	5月份加班工资汇总表				
2	姓名	总加班时间	节假日加班	工作日加班	加班工资
3	张　艺				
4	伊　奇				
5	柯以敏				
6	李梦想				

图 4-20　加班工资计录表的基本数据

根据以上原则，请通过公式运算将图 4-20 中的 E、F、G 列进行内容填充；并在 12:M6 区域核算出每个员工的总加班时间、节假日加班时间、工作日加班时间以及加班工资。

问题分析：上面记录表中的加班小时数可以通过计算得到（但是需要注意题目要求），"星期"可以利用 WEEKDAY 函数求出，而"是否节假日"可以根据"星期"的结果是否为 6 或者 7 进行判断。汇总表结果中"总加班时间"和"节假日加班时间"可以利用 SUNIF 函数进行条件求和得到，最后面两列可以利用公式求出。具体操作步骤如下：

（1）计算加班小时。在 E3 中输入公式"=INT(((D3-C3)*24*60+30)/60)"，然后将公式向下填充复制到所需行即可。

说明：上述公式中，"D3-C3"求出相差天数，乘上24，求出小时数，再乘以60，求出分钟数，之所以还要加上30，是要实现题目中"若加班时间超过半小时的就按一小时计算"的要求，再除以60，是为了使加班时间由分钟变为小时，用INT函数是为了取整。

（2）计算加班日期为星期几。在 F3 中输入公式"=WEEKDAY(B3,2)"，然后将此公式向下填充复制到所需行即可。

说明：此处公式"=WEEKDAY(B3,2)"中，第二个参数用了"2"，则周六和周日的返回值将分别为"6"和"7"。这是下边判断是否为节假日的重要依据。

（3）判断是否为节假日。在 G3 中输入公式"=IF(OR(F3=6,F3=7), "是","")"，然后将此公式向下填充复制到所需行即可。

（4）计算总加班时间。在 J3 中输入公式"=SUMIF($A$3:$A$14,I3,$E$3:$E$14)"，然后将此公式向下填充复制到所需行即可。

（5）计算节假日加班时间。在 K3 中输入如下公式"=SUM(IF($A$3:$A$14=I3,IF($G$3:$G$14<>"",$E$3:$E$14)))"，然后按下 Ctrl+Shift+Enter 组合键，用来构造组合公式，最后再将此公式向下填充复制到所需行即可。

说明：此处用了数组公式，最后不要忘记按下Ctrl+Shift+Enter组合键，请读者分析公式的含义，这种数据汇总方法以及上面SUMIF的应用在数据汇总中经常使用。

（6）计算工作日加班时间。在 L3 中输入公式"=J3-K3"，然后将此公式向下填充复制到所需行即可。

（7）计算每个人的加班工资。在 M3 中输入公式"=K3*40+L3*20"，然后将此公式向下填充复制到所需行即可。加班工资计算表的最终效果如图 4-21 所示。

5月份加班记录表

姓名	日期	开始时间	结束时间	加班小时	星期	是否节假日
张 艺	2013/5/4	14:00	21:00	7	6	是
伊 奇	2013/5/5	18:00	22:00	4	7	是
柯以敏	2013/5/7	14:25	18:35	4	2	
李梦想	2013/5/10	8:00	12:00	4	5	
张 艺	2013/5/12	18:00	21:00	3	7	是
伊 奇	2013/5/14	14:00	21:00	7	2	
柯以敏	2013/5/17	18:00	22:00	4	5	
李梦想	2013/5/21	14:25	18:35	4	2	
张 艺	2013/5/22	18:00	22:00	4	3	
伊 奇	2013/5/25	8:00	12:00	4	6	是
柯以敏	2013/5/27	18:00	22:00	4	1	
李梦想	2013/5/29	18:00	22:00	4	3	

5月份加班工资汇总表

姓名	总加班时间	节假日加班	工作日加班	加班工资
张 艺	14	0	14	280
伊 奇	15	0	15	300
柯以敏	11	0	11	220
李梦想	12	0	12	240

图 4-21　加班工资计算表制作效果

4.5.6 日期和时间函数应用实例四：制作万年历

问题描述：用 Excel 制作一份如图 4-22 所示的万年历，它可以显示当月的月历，能将当天的日期数字进行特殊标示，并可以随意查阅任何给定月份所属的月历。

	日期	2013年11月14日		星期	四	北京时间	14时14分48秒
	星期日	星期一	星期二	星期三	星期四	星期五	星期六
					1	2	3
	4	5	6	7	8	9	10
	11	12	13	14	15	16	17
	18	19	20	21	22	23	24
	25	26	27	28	29	30	31
		查询年月	2013	年	8	月	

图 4-22　万年历的样式

问题分析：日历在办公中非常重要，它是进行日程安排、计划制定的重要参考，但是日历随处可以找到：电脑、手表，台历、挂历、手机等，好像此例意义不大，但是作为一个日期函数的实例还是不错的，下面介绍其制作的方法。具体步骤如下：

（1）建立工作表框架。按照如图 4-23 所式样式建立工作表框架，注意其中字体、边框、底纹的效果，以及 C1 和 D1 单元格的合并居中设置。

	日期		星期		北京时间	
	星期日	星期一	星期二	星期三	星期四	星期五	星期六
	查询年月		年		月	

图 4-23　建立工作表框架

（2）计算当天的日期。选中 C1 单元格，输入公式 "=TODAY()"，然后回车。

（3）设置当天日期的格式。选中 C1 的单元格，单击右键，在出现的菜单中选择 "设置单元格格式" 选项。打开如图 4-24 所示的 "设置单元格格式" 对话框，在 "数字" 选项卡的 "分类" 列表框中选中"日期"选项，再在右侧"类型"下面选中"2001年3月14日"选项，单击"确定"按钮退出。

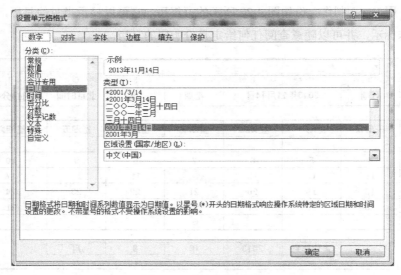

图 4-24　设置日期格式

（4）计算星期和当前时间。选中F1单元格，输入公式"=IF(WEEKDAY(C1,2)=7,"日",WEEKDAY(C1,2))"，表示如果当前日期WEEKDAY(C1,2)是星期"7"，则在F1单元格中显示"日"，否则，直接显示出星期的数值。选中H1单元格，输入公式"=NOW()"，显示系统当前时间。

（5）设置星期和当前时间的格式。选中F1单元格。打开"设置单元格格式"对话框，如图4-25所示，在"数字"选项卡的"分类"列表框中选中"特殊"选项，再在右侧"类型"选中选中"中文小写数字"，"确定"并退出：选中H1单元格，打开"单元格格式"对话框，在"数字"选项卡的"分类"列表中选中"时间"选项，再在右侧"类型"列表框中选择一种时间格式，"确定"并退出。

图 4-25　设置中文小写数字格式

（6）设置用来查询显示年份和月份。首先在表格外面设置数据的选取来源。在 I1、I2 单元格分别输入 1900,1991，同时选中 I1、I2 单元格，用"复制填充柄"向下拖动至 I151 单元格，输入 1900～2050 的年份序列。同样的方法，在 J1 至 J12 单元格中输入 1～12 月份。

其次，通过设置数据有效性进行年月份的选取。选中 D13 单元格，选择"数据"选项卡的"数据工具组"，单击"数据有效性"按钮，如图 4-26 所示，单击"允许"右侧的下拉按键，选中"序列"选项，在"来源"下面的文本框输入"=$I$1:$I$151"，"确定"并退出。按照同样的操作，将 F15 单元格数据有效性设置为"=$J$1:$J$12"序列。

（7）确定查询月份的天数。选中 A2 单元格，输入如下公式后，按下回车键："=IF(F13=2,IF(OR(D13/400=INT(D13/400),AND(D13/4=INT(D13/4),D13/100<>INT(D13/100))),29,28),IF(OR(F13=4,F13=9,F13=11),30,31))"。

图 4-26　设置数据有效性

说明：该公式用于获取查询月份所对应的天数：如果查询月份为2月，并且年份能被400整除（D13/400=INT(D13/400)，或者年份能被4整除，但不能被100整除(AND(D13/4=INT(D13/4),D13/100<>INT(D13/100))，则该月为29天，否则为28天；如果月份不是2月，而是4月、6月、9月或11月，则该月为30天；其他月份为31天。

（8）判断查询月份的第一天是否是星期日。设置 B3:H3 单元格的值分别为{7,1,2,3,4,5,6}。选中 B2 单元格，输入公式："=IF(WEEKDAY(DATE($D$13,$F$13,1),2)=B3,1,0)"。再次选中 B2 单元格，用"复制填充柄"将上述公式复制到 C2:H2 单元格中。

说明：①上述B2公式的含义是：如果"查询年月"的第1天是星期"7"(WEEKDAY(DATE)($D$13,$F$13,1),2)=B3)时，在该单元格显示"1"，反之显示"0"），为"查询年月"获取一个对照值，为下面制作月历做准备。

（9）制作月历，选中 B6 单元格，输入公式："=IF(B2=1,1,0)"。选中 B7 单元格，输入公式："=H6+1"。用"填充柄"将 B7 单元格中的公式复制到 B8、B9 单元格中。分别选中 B10、B11 单元格，输入公式："=IF(H9>=A2,0,H9+1)"和"=IF(H10>=A2,0,IF(H10>0,H10+1,0))"。

选中 C6 单元格，输入公式："=IF(B6>0,B6+1,IF(C2=1,1,0))"。用"填充柄"将 C6 单元格中的公式复制到 D6～H6 单元格中。

选中 C7 单元格，输入公式："=B7+1"。用"填充柄"将 C7 单元格中的公式复制到 C8、C9 单元格中。同时选中 C7:C9 单元格，用"填充柄"将其中的公式复制到 D7:H9 单元格区域中。

选中 C10 单元格，输入公式："=IF(B10>=$A$2,0,IF(B10>0,B10+1,IF(C6=1,1,0)))"。用"复制填充柄"将 C10 单元格中的公式复制到 D10～H10 单元格和 C11 单元格中。

（10）进行格式优化设置。选中 I 列和 J 列，右键单击鼠标，选"隐藏"选项，将相应的列隐藏起来；同样的方法，将第二行和第三行也隐藏起来，使界面友好。

（11）选取"视图"选项卡的显示组，"网格线"复选框中的"√"号，"网格线"不显示出来。打开"文件"→选项→高级，取消"在具有零值的单元格中显示零"选项的勾，"零值"不显示出来。

（12）选取 B6:H11 单元格区域，单击"开始"选项卡"的"样式"组"条件格式"按钮，打开"新建格式规则"对话框，在弹出的如图 4-27 所示的对话框中，规则类型选择"使用公式确定要设置格式的单元格"，然后在下面的公式编辑框中输入"=DAY(TODAY())=B6"（注意必须为相对引用），单击"格式"按钮，从弹出的"格式"对话框中设置字体颜色为红色，图案为灰色效果。

经过以上操作，万年历就制作完毕，最终效果如图 4-22 所示。

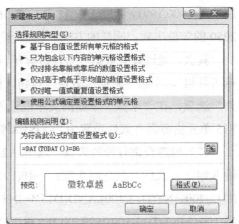

图 4-27　设置条件格式化

4.6

文本函数

文本是除了数值、日期或者时间、公式之外的字母和数字字符的任意组合。一张工作表中的数据既有文本又有数据。Excel 提供了大量的文本函数对文本进行处理，掌握这些函数对于文本数据处理非常重要。本节介绍常用文本函数的功能。

4.6.1　常用文本函数介绍

1. LOWER 函数

LOWER 函数的功能是将一个文字串中的所有大写字母转换为小写字母，但不改变文本中的非字母的字符。其语法格式为：LOWER(text)。

其中参数 text 是待转换为小写字母的文本。

例如：公式"=LOWER(pLease ComE Here!)"的返回结果为"please come here!"。

2. UPPER 函数

UPPER 函数的功能是将文本转换成大写形式。其语法格式为：UPPER(text)。

其中参数 text 为需要转换成大写形式的文本，也可以为引用或文本字符串。

例如：公式"=UPPER(pLease ComE Here!)"返回结果为"PLEASE COME HERE!"。

3. PROPER 函数

PROPER 函数将文本字符串的首字母及任何非字母字符之后的首字母转换成大写，将其余的字母转换成小写。其语法格式为：PROPER(text)。

其中参数 text 包括在一组双引号中的文本字符串、返回文本值的公式或是对包含文本的单元格的引用。

例如：公式"=PROPER(pLease ComE Here!)"返回结果为"Please Come Here!"。

4. TRIM 函数

TRIM 函数的功能是除了单词之间的单个空格外，清除文本中所有的空格。在从其他应用程序中获取带有不规则空格的文本时，可以使用函数 TRIM 函数。其语法格式为：TRIM(TEXT)。

其中参数 TEXT 为需要删除其中空格的文本。

例如：公式"=TRIM(" First Quarter Earnings ")"的返回结果为"First Quarter Earnings"。

5. LEN 函数

LEN 函数的功能是返回文字符串中的字符数。其语法格式为：LEN(text)。

其中参数 text 为要查找其长度的文本，空格也作为字符进行计数。

例如：如果 A1 单元格中字符串为"电脑 爱好者"，则公式"=LEN(A1)"返回 6。

6. CONCATENATE 函数

CONCATENATE 函数的功能是将若干字符串合并成一个字符串，其功能与文本链接运算符相同。其语法格式为：CONCATENATE(text,text2,…)。

其中的参数 text1，text2，…为 1 到 30 个将要合并成单个文本的文本项，这些文本项可以是文字串、数字或对单个单元格的引用。

例如：公式"=CONCATENATE（97,"千米"）"返回"97 千米"。

7. LEFT 函数

LEFT 函数的功能是根据所指定的字符从文本字符串左边取出第一个或前几个字符。也就是说，LEFT 函数对字符串进行"左切取"，其语法格式为：LEFT(text,num_chars)。

其中参数 text 是要提取字符的文本字符串.；num_chars 是指定提取的字符个数，它必须大于或等于 0。如果省略参数 num-chars,默认值为 1。如果参数 num_chars 大于文本长度，则 LEFT 函数返回所有文本。

例如：公式"=LEFT（"电脑爱好者",2）"返回字符串"电脑"。

说明：与LEFT函数相反，还有一个RIGHT函数，后者根据所指定的字符返回文本字符串中最后一个或多个字符，其语法格式与参数含义与LEFT相同。

8. MID 函数

MID 函数的功能是返回文本字符串中从指定位置开始的特定数字的字符，该数目由用户指定。其语法格式为：MID(text,start_num,num_chars)。

其中参数 text 为要提取字符的文本字符串；start_num 为要提取的第一个字符的位置（文本中第一个字符的位置为 1，其余依次类推）；num_chars 为指定提取的字符个数。

例如：公式"=MID（"电脑爱好者",3,2）"返回字符串"爱好"。

说明：如果参数start_num大于文本长度，则MID函数返回空文本。如果参数start_num小于文本长度，但 start_num加上num_chars超过了文本的长度，则MID函数只返回直到文本末尾的字符。如果参数start_num小于1，则MID函数返回错误#VALUE!。如果参数num_chars是负数，则MID函数也返回错误值#VALUE!。

9. REPLACE 函数

REPLACE 函数的功能是根据所指定的字符数，使用其他文本字符串替换当前文本字符串中的部分文本。其语法格式为：REPLACE(old_text, start_num, num_chars, new_text)。

其中参数 old_text 为要替换其部分字符的文本；start_num 为要用 new_text 替换的 old_text 中字符的位置；num_chars 为希望 REPLACE 使用 new_text 替换 old_text 中字符的个数；new_text 为将用于替换 old_text 中字符的文本。

例如：如果工作表中 A1 单元格的数据为字符串"电脑爱好者"，A2 单元格的数字为字符串"计算机"，"=REPLACE(A1,1,2,A2)"返回字符串"计算机爱好者"。

10. SUBSTTTUTE 函数

SUBSTTTUTE 函数在文本字符串中用 new_text 代替 old_text。其语法格式为：SUBSTTTUTE(text,old_text,new_text,instance_num)。

其中参数 text 为需要替换其中字符的文本，或对含有文字的单元格的引用；old_text 是需要替换的旧文本；new_text 是用于替换 old_text 的文本；instance_num 为一数值，用来指定以 new_text 替换第几次出现的 old_text,如果指定了 instance_num，则只有满足要求的 old_text 被替换，否则将用 new_text 替换 text 中出现的所有 old_text。

例如：如果工作表中 A1 单元格的数据为字符串"电脑爱好者"，A2 单元格的数据为字符串"计算机"，则公式"SUBSTTTUTE（A1,"电脑",A2）"返回字符串"计算机爱好者"。

说明：如果需要在某一文本字符串中替换指定的文本，请使用函数SUBSTTTUTE函数；如果需要在某一文本字符串中替换指定位置处的任意文本，请使用REPLACE函数。

4.6.2 文本函数应用案例一：通信地址拆分

问题描述：如图 4-28 所示，A 列的通信地址中邮政编码与详细地址紧密地连接在一起的，现在想将它们拆分开，分别放置到 B 和 C 列中。

	A	B	C
1	通信地址	邮政编码	详细地址
2	450052河南省郑州市黄河路30号		
3	450005河南省郑州市丰收路路35号		
4	450034河南省郑州市卫生路132号		
5	300071天津市甘肃路133号		
6	100086北京市前安门大街1334号		
7	730002甘肃省兰州市黄河大街235号		
8			

图 4-28 通信地址中邮政编码与详细地址在一起

问题分析：考虑到邮政编码是固定 6 位，而且它与后面的详细地址是紧密相连的。因此，可以考虑利用 LEFT、LEN、MID 等文本函数解决该问题。具体操作步骤如下：

（1）在单元格 B2 中输入公式"=LEFT(A2,6)"，得到第一个通信地址的邮政编码。

（2）在单元格 C2 中输入公式"=MID(A2,7,LEN(A2)-6)"，得到第一个通信地址的详细地址。或

者输入公式 "=RIGHT(A2,LEN(A2)-6)",可以得到相同的结果。

（3）选取 B2:C2,然后向下拖动复制,得到所有通信地址的邮政编码和详细地址。

经过以上操作,邮政编码与详细地址已经分开,效果如图 4-29 所示。

	A	B	C
1	通信地址	邮政编码	详细地址
2	450052河南省郑州市黄河路30号	450052	河南省郑州市黄河路30号
3	450005河南省郑州市丰收路路35号	450005	河南省郑州市丰收路路35号
4	450034河南省郑州市卫生路132号	450034	河南省郑州市卫生路132号
5	300071天津市甘肃路133号	300071	天津市甘肃路133号
6	100086北京市前安门大街1334号	100086	北京市前安门大街1334号
7	730002甘肃省兰州市黄河大街235号	730002	甘肃省兰州市黄河大街235号
8			
9			

图 4-29　邮政编码与详细地址已经分开

说明:此处邮政编码与详细地址虽然已经分为两列,但是它们仍为公式计算的结果,如果想保留这些结果,最好将 B 列和 C 列选中,然后运行 "编辑" 菜单下的 "复制" 和 "选择性粘贴" 命令,在出现的 "选择性粘贴" 对话框中选择 "数值" 单选按钮。

4.6.3　文本函数应用案例二：电话号码升位

问题描述：某地电话号码升位,规则如图 4-30 中 E1:F4 区域所示,为此单位的通讯录也需要更新。请将图 4-30 中 A 列的原 7 位旧号码升为 8 位新号码。

	A	B	C	D	E	F
1	原7位旧号码	升位后8位新号码		升位规则	原号码首位	前增位规则
2	6789234				7	加"6"
3	7823457				2, 3, 5, 6,	加"8"
4	4544567				其余	原号码错误
5	6567890					
6	6570234					
7	9572578					
8	6574922					
9	6577266					
10	7579610					
11	6581954					
12	6584298					
13	3456780					
14	3465889					
15	7474998					
16	3484107					
17	3493216					
18	2345680					

图 4-30　原 7 位旧号码以及电话号码升位规则

问题分析：根据图 4-30 中的规则,可以考虑利用文本左截取函数 LEFT 与判断函数 IF 以及文本连接运算符 "&" 进行号码升位。具体操作步骤如下：

（1）在单元格 B2 中输入如下公式,得到第一个号码升位后的新 8 位号码：

"=IF(LEFT(A2)="7","6"&A2,IF(OR(LEFT(A2)="2",LEFT(A2)="3",LEFT(A2)="5",LEFT(A2)="6"), "8"&A2," 原号码错误"))"。

（2）选取 B2 单元格，然后向下拖动复制，得到所有号码升位后的新 8 位号码，其中部分结果显示为"原号码错误"，因为原来的旧号码本身的输入就是错误的（原来号码没有以数字 1、4、8、9 开头的）。

（3）选取 B 列，运行"编辑"菜单下的"复制"和"选择性粘贴"命令。在出现的"选择性粘贴"对话框中选择"数值"单选按钮，将 B 列的公式结果转化为数值。

经过以上操作，得到如图 4-31 所示的新 8 位号码，且已是数值结果，A 列可以删除。

原7位旧号码	升位后8位新号码		升位规则	原号码首位	前增位规则
6789234	86789234			7	加"6"
7823457	67823457			2, 3, 5, 6,	加"8"
4544567	原号码错误			其余	原号码错误
6567890	86567890				
6570234	86570234				
9572578	原号码错误				
6574922	86574922				
6577266	86577266				
7579610	67579610				
6581954	86581954				
6584298	86584298				
3456780	83456780				
3465889	83465889				
7474998	67474998				
3484107	83484107				
3493216	83493216				
2345680	82345680				

图 4-31　原 7 位号码升位以后效果

习题四

1．Excel 函数与公式的区别是什么，函数的组成部分都有哪些？

2．使用 Excel 函数时的注意事项有哪些？

3．在 Excel 中，函数的调用方式有哪些？分别如何进行操作？

4．请说明如何在单元格区域 A1:J10 产生 100 个 1000～10000 之间的随机数。

5．上机自行将本章的所有实例操作一遍。

6．习题图 4-1 为某公司工资的一部分，请根据图中各个数据的含义，利用有关函数计算出最后的应发工资。

7．请根据习题图 4-2 中给出的各个党员的收入项目，求出各人的收入总额，并根据党费率标准计算出每个党员的适用党费费率和应交党费金额。

8．某网吧的上网收费政策为：按小时收费，不足半小时只收取 1 元占位费；超过半小时，不足 1 小时的按 1 小时收取，1 小时以上的都向上取整（也就是不管 61 分钟还是 119 分钟都会按照 2 小时计算），平时工作日为 2 元/小时；周末为 3 元/小时。

	A	B	C	D	E	F	G	H	I	J	K	L	M	N	O
1	序号	姓名	固定收入部分					书报费	每月扣除部分				其他收入		应发工资
2			基本工资	职务工资	岗位津贴	交通补贴	物价补贴		公积金	医疗险	养老险	其它	奖金	取暖费	
3	1	丁小飞	800	450	500	22	20	27	125	25	50	0	3900	800	
4	2	孙宝彦	700	450	300	22	20	27	115	23	46	0	3180	600	
5	3	张港	700	450	300	22	20	27	115	23	46	0	3060	800	
6	4	郑柏青	800	400	300	0	20	27	120	24	48	0	3200	600	
7	5	王秀明	900	600	100	22	20	27	150	30	60	100	3800	400	
8	6	贺东	650	300	30	22	20	27	95	19	38	0	2100	200	
9	7	裴少华	700	300	50	22	20	27	100	20	40	0	2220	0	
10	8	张群义	800	450	70	22	20	27	125	25	50	0	2800	200	
11	9	张亚英	800	450	70	0	20	27	125	25	50	0	2900	400	
12	10	张武	800	450	70	0	20	27	125	25	50	-50	2800	600	
13	11	林柱琴	900	600	100	22	20	27	150	30	60	0	3800	800	
14	12	张增建	850	600	100	22	20	27	145	29	58	0	3700	1000	
15	13	陈玉林	800	450	300	22	20	27	140	28	56	0	3680	1200	
16	14	吴正玉	700	450	50	22	20	27	115	23	46	0	2680	1400	
17	15	张鹏	900	600	100	0	20	27	150	30	60	0	3800	1200	
18	16	吴绪武	700	450	50	0	20	27	115	23	46	200	2500	1000	
19	17	姜鄂卫	850	600	100	0	20	27	145	29	58	0	3260	800	
20	18	胡冰	850	600	100	0	20	27	130	26	52	0	2900	600	
21	19	朱明明	800	600	70	22	20	27	140	28	56	0	3340	400	
22	20	谈应霞	800	600	70	22	20	27	140	28	56	0	3200	200	

习题图 4-1

	某单位党员党费收缴表								
	姓名	工资	奖金	津贴	收入总额	党费费率	应交党费	收入总额	党费费率
张本成	¥ 1,860.00	¥ 570.00	¥ 200.00				3000以上	3.00%
李四海	¥ 1,000.00	¥ 560.00	¥ 300.00				2500～3000	2.50%
黄大山	¥ 2,690.00	¥ 550.00	¥ 350.00				2000～2500	2.00%
王海潮	¥ 1,500.00	¥ 540.00	¥ 400.00				1500～2000	1.50%
邓云洁	¥ 1,000.00	¥ 530.00	¥ 450.00				1000～1500	1.00%
方 天	¥ 1,049.00	¥ 520.00	¥ 500.00				1000以下	0.50%
方一心	¥ 1,460.00	¥ 570.00	¥ 550.00					
黄 玲	¥ 1,871.00	¥ 620.00	¥ 600.00					
黄小玲	¥ 2,282.00	¥ 670.00	¥ 650.00					
卫 玲	¥ 1,870.00	¥ 720.00	¥ 700.00					
李 颖	¥ 1,458.00	¥ 770.00	¥ 750.00					
刘 欣	¥ 1,046.00	¥ 820.00	¥ 800.00					

习题图 4-2

根据以上政策，完成习题图 4-3 所示的上网收费记录表，要求达到如下功能：

（1）H2 中始终显示的是当天日期。

（2）表格大标题中的日期会自动随着当前日期的变化而动态变化。

（3）序号显示格式为"8 位日期数据+nnn"。

（4）E、F、G、H 四列事先通过函数进行自动计算，并且设置有条件检测功能（也就是当前面还没有输入开机和下机时间的时候，事先输入公式，而不是后来再输入，这样能够实现当输入开机和下机时间时，上机时间和上网费用等信息都可快速求出）。

（5）请分析表中 F 列"星期"和 G 列"是否周末"有无存在必要，如果将这两列删除，对 H 列"应收上网费用"的公式会带来什么影响？

9. 习题图 4-4 所示为某公司的部门通讯录，该数据来自于其他数据库，部门名称和电话号码目前在一个字段中，请利用本章所学的文本函数将其分开，分别放在相应字段中。

	A	B	C	D	E	F	G	H
1	2013年11月14日上网收费记录表							
2							（日期）	2013/11/14
3	序号	姓名	开机时间	下机时间	上机小时数	星期	是否周末	应收上网费用
4	20130516001	张 艺	8:05	21:00	13			
5	20130516002	伊 奇	18:13	22:00	4			
6	20130516003	柯以敏	14:25	18:35	5			
7	20130516004	李梦想	8:15	12:00	4			
8	20130516005	张海生	21:50	21:00	0			
9	20130516006	杜 奇	14:00	21:00	7			
10	20130516007	高 敏	18:00	22:00	5			
11	20130516008	高 原	14:25	18:35	5			
12	20130516009	白云霞	18:00	22:00	4			
13	20130516010	陈明华	8:00	12:00	4			
14	20130516011	邓云洁	18:00	21:00	3			
15	20130516012	方 天	18:00	22:00	4			
16	20130516013	方一心	18:00	21:00	3			
17	20130516014	黄 玲	14:00	21:00	7			
18	20130516015	黄小玲	18:00	22:00	5			
19	20130516016	卫 玲	14:25	18:35	5			
20	20130516017	李 颖	18:00	22:00	4			
21	20130516018	刘 欣	14:25	18:35	5			
22	20130516019	张建生	8:00	12:00	4			
23	20130516020	赵 飞	18:00	21:00	3			
24								

习题图 4-3

	A	B	C	D
1	序号	部门名称与电话	部门名称	电话号码
2	1	公司办公室65012591		
3	2	保卫部65011533		
4	3	销售部65011512		
5	4	技术部65011556		
6	5	业务部65011581		
7	6	外贸部65023426		
8	7	电话室64150530		
9	8	工程部65011537		
10	9	总经理办公室65012584		
11	10	人事部65013570		
12	11	市场部65011569		
13	12	供应部65011547		
14	13	电脑房65011531		
15	14	信息统计部65011504		
16	15	财务部65012590		
17	16	设备部65012569		
18	17	组织部65012510		
19	18	信息工程部65011545		
20	19	商务中心65010777		
21	20	审计部65011524		
22	21	环保部65012508		
23	22	规划部65012534		
24	23	采购部65013810		
25	24	行力部65014368		
26				

习题图 4-4

数据图表处理 | 第5章

本章知识点

- 数据图表的主要类型
- 数据图表的常用术语
- 数据图表的建立方法
- 数据图表的编辑操作
- 数据图表的格式设置
- 复杂图表的制作技巧
- 动态图表的制作方法

5.1 | 数据图表的基本知识

数据图表能将各种统计数据变为非常直观的图形格式，并且从数据图表上很容易看出结果，以及数据之间的关系和数据的发展趋势。Excel 软件具有强大的数据表制作功能，它有丰富的图表类型，不仅能建立平面图表，而且还能建立比较复杂的三维立体图表。

5.1.1 数据图表类型

数据图表的类型很多，在现代数据处理实践中，使用较多的有柱形图、条形图、折线图、饼图、面积图、散点图等。用于表现不同类型数据关系，需要制作专门的对应图表。

下面以图 5-1 所示表格制作的图表为例，介绍数据图表的主要类型。

环球世纪贸易公司2013年上半年产品销售统计

	服装	家电	珠宝	数码	食品	日用百货
一月	82500	151000	93500	81900	71220	81520
二月	61750	118500	61750	41500	86950	93450
三月	44500	101500	43500	87050	115500	101500
四月	142500	95000	195000	25630	54542	85580
五月	120000	133500	123000	54470	23690	34570
六月	75810	100500	97500	115400	58470	56320

图 5-1 用来制作数据图表的数据表格

1. 柱形图

柱形图就是人们常说的直方图，用于显示某一段时间内数据的变化，或比较各数据项之间的差异。分类在水平方向组织，而数值在垂直方向组织，以强调相对于时间的变化。

另外，在实际管理应用中，柱形图还有一些变形，例如，堆积柱形图显示单个数据项与整体关系，三维透视的柱形图可比较两个坐标轴上的数据点等。

图 5-2 所示就是根据图 5-1 中的数据表格制作的 3 种不同形式的柱形图。

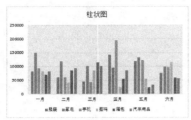 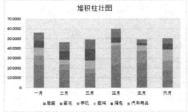 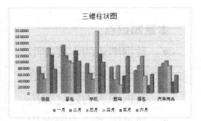

图 5-2　3 种不同形式的柱形图

2. 条形图

条形图也用于各数据之间的比较。与柱形图不同的是，其分类在垂直方向，而数值在水平方向，以使观察者的注意力集中在数值的比较上，而不在时间上。

另外，堆积条形图显示了单个数据与整体的关系，可以把不同项目之间的关系描述得更清楚。图 5-3 所示就是根据图 5-1 中的数据表格制作的 3 种不同形式的条形图。

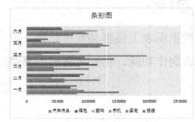 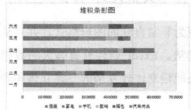 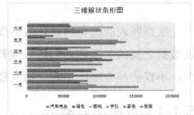

图 5-3　3 种不同形式的条形图

3. 折线图

折线图主要用于显示各数据随时间而变化的趋势情况。折线图的横坐标几乎总是表现为时间，比如年份、季度、月份、日期等。折线图中也有堆积数据点折线图。

图 5-4 所示就是根据图 5-1 中的数据表格制作的 3 种不同形式的折线图。

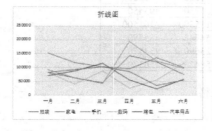 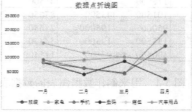 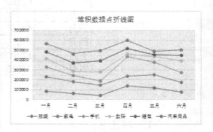

图 5-4　3 种不同形式的折线图

4. 饼图

饼图主要用于显示组成数据系列的各数据项与数据项总和的比例。当只有一个数据系列并且用于强调整体中的某一重要元素时，使用饼图就十分有效。

在饼图中，如果要使小扇区更容易查看，可将这些小扇区组织为饼图中的一个数据项，然后将该数据项在主图表的旁边的小饼图或小条形图中拆分显示，这就是复合饼图。

如图 5-5 所示就是根据图 5-1 中数据制作的用来表现不同数据比例关系的 3 张饼图。

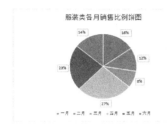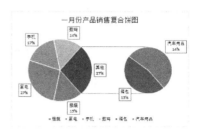

图 5-5　3 种不同形式的饼图

5. 面积图

面积图用于不同数据系列之间的对比关系，同时显示各数据系列与整体的比例关系。图 5-6 所示就是根据图 5-1 中数据制作的 3 张不同用途的面积图。

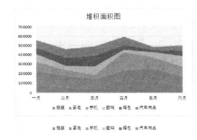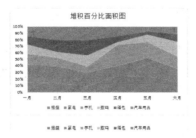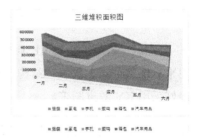

图 5-6　3 种不同形式的面积图

6. 其他标准图表

除了上述几种常用的标准表之外，其他常用的图标类型还有 **XY** 散点图、圆环图、气泡图、雷达图、股价图、曲面图、锥形图、圆柱图、圆锥图和棱锥图等。

XY 散点图可用于显示若干数据系列中的数字值之间的关系，常用于科技数据处理。

图 5-7 所示就是表示家庭人均月收入与家庭月消费金额之间关系的 **XY** 散点图。

圆环图用于显示若干数据系列中各个单个数据与数据汇总之间的关系，而前面介绍的饼图只能显示一个系列。图 5-8 所示就是用来显示男女不同年龄段人口比例的圆环图。

7. 图表类型的选择原则

制作数据图表时，图表类型的选取最好与源数据表的内容以及制作目的结合，对于不同的数据表一定要选择最适合的图表类型，这样才能使表现的数据更生动、形象。

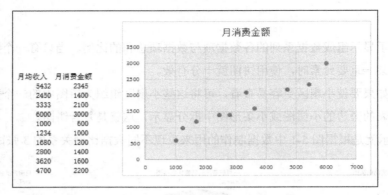

图 5-7　表示家庭人均月收入与家庭月消费金额之间关系的 XY 散点图

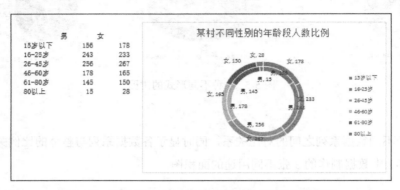

图 5-8　用来显示男女不同年龄段人口比例的圆环图

比如，要制作某公司上半年各月份之间的销售变化趋势，最好使用柱形图、条形图或折线图；用来表现某公司人员职称结构、年龄结构等，最好采用饼图；用来表现居民收入与上网时间关系等，最好采用 XY 散点图等。

5.1.2　数据图表的制作工具

制作数据图表用专门的统计分析软件，例如，著名的 SPSS、SAS、MINITAB 等，但是由于一方面这些软件比较专业，操作技术性要求较高，一般电脑上也不一定安装这些软件；另一方面，这些软件操作较复杂，不太适合一般管理人员和办公人员使用。目前，在实际办公业务中，数据图表一般可以利用 Excel 制作。Excel 的图表功能非常强大，它具有丰富的图表类型，并且提供了许多图表处理工具，可以方便地进行图表修饰和美化。

在办公使用中，如果需要在 Word 和 PowerPoint 中使用图表对象，一般都是先在 Excel 中制作完成好，然后再复制到 Word 文档或 PowerPoint 演示文稿中。其实，利用 Word 或 PowerPoint 中内置的"Microsoft Graph 图表""Excel 图表"对象也可以制作数据图表。

5.1.3　数据图表的各个组成部分

认识图表是正确操作图表的基础。图 5-9 所示标注了数据图表的各个部分及其名称。

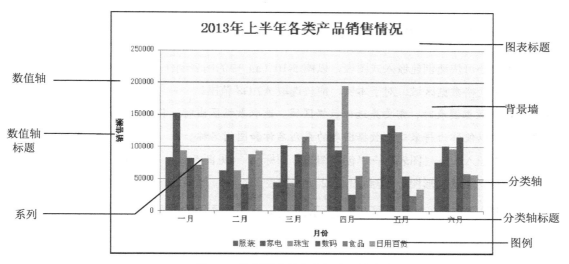

图 5-9　数据图表的各个部分及其名称

5.2 数据图表的创建与编辑

本节介绍数据图表的创建与编辑，请读者注意各种操作的步骤的主要内容以及注意事项。

5.2.1　嵌入式的图表和图表工作表

不管制作哪种类型的数据图表，Excel 都有两种处理方式：嵌入式图表和图表工作表。

嵌入式图表如图 5-10（a）所示，是把数据图表直接插入数据所在的工作表中，主要用于说明数据与工作表的关系，用图表来解释和说明工作表中的数据具有很强的说服力。

图表工作表如图 5-10（b）所示，是把数据图表和与之相关的原数据表分开存放，数据图表放在一个独立的工作表中，它主要适用于只是需要图表的场合，输入工作表数据的目的就是为了建立一个数据图表，在最后的文档中只需要这张图表。

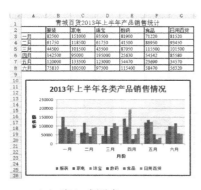

（a）嵌入式图表

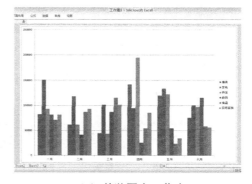

（b）单独图表工作表

图 5-10　两种数据图表的处理方式

5.2.2 利用图表向导创建嵌入式图表

利用图表向导可快速创建嵌入式图表，以图 5-10（a）中的图表制作为例，操作步骤如下：

（1）选择单元格数据区域。对于本例，应该选取 A2:G8 范围。

注意：制作数据图表时，需要先选择数据区域。选取数据区域时，其所在的行标题、列标题也必须同步选取，以便作为将来建立数据图表的系列名称和图例名称。

（2）选择"插入"→"图表"→"创建图表"图标 ▣|（见图 5-11），从出现的图表向导中选择柱形图的第一种"簇状柱形图"，得到图 5-12 所示图表。

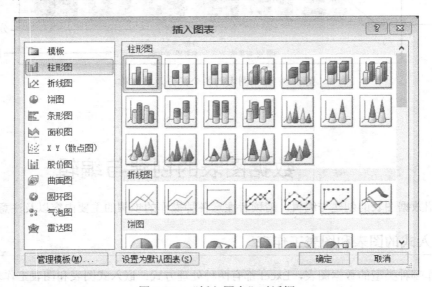

图 5-11 "插入图表"对话框

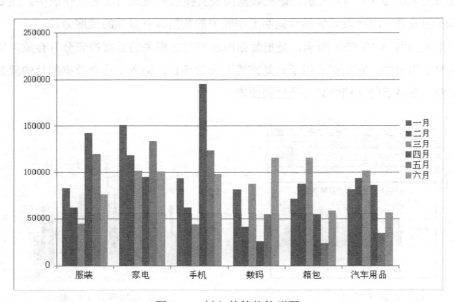

图 5-12 插入的簇状柱形图

（3）选中插入的图表，单击"设计"→"数据"→"切换行/列"按钮，切换系列与分类轴，效果如图 5-13 所示。

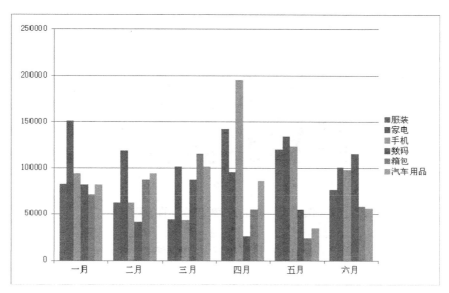

图 5-13　切换行/列后的效果

（4）单击"布局"→"标签"→"图表标题"按钮，为图表添加标题，如图 5-14 所示。

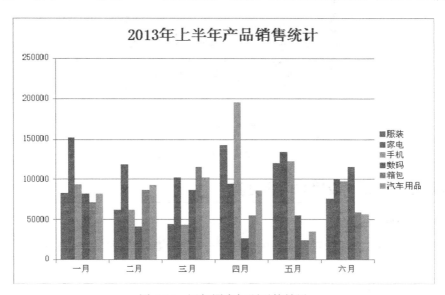

图 5-14　添加图表标题后的效果

（5）单击"布局"→"标签"→"坐标轴标题"按钮，为图表添加坐标轴标题，如图 5-15 所示。

（6）单击"布局"→"标签"→"图例"按钮，设置在底部显示图例，如图 5-16 所示。

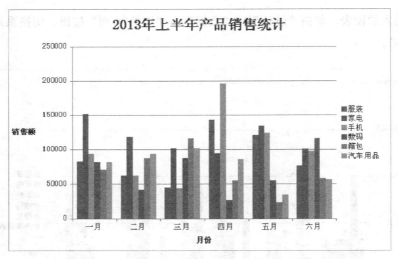

图 5-15　添加坐标轴标题后的效果

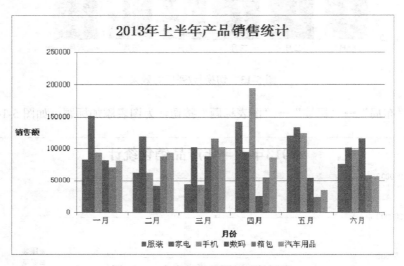

图 5-16　在底部显示图例后的图表

5.2.3　数据图表的格式设置与内容更新

1. 数据图表的格式设置

根据需要，对如图 5-9 所示数据图表中的任何一个部分都可以进行内容修改或格式设置，操作步骤如下：

（1）用鼠标选择需要修改的部分。

（2）单击"格式"工具栏，根据所要修改的项目进行相应修改即可。

2. 数据图表的内容更新

随着数据图表的数据源表格中的数据变化或工作目的的要求，有时需要对数据图表进行更新，包括以下几项操作内容。

- 智能更新：当数据源的数据发生变化时，图表会自动智能更新。

- 向图表添加数据：首先复制需要添加的单元格，然后选中图表，"粘贴"即可。
- 从图表删除数据系列：从图表中选择数据系统，按 Delete 键即可。

5.2.4 利用快捷键建立单独的三维柱形图表

在 Excel 中，可以利用 F11 键来快速制作单独的图表工作表，此时默认类型为柱形图表，根据需要可以再进行格式设置和修饰，操作步骤如下：

（1）选择单元格数据区域。对于本例，应该选取 A2:G8 范围。

（2）按 F11 键，产生一个单独的数据图表工作表，如图 5-17 所示。

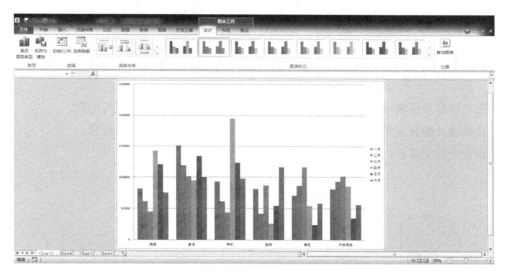

图 5-17　利用 F11 快捷键建立的单独图表

（3）由二维类型图表变为三维类型：单击"设计"→"类型"→"更改图表类型"按钮，在弹出的"更改图表类型"对话框（见图 5-18）中选择"三维柱形图"，然后单击"确定"按钮，结果如图 5-19 所示。

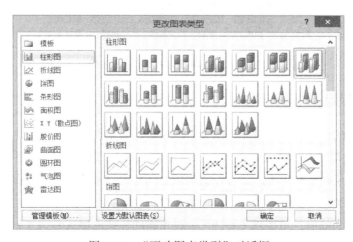

图 5-18　"更改图表类型"对话框

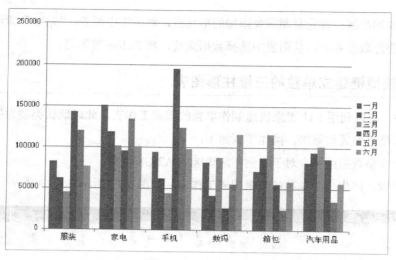

图 5-19　三维柱形图

（4）图表标题及图例设置：在"布局"→"标签"中为图表添加标题与图例。

（5）背景墙及图表文字格式设置：在"设计"选项卡中根据需要完成设置。

以上设置全部完成后，单独的三维柱状图表效果如图 5-20 所示。

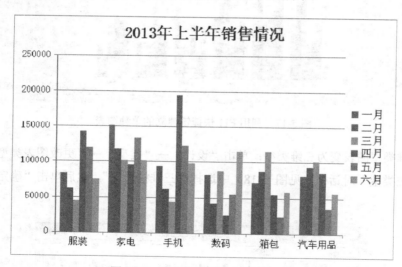

图 5-20　三维柱形图修饰后的效果

5.2.5　选取不连续区域制作饼图

对于不连续区域的数据，也可以制作图表，这在饼状图制作中非常普遍。

图 5-21 所示为环球世纪贸易公司 2013 年上半年产品销售数据按产品和月份合计后的效果。

现在想制作用来反映上半年各产品合计销售额之间对比关系的饼图，操作步骤如下：

（1）先选择商品类别所在一行的连续区域 A2:G2（注意 A2 不要漏掉）。

（2）按住 Ctrl 键的同时，再选择"合计"一行所在的连续区域 A9:G9，如图 5-22 所示。

	A	B	C	D	E	F	G	H
1	环球世纪贸易公司2013年上半年产品销售统计							
2		服装	家电	手机	数码	箱包	汽车用品	总计
3	一月	82500	151000	93500	81900	71220	81520	561640
4	二月	61750	118500	61750	41500	86950	93450	463900
5	三月	44500	101500	43500	87050	115500	101500	493550
6	四月	142500	95000	195000	25630	54542	85580	598252
7	五月	120000	133500	123000	54470	23690	34570	489230
8	六月	75810	100500	97500	115400	58470	56320	504000
9	合计	527060	700000	614250	405950	410372	452940	3110572

图 5-21　销售数据进行合计之后的效果

	A	B	C	D	E	F	G	H
1	环球世纪贸易公司2013年上半年产品销售统计							
2		服装	家电	手机	数码	箱包	汽车用品	总计
3	一月	82500	151000	93500	81900	71220	81520	561640
4	二月	61750	118500	61750	41500	86950	93450	463900
5	三月	44500	101500	43500	87050	115500	101500	493550
6	四月	142500	95000	195000	25630	54542	85580	598252
7	五月	120000	133500	123000	54470	23690	34570	489230
8	六月	75810	100500	97500	115400	58470	56320	504000
9	合计	527060	700000	614250	405950	410372	452940	3110572

图 5-22　选择不连续区域的数据区域

（3）选择"插入"→"图表"工具栏，按照前面介绍的方法创建图表并根据需要对图表进行修饰和格式化设置，最终制作效果如图 5-23 所示。

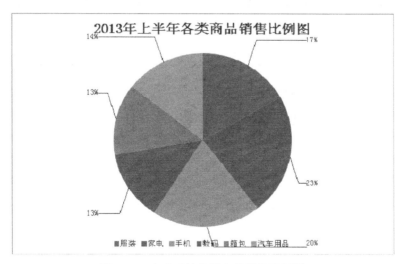

图 5-23　完成后的各类产品销售比例图

5.2.6　图表中趋势线的添加

趋势线用图形的方式显示数据的发展趋势，常用于回归分析。

趋势线在财务预测、经济评估、证券分析中比较常用，对于公司决策分析也有很重要的参考作用。通过对趋势线进行向前（或向后）的延伸，然后根据延伸的趋势线可以分析数据的发展趋势，并借此进行数据预测。

图 5-24 所示就是利用折线图表趋势线根据前 4 个季度的数据预测下一年的数据。

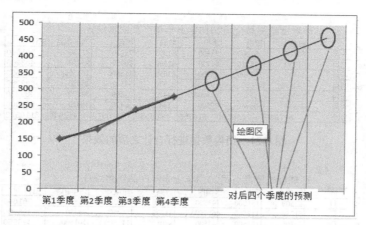

图 5-24　利用趋势线预测未来数据

支持趋势线的图表类型包括条形图、柱状图、折线图、非堆积型二维面积图、股价图、气泡图和 XY 散点图；但不能向三维图表、堆积型图表、雷达图、饼图、圆环图中添加趋势线。需要说明的是，如果更改了图表或数据系列而使之不再支持相关的趋势线，则原有的趋势线将丢失。

图 5-25 所示为某公司最近 5 年销售数据及据此数据制作的折线图，现在需要根据该折线图做出公司销售额的趋势线，并估计 2014 年与 2015 年的销售额。

某公司5年销售额 (万元)				
2009年	2010年	2011年	2012年	2013年
1135	1500	1750	2400	3100

图 5-25　某公司 5 年销售数据折线图

要实现如上功能目标，首先要添加趋势线，具体操作步骤如下：

（1）选中要添加趋势线的折线图表，单击"布局"→"分析"→"趋势线"→"线性趋势线"，如图 5-26 所示。

（2）添加趋势线后，下面可以根据趋势线进行 2014 年和 2015 年的销售额预测，具体操作步骤如下：

① 单击"布局"→"分析"→"趋势线"→"其他趋势线选项"选项，弹出"设置趋势线格式"

对话框，如图 5-27 和图 5-28 所示。

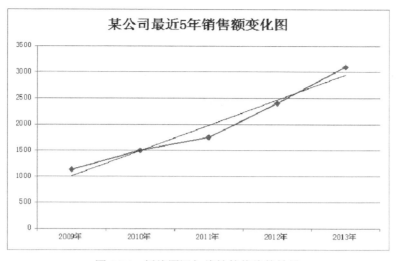

图 5-26　折线图添加线性趋势线的效果

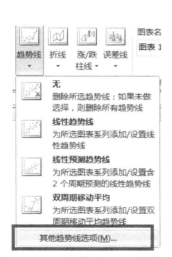

图 5-27　"趋势线"下拉菜单

图 5-28　"设置趋势线格式"对话框

② 在"趋势预测"选项组的"前推"框输入向前预测的数据点，本例需要预测后两年的销售额，输入 2 即可。

③ 选中图 5-28 中的"显示公式"复选框，以便使 Excel 可以根据数据点的数值以及选择的趋势线类型计算出趋势线的预测公式。

④ 单击"确定"按钮，得到预测的折线趋势图，如图 5-29 所示。

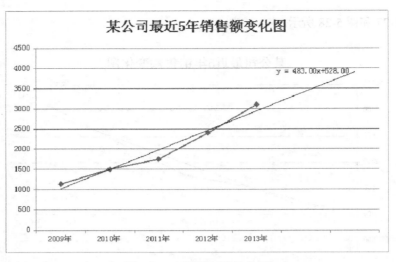

图 5-29　预测的折线趋势图

5.3 复杂数据图表的制作

Excel 中的默认图表在数据处理中无法满足各种实际需要，有时需要根据实际情况制作一些复杂的数据图表。本节主要介绍组合图表、双轴图表和复合饼图的制作。

5.3.1　组合图表的制作

1. 组合数据图表的含义

组合图表使用两种或多种图表类型，以强调图表中含有不同类型的信息。也就是说，组合数据图表是指在一个数据图表中表示两个或者两个以上的数据系列，而且不同的数据系列用不同的图表类型表示。利用组合图能够很方便地比较两个数据系列的异同。

例如，图 5-30 中的数据图表就是一个组合数据图表，其中，数据系列"预计"显示为柱形图，而另一个数据系列"实际"显示为折线图。

2. 组合数据图表的创建

若要创建图 5-30 所示的组合图表效果，具体步骤如下：

（1）先选择数据所在连续区域 A2:G4。

（2）创建柱状图，如图 5-31 所示。

（3）选中实际销售对应的柱形，然后选择"设计"→"更改图表类型"，将实际销售系列的图表类型改为"折线图表"（见图 5-32），再修改图例到底部显示，就可以得到如图 5-33 所示结果。

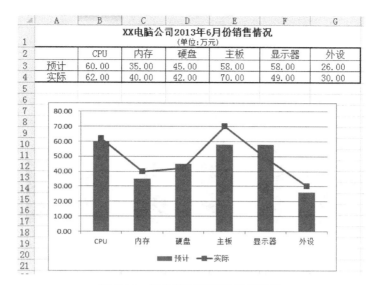

	CPU	内存	硬盘	主板	显示器	外设
XX电脑公司2013年6月份销售情况 (单位:万元)						
预计	60.00	35.00	45.00	58.00	58.00	26.00
实际	62.00	40.00	42.00	70.00	49.00	30.00

图 5-30　组合数据图表的制作效果

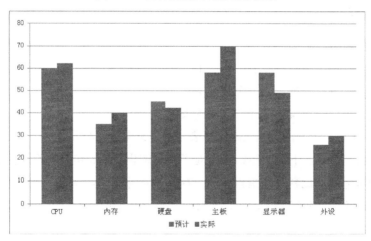

图 5-31　柱状图数据图表

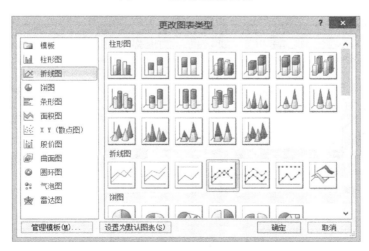

图 5-32　"更改图表类型"对话框

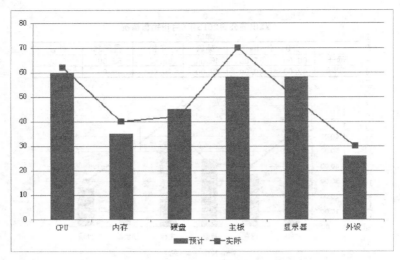

图 5-33　完成后的组合数据图表

5.3.2　双轴图表的制作

1. 双轴数据图表的含义

双轴数据图表是指在一个数据图表中，在主、次坐标轴上分别绘制一个或者多个数据系列，采用两种不同的坐标值来度量数据。当一个数据图表涉及多个数据系列，并且不同数据系列的数值相差悬殊时，比较合理的图表方案就是建立双轴图表。

例如，在图 5-34 中，上面的数据表格区域表示的是某房地产公司 2013 年上半年各月总销售面积和销售均价的相关数据；左下部的图表（a）是各月总销售面积和销售均价的柱形图，由于二者的数值差别太大，根本无法对比各月的销售均价；右下部的图表（b）是图（a）改造而成的，用来反映销售数量和销售均价的双轴图表，其中，左边的 y 轴显示了总销售面积的数据，右边的 y 轴则显示了销售均价的情况。

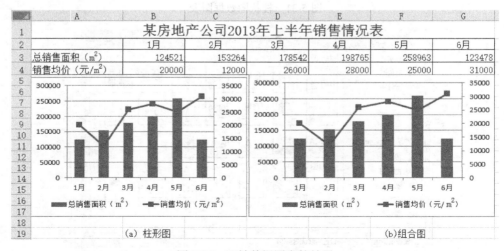

图 5-34　双轴数据图表的效果

2. 双轴数据图表的创建

若要创建图 5-34（b）所示的双轴图表效果，步骤如下：

（1）在图表中销售均价系列上单击鼠标右键，在弹出的菜单中选择"设置数据系列格式"，打开"设置数据系列格式"对话框，如图 5-35 所示。

图 5-35 "设置数据系列格式"对话框

（2）在"设置数据系列格式"对话框中单击次坐标轴，结果如图 5-36 所示。

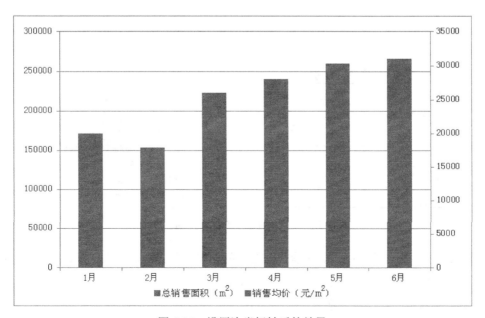

图 5-36 设置次坐标轴后的效果

（3）按组合图表的步骤把销售均价系统的图表类型改为"折线图表类型"，结果如图 5-37所示。

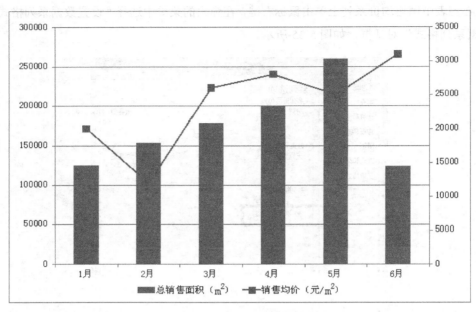

图 5-37　完成后的双轴数据图表

5.3.3　复合饼图的制作

饼图用来表达单个数据与整体之间的比例关系。利用复合饼图可以对数据进行更深层次的分析。下面通过实例讲解其制作步骤。图 5-38 所示的数据源表格是品牌笔记本电脑的用户使用情况调查，可以将其制作成一般的饼图，如图 5-38 右图所示。

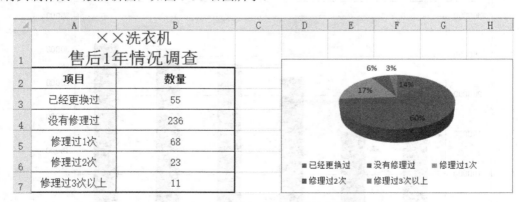

图 5-38　数据源及其制作的一般饼图

但是如果想显示出已经更换过、没有修理过之间的比例关系，以及修理次数之间的比例关系，就需要制作复合饼图，其制作效果如图 5-39 所示。

根据图 5-38 所示的数据源表格制作如图 5-39 所示复合饼图的操作步骤如下：

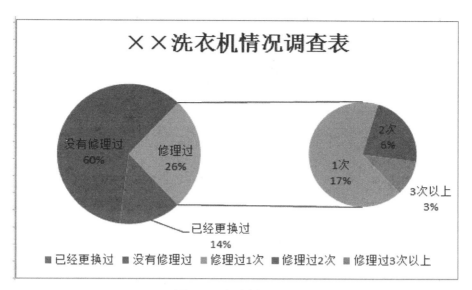

图 5-39　复合饼图效果

（1）选中 A2:B7 单元格式区域，单击"插入"→"图表"→"饼图"→"复合饼图"（见图 5-40），结果如图 5-41 所示。

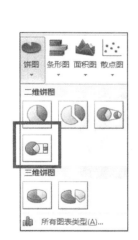

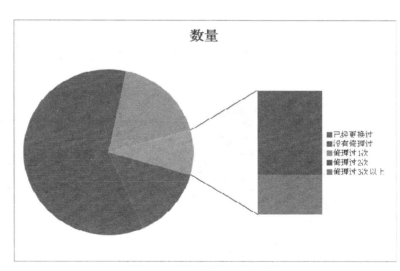

图 5-40　插入复合饼图按钮　　　　　　　　　图 5-41　插入的默认复合饼图

（2）默认建立的图表并没有达到目的。此时，在扇面上双击，打开"设置数据点格式"对话框，选择将"第二绘图区包含最后一个"的值调整为 3，如图 5-42 所示。

（3）单击"确定"按钮，再对图表的其他格式，如图例、图表标题、数据标志、文字等进行修改，最后图表效果如图 5-43 所示。

图 5-42 "设置数据点格式"对话框

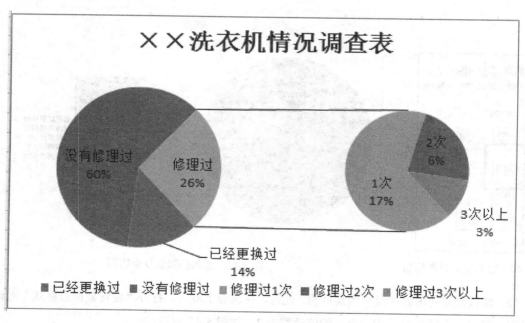

图 5-43 制作好的复合饼图效果

5.3.4 多工作表合并图表

所谓多工作表合并图表，就是利用存放在多个工作表中的数据合并制作的图表。

如图 5-44 所示，某公司华北区、西南区、西北区 3 个区域的各月销售数据分别存放在相应名字的工作表中,现在要求利用这些数据在"合并图表"中制作一个合并销售图表。

要实现以上制作效果,操作步骤如下:

(1)将光标定位在"合并图表"工作表中的任意一个位置,单击"插入"选项卡中"图表"工具栏的柱状图,插入一个空白图表。在空图表上单击鼠标右键并执行"选择数据"命令,打开"选择数据源"对话框(见图 5-45)。

图 5-44 存放在多个工作表中的源数据

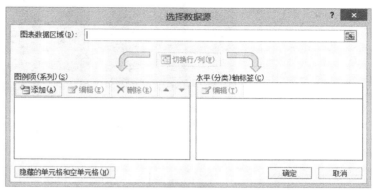

图 5-45 "选择数据源"对话框

(2)单击"添加"按钮,打开"编辑数据系列"对话框(见图 5-46),在"系列名称"中输入第一个系列名称"华北区",在"系列值"中输入"=华北区!\$B\$2:\$B\$7"后,单击"确定"按钮。

(3)与添加华北区系列相同,再依次添加西南区、西北区系列,最终完成后的效果如图 5-47 所示。

图 5-46 "编辑数据系列"对话框

图 5-47 添加完成后的效果

(4)单击"确定"按钮,多表合并图表制作完成,如图 5-48 所示。

(5)根据需要,可按照前面介绍的方法,对该数据图表的各个组成部分进行编辑和美化,如添加图表标题、修改图表类型、修改字体、调整图例位置等。

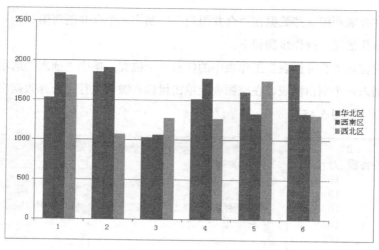

图 5-48　多表合并图表

5.4　动态图表的制作

　　所谓动态图表，是指数据图表的数据源可以根据需要进行动态变化，从而使得数据图表也作相应调整。这种调整一般通过 3 种方式实现：第一，利用有关函数设置动态数据区域；第二，通过定义数据区域名称并引入辅助数据区域；第三，利用动态控件链接图表中的引用数据，以便实现用户数据的自助选择。本节介绍几种典型的动态图表制作方法。

5.4.1　通过创建动态数据区域制作动态图表

　　如图 5-49 所示，A2:F10 区域为某商场 2010 年至 2013 年各部门商品的销售情况，现在经理要求制作各部门 4 个年度的销售比例图表。针对这个问题，有两种方案：其一是制作圆环图，但是本例的部门太多，如制作圆环图，会因数据点过多而显得非常混乱；其二是为每一个部门建立一个饼图，但这需要建立 8 张饼图，显得过于复杂。

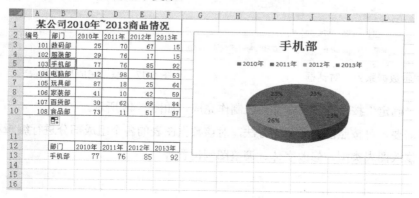

图 5-49　通过创建动态数据区域制作动态图表

下面介绍利用动态技术建立部门的销售比例图表，其效果如图 5-49 右边的饼图所示，该图表看似也只是反映一个特定部门的各年销售比例，其实当用鼠标单击某部门名称，再按 F9 键之后，该图表将很快显示选定部门的各年度销售饼图。

1. 创建动态数据区域

要实现以上的动态图表制作效果，首先需要在源数据区域的下边建立一个动态数据区域，也就是如图 5-49 中的 B12:F13 区域。该区域的数据是某一个部门的各年度销售数据，它是从源数据表区域中通过公式查找得到的。

建立这个动态区域的方法很多，在本例中的实现是通过使用以下 4 个函数：INDIRECT、ADDRESS、CELL、COLUMN。具体操作步骤如下：

（1）选取源数据区域标题行 B2:F2，然后复制到单元格区域 B12:F12。

（2）在 B13 中输入公式 "=INDIRECT(ADDRESS(CELL("ROW")，COLUMN(B3)))"。

（3）将 B13 中的公式采用拖动的方法，向右填充一直到 F13 单元格式。

（4）得到图 5-49 中的 B13:F13 区域所示的动态区域。

2. 建立动态图表

选定单元格区域 B12:F13，制作普通饼图，如图 5-49 所示。

3. 更新动态效果图表

图 5-49 刚开始显示的为家电部的年度销售比例，如果此时单击 B4 单元格，然后按 F9 功能键（F9 功能键会引起 Excel 工作表数据的刷新），图 5-49 中将会显示出服装部年度销售比例。如果再单击 B10 单元格，然后按 F9 键，图 5-49 中又会显示出食品部的年度销售比例。

另外，双击目前选定的部门名称后，然后再将光标移动到另一个部门名称上，也会引起图表的变化，Excel 会自动实现图表从原来部门到新选部门的快速切换。

5.4.2 利用CHOOSE函数和组合框建立动态图表

如图 5-50 所示，A2:F10 区域为某公司 8 个部门各项管理费用的数据，下面的柱状图表是反映各分公司费用的对比情况，其中的组合框可以进行不同明细管理费用的选取。

制作原理：本实例主要利用 CHOOSE 函数和单元格 L2 数值的变化来实现图表的动态显示。当 L2=1 时，CHOOSE 函数选择 B 列的数值，也就是"招待费"；当 L2=2 时，CHOOSE 函数选择 C 列的数值，也就是"礼品费"，依次类推。单元格 L2 值的变化又是根据窗体控件组合框来实现的，当用户选择组合框中的不同项目时，L2 会相应变化。

要实现以上的制作效果，具体操作步骤如下：

（1）复制单元格区域 A3:A10 到 H3:H10。

（2）在单元格 I2 中填入公式 "=CHOOSE($L$2，B2，C2，D2，E2，F2)"。

（3）向下拖动 I2 单元格，直到 I10，实现将 I2 中的公式复制到 I3:I10 区域。

（4）复制 B2:F2，然后将光标定位到 K2 单元格，选择"开始"→"粘贴"→"转置"，实现 B2:F2 的内容复制到 K2:K6 区域。

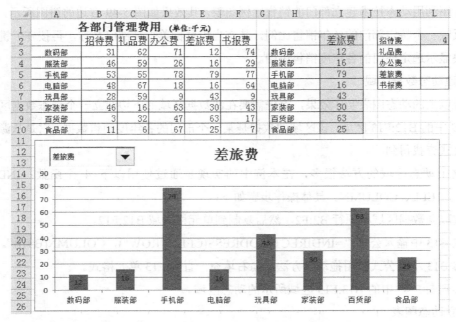

图 5-50　利用 CHOOSE 函数和组合框建立动态图表

（5）调出窗体控件，画一个组合框，右键单击组合框，在弹出的菜单中选择"设置控件格式"，出现"设置对象格式"对话框，如图 5-51 所示，在"控制"选项卡中，"数据源区域"和"单元格链接"分别选取$K$2:$K$6 和$L$2。

（6）以 H2:I10 为数据源创建柱状图表，并进行各个组成部分的格式美化设置。

（7）把组合框移动到图表上，然后按住 Ctrl 键依次单击图表和控件，并进行组合。

经过以上步骤，就得到了如图 5-50 所示的柱状图表。从组合框选择某一个费用名称，就可以得到各个部门该项费用的对比情况柱状图。

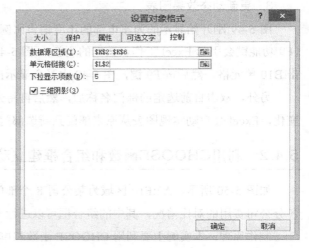

图 5-51　"设置对象格式"对话框

5.4.3　利用VLOOKUP和复选框控件制作动态图表

如图 5-52 所示，A2:L6 区域为某公司 2010 年到 2013 年期间各项管理费用的数据；图中右下方的柱状图表是反映各个年度各项管理费用的对比情况，其中的年份可以根据复选框进行选取或取消，与之对应的数据图表也会做出相应的调整。

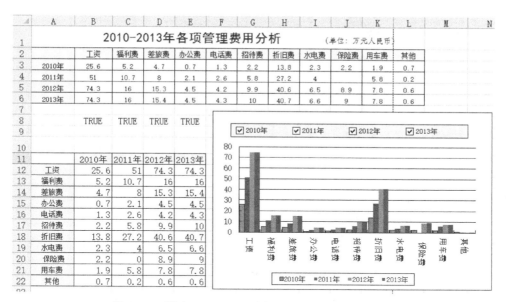

图 5-52   利用 VLOOKUP 和复选框控件制作动态图表

本实例的原理如下：首先，如图 5-52 所示，该图引入一个辅助数据区域 A11:E22；该区域中各年份的对应管理费用是通过 VLOOKUP 函数从原来表格中查找得到的。其次，在 VLOOKUP 查找函数中又嵌套了 IF 判断函数，通过 B8:E8 的取值是否为 TRUE 进行了对应区域是否显示相关管理费用的控制：如果为 TRUE，则显示对应数字；如果为 FALSE，则显示为 0。最后，B8:E8 的取值是随图中 4 个复选框的选取而变化的。

要实现以上的制作效果，操作步骤如下：

（1）制作源数据表格，即图 5-52 中 A2:L6 区域。

（2）建立辅助数据区域的框架。

首先复制 B2:L2 区域，然后选中 A12 单元格并单击右键，从快捷菜单中选择"粘贴选项"→"转置"，将 B2:L2 区域复制到 A12:A22 区域。按照同样方法将 A3:A6 复制到 B11:E11 区域。

（3）利用 VLOOKUP 函数查找功能，填充辅助数据区域的数字。其中：

B12 单元格的公式为"=IF($B$8=TRUE，VLOOKUP($B$11，$2:$6，ROW()-10，0)，0)"；

C12 单元格的公式为"=IF($B$8=TRUE，VLOOKUP($B$11，$2:$6，ROW()-10，0)，0)"；

D12 单元格的公式为"=IF($B$8=TRUE，VLOOKUP($B$11，$2:$6，ROW()-10，0)，0)"；

E12 单元格的公式为"=IF($B$8=TRUE，VLOOKUP($B$11，$2:$6，ROW()-10，0)，0)"；

B13:E22 区域是通过选取 B12:E12，然后进行向下拖动复制公式得到的。

（4）利用 A12:E22 数据区域，按照前面介绍的方法制作一个柱状图标。

（5）拖出 4 个复选框控件，更改它们的名字分别为 2010 年、2011 年、2012 年、2013 年。同时设置它们的单元格链接分别为 B8、C8、D8、E8。如图 5-53 所示，将"值"设置为"已选择"，这样复选框的初始状态都设置为选中状态。

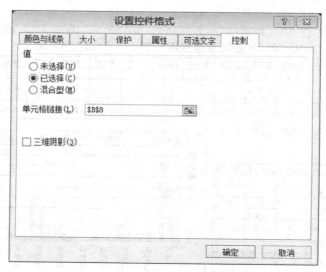

图 5-53　"设置控件格式"对话框

（6）进入控件的设计模式状态，调整 4 个复选框的空间布局，并在它们外面画一个矩形框并设置填充颜色，按住 Ctrl 键，依次选取 4 个复选框和矩形框，然后执行组合操作，使它们构成一个整体。

（7）将上面制作好的整体空间移动到图表上面，并与图表通过组合形成一体。

（8）最后，退出控件的设计模式状态，与图 5-52 相同的动态图表就做成了，在单击选择或者取消不同的复选框时，会发现图表发生相应的改变。

习题五

1．请说明现代办公中主要使用的图表类型及各自的作用。

2．请说明嵌入式图表和单独工作表图表各自的含义、作用以及建立的方法。

3．什么是组合数据图表？它有什么作用？如何制作？

4．什么是双轴数据图表？它有什么作用？什么情况下适用这种图表？

5．什么是复合饼图？它有什么作用？如何制作？

6．上机自行将本章的所有实例操作一遍。

7．请首先利用 Excel 制作如习题图 5-1 所示的表格；然后利用该表格制作如习题图 5-2、习题图 5-3、习题图 5-4 所示的数据图表。

	A	B	C	D	E	F	G
1	某公司近5年产品销售数量统计表						
2		服装类	电器类	洗化类	文具类	食品类	图书类
3	2009年	258	174	393	856	498	507
4	2010年	392	381	984	905	990	538
5	2011年	220	245	280	525	946	465
6	2012年	867	337	746	805	522	680
7	2013年	533	475	480	520	338	

习题图 5-1

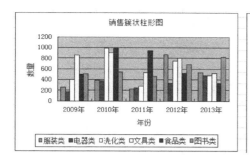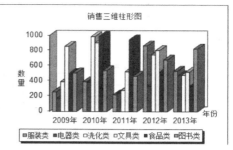

习题图 5-2

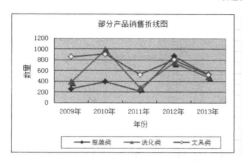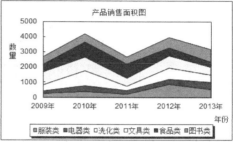

习题图 5-3

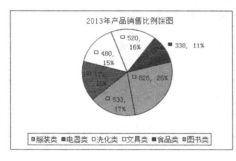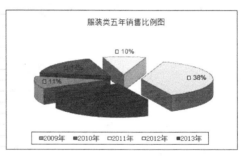

习题图 5-4

8. 请先制作习题图 5-5 中左半部分所示格式的数据源表格；然后利用该表格制作图中右半部分的柱状和折线双轴数据图表，以及 GDP 与财政收入关系的散点图。

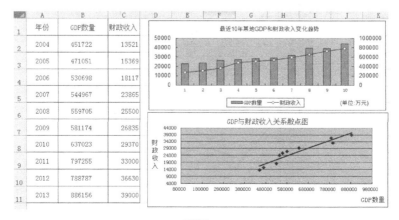

习题图 5-5

9. 请先制作习题图 5-6 所示格式的数据源表格；然后利用该表格制作如习题图 5-7 所示的组合图表和双轴图表。

	A	B	C	D	E	F	G
1		某公司3月份销售与费用情况					
2		华北	东北	华东	华南	西南	西北
3	预计销售	390750	475962	852431	747321	878517	753271
4	实际销售	618933	453673	506524	576398	858162	562286
5	销售费用	81984	74475	74260	68975	80572	71117

习题图 5-6

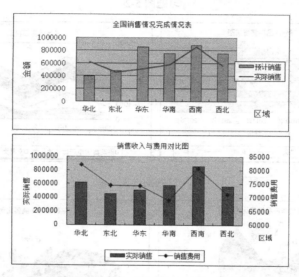

习题图 5-7

10. 请先制作习题图 5-8 中上部所示格式的数据源表格；然后利用该表格制作如习题图 5-8 下面部分所示样式的动态图表，该动态图表能够通过组合框的选取来显示对应不同年份的相关图表。（建议尽可能采用多种不同的方法进行操作）

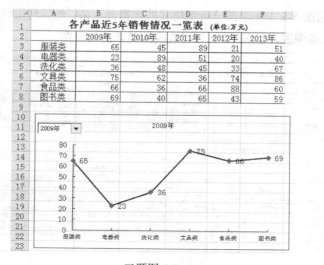

习题图 5-8

本章知识点

- Excel数据库表格的样式与特点
- Excel数据库功能与其局限性
- Excel中多关键字的顺序操作
- 定义自定义排序次序
- 3个排序函数的应用
- 自动筛选的功能实现
- 高级筛选及条件区域设置

6.1　Excel数据库表格及其功能说明

所谓数据库，就是与特定主题和目标相联系的信息集合。在 Excel 中，可以用非常简单的方法快速创建与其他数据库系统建立的类似的关系型数据库表格，并可对这种数据库表格进行数据排序、筛选、数据透视、汇总分析等数据处理和数据分析操作。

6.1.1　Excel数据库表格样式及其特点

如图 6-1 所示，Excel 中的数据库实际上就是工作表中的一个区域，是一个二维表。

员工编号	员工姓名	部门	出勤量	工作态度	工作能力	年度总成绩	排名	奖金
		部门	员工姓名					
		人事部	江雨薇					
				某公司年度考核表				
1001	江雨薇	人事部	91.75	92.75	93.75	93.05	4	¥5,000.00
1002	郝思嘉	行政部	87.75	90.75	84.25	86.90	17	¥1,000.00
1003	林晓彤	财务部	94.25	93	92	92.75	6	¥3,000.00
1004	曾云儿	销售部	93.5	94.5	92.5	93.30	3	¥5,000.00
1005	邱月清	业务部	88.25	94.25	89.75	90.80	14	¥2,000.00
1006	沈沉	人事部	90.75	83.25	84.75	85.50	18	¥1,000.00
1007	蔡小蓓	行政部	94.25	93	88.25	90.88	13	¥2,000.00
1008	尹南	财务部	91.5	91.75	89	90.33	15	¥2,000.00
1009	陈小旭	销售部	93.25	91.25	94	93.03	5	¥5,000.00
1010	薛婧	业务部	89	90.75	92.25	91.15	11	¥2,000.00
1011	萧煜	财务部	94.75	94.5	94	94.30	1	¥5,000.00
1012	陈露	销售部	92	93.5	91.75	92.33	8	¥3,000.00
1013	杨清清	业务部	91.5	92.5	93.25	92.68	7	¥3,000.00
1014	柳晓琳	人事部	93.75	94	93.75	93.83	2	¥5,000.00
1015	杜媛媛	行政部	90.75	92	83.25	87.38	16	¥1,000.00
1016	乔小麦	财务部	91.25	91.5	91.25	91.33	10	¥2,000.00
1017	丁欣	销售部	86.75	91	93	91.15	11	¥2,000.00
1018	赵震	业务部	91.5	89.5	93.25	91.78	9	¥3,000.00

图 6-1　数据库表格样式

从图 6-1 所示数据库表格的样式可以看出，Excel 数据库表格具有以下特点：

（1）数据库是一个数据区域，该区域的首行是一些描述性的词组，表明相应列的数据库性质及数据类型，这一行称为数据库的结构名，其中每一项称为字段，例如在图 6-1 中，数据库是从第 5 行开始的数据区域，第 5 行中的"员工编号""员工姓名""部门""出勤量""奖金"等都是字段。

（2）同一字段的取值（即 Excel 数据库的相同列）类型相同。例如，在"奖金"字段中的每一个单元格内都应该是货币型数据，而不应该是字符型数据。

注意：Excel并不对每个字段下面的数据进行强制性检查（当然，如果事先设置了"有效性"，系统会根据设置条件进行审查），也就是说，就算在图6-1中"奖金"列中某个单元格中输入的不是货币数据，它也不会报错，这就只有靠用户的正确输入来保证数据的正确性。这是Excel数据库与其他专业数据库管理系统的一个很大区别。

（3）数据库中的每一行称为一个记录，一个记录代表一个客观事物的各种数据特征。在如图 6-1 所示的数据库中，每一行都表示一个员工的相关数据。

（4）在多数情况下，数据库中还应该有一个条件区域，条件区域可用作数据库函数的参数。例如，数据的高级筛选、条件查询以及数据库函数等都需要一个条件区域。在图 6-1 中，C1:D2 就是一个条件区域，表示要求指定字段应该满足指定的条件。

（5）在 Excel 中，用户可以很容易地将一般的只要符合以上特点的数据清单用作数据库。在执行数据库操作时，Excel 会自动将数据清单视作数据库：数据清单中的列是数据库中的字段，列标题就是数据库中的字段名称；数据清单中每一行就对应数据库中的一个记录。

6.1.2　Excel数据库表格应该遵循的准则

在建立和使用 Excel 数据库表格时，用户必须遵循以下的基本准则：

（1）一个数据库最好单独占据一个工作表，避免将多个数据库放到一个工作表上。

（2）数据记录紧接在字段名下面，不要使用空白行将字段名和第一条记录数据分开。

（3）避免在数据库中间放置空白行或空白列，任意两行的内容不能完全相同。

（4）避免将关键数据放到数据库左右两侧，防止数据筛选时这些数据被隐藏。

（5）字段名的字体、对齐方式、格式、边框等样式应当与其他数据的格式相区别。

（6）条件区域不要放在数据库的数据区域下方。因为用记录单添加数据时，Excel 会在原数据库的下边添加数据记录，如果数据库的下边非空，就不能利用记录单添加数据。

6.1.3　Excel的数据库功能及其局限性

应用 Excel 数据库表格可以进行简单的数据组织和管理工作，比如在建立了如图 6-1 所示的考核数据之后，可以对其执行排序、筛选、分类、汇总、查询、数据透视等操作。在数据量不大、数据种类不多、企业规模不大时，用 Excel 进行数据的组织和管理功能会给数据处理工作带来许多方便，它能简化工作步骤，提高工作效率，并且非常容易上手。

另外，Excel 具有相当强大的数据计算功能，提供了许多有用的函数和数据分析工具，如财务函数、统计函数、图表分析等，这些功能恰好是某些专业数据库系统较弱的地方。用户用它进行小单位的财务管理、财务分析、资产管理等非常方便。例如，人们可以直接调用 Excel 的财务函数进行投资分析、资产折旧、债券分析、工资计算等。

然而，Excel 并不能真正意义上取代数据库系统，也不能建立较为复杂的信息管理系统。在数据量很大，数据的种类较多，数据的关系比较复杂时，用户用它来建立数据库管理信息系统是很难处理好数据之间的各种关系的。

同一个正规的数据库系统相比，Excel 的数据库具有以下三点局限性：

（1）一个 Excel 工作表只有 65 537 行，256 列，对于一般的表格而言，它容量足够，但对于一个大型数据库而言，60 000 多条记录就太少了。

（2）不具备数据的完整性检查，需要用户自己考虑设置数据的有效性和正确性。

（3）占用的储存空间比真正的数据库管理系统要多。因为 Excel 的数据库中除了存放数据之外，还要存放工作的格式、各单元中的公式，甚至图形等内容。

6.2 | 数据的排序

排序是对数据重新组织的一种方式，它利用指定顺序重新排列行、列或各单元格。在 Excel 中，可以按文本、数字、日期、汉字进行排序，也可以按人为指定的顺序进行排序。

6.2.1 排序的规则

排序有升序和降序两种方式。所谓升序就是按从小到大的顺序排列，比如数字按 0、1、2……9 的顺序排列，字符按 A、B、C、…、Z，a、b、c、…、z 的顺序排列。反序反之。

排序时，必须首先确定排序的依据。以按升序排序为例，Excel 使用如下排列规则：

（1）数字按从最小的负数到最大的正数排序。

（2）字母按照英文字母 A～Z 和 a～z 的先后顺序排列。

（3）在对文本进行排序时，Excel 从左到右一个字符一个字符地进行排序比较，若两个文本的第一个字符相同，则比较第二个字符，若第二个也相同，则比较第三个……一旦比较出大小，则不再比较后面的字符。例如，要求按升序排列文本 A100、A1，因为两个文本左边第一、第二个字符都相同，所以要比较它们的第 3 个字符，因为 A100 第 3 个字符是 0，而 A1 则没有第 3 个字符，所以 A100 比 A1 更大，两个文本按升序排列则为 A1、A100。

（4）特殊符号以及包含数字文本，升序按如下排列：

> 0～9（空格）！" #$%&（）*,./::?@[\]^_' {|} ～ +<
> => A～Z a～z

（5）在逻辑之中，FALSE（相当于 0）排在 TRUE（相当于 1）之前。

（6）所有错误值的优先级等效。

（7）空格排在最后。

（8）汉字的排序可以按笔画，也可以按汉语拼音的字典顺序。如“王刚”与“蔡杰”按拼音升序排序时，“蔡杰”就应排在“王刚”的前面；而按笔画排序时，首先第一个字，也就是姓氏的笔画多少作为排序的依据，“王刚”应排在“蔡杰”的前面。当然，如果两个人的姓氏相同，则还要继续比较他们名字中的第二个字。

6.2.2 采用工具按钮法对单个数字段排序

按单个关键字排序就是根据表中某一列的内容进行排序，包括“升序”和“降序”两种方式。其功能实现的最好方法就是采用工具按钮法，操作时，只要将光标置于待排序的列中；然后单击“开始”→“排序和筛选”→“升序”按钮或“降序”按钮即可。

图6-2所示为某公司奖金发放数据，现在要求按照奖金金额进行排序，操作时，主要先将光标定位到奖金列中任一个单元格，单击“开始”→“排序和筛选”→“降序”按钮即可（或单击“数据”→“排序和筛选”→“降序”），图6-2中（b）图就是按奖金金额降序排列后的某公司奖金发放数据表。

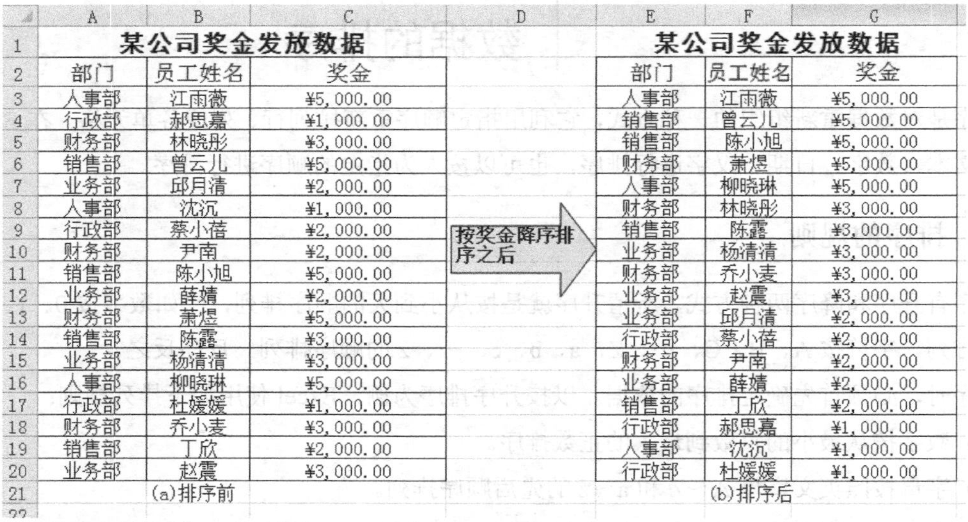

某公司奖金发放数据

部门	员工姓名	奖金
人事部	江雨薇	¥5,000.00
行政部	郝思嘉	¥1,000.00
财务部	林晓彤	¥3,000.00
销售部	曾云儿	¥5,000.00
业务部	邱月清	¥2,000.00
人事部	沈沉	¥1,000.00
行政部	蔡小蓓	¥2,000.00
财务部	尹南	¥2,000.00
销售部	陈小旭	¥5,000.00
业务部	薛婧	¥2,000.00
财务部	萧煜	¥5,000.00
销售部	陈露	¥3,000.00
业务部	杨清清	¥3,000.00
人事部	柳晓琳	¥5,000.00
行政部	杜媛媛	¥1,000.00
财务部	乔小麦	¥3,000.00
销售部	丁欣	¥2,000.00
业务部	赵震	¥3,000.00

(a)排序前

某公司奖金发放数据

部门	员工姓名	奖金
人事部	江雨薇	¥5,000.00
销售部	曾云儿	¥5,000.00
销售部	陈小旭	¥5,000.00
财务部	萧煜	¥5,000.00
人事部	柳晓琳	¥5,000.00
财务部	林晓彤	¥3,000.00
销售部	陈露	¥3,000.00
业务部	杨清清	¥3,000.00
财务部	乔小麦	¥3,000.00
业务部	赵震	¥3,000.00
业务部	邱月清	¥2,000.00
行政部	蔡小蓓	¥2,000.00
财务部	尹南	¥2,000.00
业务部	薛婧	¥2,000.00
销售部	丁欣	¥2,000.00
行政部	郝思嘉	¥1,000.00
人事部	沈沉	¥1,000.00
行政部	杜媛媛	¥1,000.00

(b)排序后

图6-2 按奖金降序排列

说明：使用某一列数据作为关键字排序时，只需要单击该列中任一单元格，而不用全选该列数据。这样排序之后，主要关键字所在的列数据是按照顺序排列的，每一条记录的内容全部都按照关键字的顺序而调整；当操作者全选该列数据时，本列顺序虽然可以按照要求进行排列，但其余各列的内容会保持不动，这将造成“张冠李戴”的问题出现。

6.2.3 对汉字按笔画排序

汉字与数值不同，数只有大小可比，而汉字本身没有大小之分。为了处理的方便，人们按照一定的规则指定汉字的"大小"次序,根据这种规则和次序可对汉字进行排序。

对汉字进行排序的方式有"字母"序和"笔画"序两种。字母序是按汉字的拼音进行排序,因为汉字拼音由 26 个英文字母组成,英文字母可按 A、B、C、D、…、Z 的次序比较大小,所以把汉字的拼音写出来,然后就可以按照此拼音进行汉字的大小比较了。

汉字拼音在比较大小时实行对应位置字符相比较的原则,当第一个字符相同时,比较第二个字符,第二个字符相同时,比较第三个字符,如此继续,直到分出大小,一旦分出大小,就不再进行比较。如果两个字所有的字符都相同,这两个字的大小就相同。

如对"计算机"和"机器人"比较大小,"计算机"的拼音是"jisuanji","机器人"就是"jiqiren"。这两个词的第一个字的拼音相同,所以就进行第二个汉字的拼音比较,"算"字的拼音"s"在字母表中排在"器"字的拼音"q"的后面,所以"s"比"q"大,比较到此,两个词的大小就已经确定了,"计算机"比"机器人"大。在进行"升序"排列时,"机器人"就会排在"计算机"的前面。

汉字的笔画排序更简单,它按照笔画的多少进行排序,在升序方式中,笔画少的列在前面,笔画多的列在后面;在降序方式中,笔画多的列在前面,笔画少的列在后面。

下面通过一个实例说明如何对汉字进行笔画排序。

图 6-3 所示为某公司员工工资表,其中各个人员的信息当初是按照员工编号的顺序依次录入的。假如现在想对此数据表进行重新排列——按照人名的姓氏笔画升序排序。

问题分析:本问题也属于单关键字排序,但是如果按照上面讲过的方法直接单击"开始"→"排序和筛选"→"升序"按钮,排序的结果并不是按照人名的姓氏笔画进行升序排列,而是按照默认的排序方法——按照汉字的字典顺序排列,如图 6-4 所示。

员工工资表					
员工编号	姓名	所在部门	基本工资	奖金	实发金额
1001	江雨薇	人事部	¥4,000	¥900	¥4,900
1002	郝思嘉	行政部	¥3,000	¥1,020	¥4,020
1003	林晓彤	财务部	¥3,500	¥1,080	¥4,580
1004	曾云儿	销售部	¥3,000	¥1,080	¥4,080
1005	邱月清	业务部	¥4,000	¥1,020	¥5,020
1006	沈沉	人事部	¥3,000	¥900	¥3,900
1007	蔡小蓓	行政部	¥3,000	¥900	¥3,900
1008	尹南	财务部	¥4,000	¥1,020	¥5,020
1009	陈小旭	销售部	¥3,500	¥750	¥4,250
1010	薛婧	业务部	¥2,500	¥1,350	¥3,850
1011	萧煜	财务部	¥3,000	¥1,080	¥4,080
1012	陈露	销售部	¥4,000	¥1,080	¥5,080
1013	杨清清	业务部	¥3,500	¥360	¥3,860
1014	柳晓琳	人事部	¥4,000	¥1,350	¥5,350
1015	杜媛媛	行政部	¥3,000	¥360	¥3,360
1016	乔小麦	财务部	¥3,000	¥360	¥4,360
1017	丁欣	销售部	¥3,000	¥1,350	¥4,350
1018	赵震	业务部	¥3,500	¥1,350	¥4,850

图 6-3　某公司员工工资表

员工工资表					
员工编号	姓名	所在部门	基本工资	奖金	实发金额
1009	陈小旭	销售部	¥3,500	¥750	¥4,250
1007	蔡小蓓	行政部	¥3,000	¥900	¥3,900
1004	曾云儿	销售部	¥3,000	¥1,080	¥4,080
1012	陈露	销售部	¥4,000	¥1,080	¥5,080
1017	丁欣	销售部	¥3,000	¥1,350	¥4,350
1015	杜媛媛	人事部	¥3,000	¥360	¥3,360
1002	郝思嘉	行政部	¥3,000	¥1,020	¥4,020
1001	江雨薇	人事部	¥4,000	¥900	¥4,900
1003	林晓彤	财务部	¥3,500	¥1,080	¥4,580
1014	柳晓琳	人事部	¥4,000	¥1,350	¥5,350
1016	乔小麦	财务部	¥3,000	¥360	¥4,360
1005	邱月清	业务部	¥4,000	¥1,020	¥5,020
1006	沈沉	人事部	¥3,000	¥900	¥3,900
1011	萧煜	财务部	¥3,000	¥1,080	¥4,080
1010	薛婧	业务部	¥2,500	¥1,350	¥3,850
1013	杨清清	业务部	¥3,500	¥360	¥3,860
1008	尹南	财务部	¥4,000	¥1,020	¥5,020
1018	赵震	业务部	¥3,500	¥1,350	¥4,850

图 6-4 按"升序"排列后的员工工资表

其实,对于本问题,只要对排序选项对话框作相关设置,可以很容易地实现对汉字按照笔画进行升序排列。具体操作步骤如下:

(1)将光标定位到姓名一列中任一单元格,执行"数据"→"排序和筛选"→"排序",Excel

会弹出"排序"对话框,如图6-5所示。

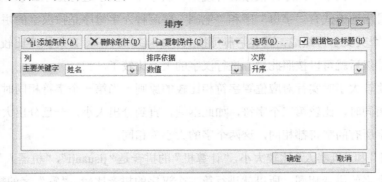

图6-5　"排序"对话框

（2）在"排序"对话框中,从"主要关键字"下拉列表中选择要排序的列标。本例由于开始光标已经定位到"姓名"列中,所以已经自动将"姓名"选中作为主要关键字。

（3）在"排序"对话框中,从"次序"下拉列表中选择"升序",将排序方式指定为升序。

（4）单击"排序"对话框中的"选项"按钮,弹出如图6-6所示的"排序选项"对话框。

（5）在"排序选项"对话框的"方向"选项组设置排序的方向,本例就用默认的"按列排序"选项。

（6）在"排序选项"对话框的"方法"选项组设置排序的方法,本例需要通过单击"笔划排序"单选按钮,从而将默认的按字母排序修改为按照姓氏笔画排序的效果。

经过以上的操作,最后的排列结果如图6-7所示。从该图中可以看出,姓名确实是按姓氏笔画的升序进行了重新排列。这种按姓氏笔划升序排名的方式非常实用,尤其是对一系列人名无法按照职务、年龄、重要性等指标进行排序时非常有效。

员工工资表

员工编号	姓名	所在部门	基本工资	奖金	实发金额
1017	丁欣	销售部	¥3,000	¥1,350	¥4,350
1008	尹南	财务部	¥4,000	¥1,020	¥5,020
1016	乔小麦	财务部	¥4,000	¥360	¥4,360
1001	江雨薇	人事部	¥4,000	¥900	¥4,900
1015	杜媛媛	行政部	¥3,000	¥360	¥3,360
1013	杨清清	业务部	¥3,500	¥360	¥3,860
1005	邱月清	业务部	¥4,000	¥1,020	¥5,020
1006	沈沉	人事部	¥3,000	¥900	¥3,900
1009	陈小旭	销售部	¥3,500	¥750	¥4,250
1012	陈露	销售部	¥4,000	¥1,080	¥5,080
1003	林晓彤	财务部	¥3,500	¥1,080	¥4,580
1018	赵震	业务部	¥3,500	¥1,350	¥4,850
1002	郝思嘉	行政部	¥3,000	¥1,020	¥4,020
1014	柳晓琳	人事部	¥4,000	¥1,350	¥5,350
1011	萧煜	财务部	¥3,000	¥1,080	¥4,080
1004	曾云儿	销售部	¥3,000	¥1,080	¥4,080
1007	蔡小蓓	行政部	¥3,000	¥900	¥3,900
1010	薛婧	业务部	¥2,500	¥1,350	¥3,850

图6-6　"排序选项"对话框　　　图6-7　按姓名的笔划升序排列后的某公司员工工资表

6.2.4　自定义次序排序

在管理实践中,有时数据处理需要进行的排序工作可能要求非常特殊,既不是按照数值的大小排序,也不是按照汉字的字母顺序或笔画顺序排序,而是按一种特殊次序进行排列。

这种例子并不少见，如常见的月份排序、星期排序、季度排序、日期排序，以及某些约定成俗的排序方式（如国务院下属各部委的约定排名，总是国防部、外交部在最前）。

下面通过一个实例说明如何自定义次序排序。图 6-8 所示为某公司年度福利表。该表格是按员工的员工编号排序的，现在要向公司领导汇报。但是该公司领导习惯的报表格式中是按部门排序的，依次为财务部、人事部、业务部、销售部和行政部。

问题分析：对如图 6-8 所示的人员信息，如果开始就是按照上面的领导习惯的部门顺序输入，就不用再进行修改。现在由于是按照人员编号排列并且已经制作完成，如果再要重新手动排列，则比较麻烦。这个问题可以通过自定义指定数据的排列次序来实现。具体操作步骤如下：

（1）单击数据表中的任一非空单元格，然后选择"数据"→"排序和筛选"→"排序"，Excel 会弹出"排序"对话框。

	A	B	C	D	E	F
1			员工福利表			
3	员工编号	员工姓名	所在部门	住房补助	车费补助	保险金
4	1001	江雨薇	人事部	¥300	¥0	¥600
5	1002	郝思嘉	行政部	¥300	¥360	¥600
6	1003	林晓彤	财务部	¥300	¥360	¥600
7	1004	曾云儿	销售部	¥300	¥360	¥600
8	1005	邱月清	业务部	¥300	¥360	¥600
9	1006	沈沉	人事部	¥300	¥360	¥600
10	1007	蔡小蓓	行政部	¥300	¥0	¥600
11	1008	尹南	财务部	¥300	¥360	¥600
12	1009	陈小旭	销售部	¥300	¥360	¥600
13	1010	薛婧	业务部	¥300	¥360	¥600
14	1011	萧煜	财务部	¥300	¥0	¥600
15	1012	陈露	销售部	¥300	¥360	¥600
16	1013	杨清清	业务部	¥300	¥360	¥600
17	1014	柳晓琳	人事部	¥300	¥360	¥600
18	1015	杜媛媛	行政部	¥300	¥360	¥600
19	1016	乔小麦	财务部	¥300	¥360	¥600
20	1017	丁欣	销售部	¥300	¥0	¥600
21	1018	赵震	业务部	¥300	¥360	¥600

图 6-8　某公司年度福利表

（2）在"排序"对话框中，从"主要关键字"下拉列表中选择要排序的关键字（本例为"所在部门"）。

（3）在"排序"对话框中，从"次序"下拉列表中选择"自定义序列"，弹出"自定义序列"对话框，如图 6-9 所示。然后在"输入序列"编辑框中依次输入各个部门名称，构成自定义序列，输入完成后，单击"添加"按钮。

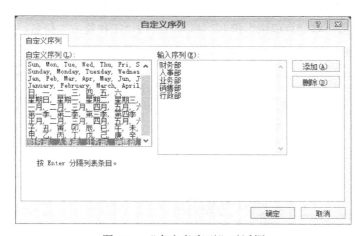

图 6-9　"自定义序列"对话框

经过上述操作后，就把一个用户自定义序列添加到了 Excel 中。它有许多用途，如该序列可以简化输入，在第一个单元格中输入序列的第一个词后，用填充柄就可以复制输入其余词语。这样，以后就可以快速实现部门名称的输入。

（4）依次单击两次"确定"按钮后，最后得到按照指定次序排序的结果，如图 6-10 所示。

图 6-10　按自定义排序后的结果

6.2.5　多关键字排序

所谓多关键字排序，就是对数据表中的数据按两个或两个以上的关键字进行排序。进行多关键字的排序，可以使数据在主要关键字段相同的情况下，再按次要关键字排序；在主关键字、次要关键字都相同的情况下，数据仍可按第三关键字排序，其余依此类推。但不管有多少关键字，排序之后的数据总是按主要关键字段有序排列的。

在图 6-5 中，读者已经看到 Excel 的"排序"对话框提供了一个"添加条件"按钮，也就是说用户可以通过该按钮为数据表添加排序关键字，进行多关键字排序。

下面通过一个实例来说明关键字排序的操作方法。图 6-11 所示为某公司年度考核表，现在要进行排序，规则是：先按"年度总成绩"排名，相同者再按"工作能力"排名，如果仍然相同，再按"工作态度"排名，以上排名都是按由大到小的顺序排列。

图 6-11　某公司年度考核表

要达到以上排序目的，可按照如下步骤进行操作：

（1）单击数据表中的任一非空单元格，选择"数据"→"排序和筛选"→"排序"按钮。

（2）在弹出的"排序"对话框中，先单击两次"添加条件"按钮，增加两个排序条件，然后在"主要关键字"及两个"次要关键字"中依次选择"年度总成绩""工作能力"和"工作态度"，次序均设为"降序"，如图 6-12 所示。

图 6-12　"排序"对话框进行多关键字设置

（3）单击"确定"按钮，最后得到按照指定排序的结果，如图 6-13 所示，在图中读者可以看到对相同关键字相同的成绩是如何进行处理的。

员工编号	员工姓名	部门	出勤量	工作态度	工作能力	年度总成绩
			某公司年度考核表			
1011	萧煜	财务部	95	95	94	94
1014	柳晓琳	人事部	94	94	94	94
1001			92	93	94	93
1009			93	91	94	93
1004			94	95	93	93
1013				93	93	93
1003			94	93	92	93
1018	赵震	业务部	92	90	93	92
1018	赵震	业务部	92	90	93	92
1012	陈露	销售部	92	94	92	92
1017	丁欣	销售部	87	91	93	91
1010	薛婧	业务部	89	91	92	91
1016	乔小麦	财务部	91	92	91	91
1005	邱月清	业务部	88	94	90	91
1007	蔡小蓓	行政部	94	93	88	91
1008	尹南	财务部	92	92	89	90
1002	郝思嘉	行政部	88	91	84	87
1015	杜媛媛	行政部	91	92	83	87
1006	沈沉	人事部	91	83	85	86

注意多字段排序的效果

图 6-13　按多关键字排序后的成绩表

6.3 数据排序操作的应用技巧

相对来说，数据排序是数据处理中一种比较简单的操作，但是，在实际应用中，数据排序还是要注意一些方法和技巧的，本节就对此进行介绍。

6.3.1 实现排序后仍能快速返回原来的顺序

数据清单排序后，原来的数据顺序将被打乱，而有时候还想让它能够恢复到原来的顺序。对于该问题，如果是以下两种情况，还比较好处理。

第一种情形：操作只是刚刚发生过，这很好办——直接按 Ctrl+Z 组合键撤消操作即可；

第二种情形：如果原来的表格本身已经有了一个排序索引字段（如学号、职工编号、日期型数），只要按照原来那个排序索引字段再重新排序一次即可。

但是，如果不是上述两种情况，则需要采用引入辅助列的方法通过以下步骤来实现。

（1）如图 6-14 所示原数据区域的右侧插入一个辅助列，并在 C1 输入"原序号"。

（2）采用数据系列的输入方法，从 C2 单元格往下依次输入 1，2，3，…

（3）将光标定位到数据表中需要排序行的任一位置，进行需要的排序操作，得到如图 6-15 所示的排序效果，可以看到原来输入的序号已经打乱。

	A	B	C
1	员工姓名	实发工资	原序号
2	江雨薇	¥4,900	1
3	郝思嘉	¥4,020	2
4	林晓彤	¥4,580	3
5	曾云儿	¥4,080	4
6	邱月清	¥5,020	5
7	沈沉	¥3,900	6
8	蔡小蓓	¥3,900	7
9	尹南	¥5,020	8
10	陈小旭	¥4,250	9
11	薛婧	¥3,850	10
12	萧煜	¥4,080	11
13	陈露	¥5,080	12
14	杨清清	¥3,860	13
15	柳晓琳	¥5,350	14
16	杜媛媛	¥3,360	15
17	乔小麦	¥4,360	16
18	丁欣	¥4,350	17
19	赵震	¥4,850	18

图 6-14 原数据表引入一个辅助列

	A	B	C
1	员工姓名	实发工资	原序号
2	柳晓琳	¥5,350	14
3	陈露	¥5,080	12
4	邱月清	¥5,020	5
5	尹南	¥5,020	8
6	江雨薇	¥4,900	1
7	赵震	¥4,850	18
8	林晓彤	¥4,580	3
9	乔小麦	¥4,360	16
10	丁欣	¥4,350	17
11	陈小旭	¥4,250	9
12	曾云儿	¥4,080	4
13	萧煜	¥4,080	11
14	郝思嘉	¥4,020	2
15	沈沉	¥3,900	6
16	蔡小蓓	¥3,900	7
17	杨清清	¥3,860	13
18	薛婧	¥3,850	10
19	杜媛媛	¥3,360	15

图 6-15 排序后原来排好序的辅助列被打乱

（4）不再需要排序数据时，再对辅助列进行升序排列，即可恢复到原来的数据顺序。

6.3.2 排序函数应用：RANK LAGRE和SMALL

在 Excel 中与排序有关的有 RANK、LARGE 和 SMALL3 个函数。以数据库清单为基础，利用这些函数可以在数据表的其他区域排序并生成排序结果，而原数据表保持不动。

1. RANK 函数及其应用

RANK 函数用来返回一个数值在一组数值的排位，其语法格式为：

RANK(number,ref,order)

该函数共包括 3 个参数，其中：number 为需要找到排位的数字；ref 包含一组数字的数组或引用；order 为一数字，指明排位的方式，为 0 或省略，按降序排列排位；不为零，按升序排列进行排位。

如图 6-16 所示，其中“排位”一列就是利用 RANK 函数得到的，操作时，先在 C2 中输入公式“=RANK(B2,$B$2:$B$19)”，然后向下拖动复制一直到 C19 最后一行即可。

可以看出，利用 RANK 函数在排序时，可以不用改变数据表各数据之间的位置，也就是上面 6.3.1 小节的问题，如果用 RANK 函数的话，就不需要再引入辅助列。

说明：上面C2的公式中，因为本排序为降序，所以省略了第3个参数；另外公式中单元格的相对引用和绝对引用的设置需要特别注意。

2. LARGE 函数和 SMALL 函数及应用

LARGE 函数和 SMALL 函数的功能分别是用来返回一个数据集中第 k 个最大值和第 k 个最小值，它们的语法格式分别为：LARGE(array,k)和 SMALL(array,k)。

它们都包括两个参数，其中第一个为数据或数据区域，第二个为一个正整数。

如图 6-17 所示 B22:B24 中数据获得就用了 LARGE 和 SMALL 函数，其中：

B22 的公式为“=LARGE(B2:B19,1)";

B23 的公式为“=SMALL(B2:B19,3))";

B24 的公式为“=SUM(LARGE(B2:B19,{1,2,3}))";

C2 fx =RANK(B2,$B$2:$B$19)

	A	B	C
1	员工姓名	实发工资	排位
2	江雨薇	¥4,900	5
3	郝思嘉	¥4,020	13
4	林晓彤	¥4,580	7
5	曾云儿	¥4,080	11
6	邱月清	¥5,020	3
7	沈沉	¥3,900	14
8	蔡小蓓	¥3,900	14
9	尹南	¥5,020	3
10	陈小旭	¥4,250	10
11	薛婧	¥3,850	17
12	萧煜	¥4,080	11
13	陈露	¥5,080	2
14	杨清清	¥3,860	16
15	柳晓琳	¥5,350	1
16	杜媛媛	¥3,360	18
17	乔小麦	¥4,360	8
18	丁欣	¥4,350	9
19	赵震	¥4,850	6

图 6-16 利用 RANK 函数进行排序

	A	B
1	员工姓名	实发工资
2	江雨薇	¥4,900.00
3	郝思嘉	¥4,020.00
4	林晓彤	¥4,580.00
5	曾云儿	¥4,080.00
6	邱月清	¥5,020.00
7	沈沉	¥3,900.00
8	蔡小蓓	¥3,900.00
9	尹南	¥5,020.00
10	陈小旭	¥4,250.00
11	薛婧	¥3,850.00
12	萧煜	¥4,080.00
13	陈露	¥5,080.00
14	杨清清	¥3,860.00
15	柳晓琳	¥5,350.00
16	杜媛媛	¥3,360.00
17	乔小麦	¥4,360.00
18	丁欣	¥4,350.00
19	赵震	¥4,850.00
20		
21		
22	最高工资	¥5,350.00
23	倒数第三名的工资	¥3,860.00
24	工资前三名的总额	¥15,450.00

图 6-17 利用 LARGE 和 SMALL 函数求排位数字

说明：在B24公式中，将LARGE函数通过数组得到的3个结果利用SUM进行了求和。

6.3.3 隐藏部分数据使其不参与排序

在 Excel 中，默认情况下排序都是针对数据区域中的所有数据，但在实际数据处理中，有时不想让一些数据参与排序。此时一种可行的方法就是先将不需要排序的数据行隐藏。

如图 6-18 所示，在某公司的月份销售排行榜上，因为有几个省份（福建、吉林、青海）是刚刚开拓的新市场，本月暂时不参与排序。本排序可按以下步骤操作：

（1）如图 6-18 所示，整体选取不需要排序的第 8 行、第 13 行和第 17 行，单击右键菜单中的"隐藏"命令，将这些行隐藏起来。

注意： 数据隐藏是针对整行（或列）的，所以不要只选取包含有内容的数据区域。

（2）针对隐藏后的数据区域进行需要的排序操作。

（3）依次选取各个跨越隐藏行的两行（要显示隐藏的第 8 行时，需要选取第 7 和 9 行），单击右键菜单中的"取消隐藏"命令，显示被隐藏的行。

（4）如图 6-19 所示，可以看出设置隐藏的行没有参与排序。

销售区域	负责人	月销售额
安徽省	王伟星	¥1,145,954.00
北京市	申永琴	¥5,679,180.00
甘肃省	孙治国	¥298,262.00
河北省	邢鹏	¥156,980.00
河南省	许宏伟	¥6,790,286.00
湖北省	赵晓娜	¥2,345,862.00
福建省	张琪	¥41,392.00
湖南省	卞永辉	¥11,234,710.00
江西省	李晓东	¥1,428,518.00
辽宁省	李彦宾	¥9,012,498.00
山东省	魏翠香	¥1,234,756.00
吉林省	刘俊	¥64,579.00
山西省	刘宝英	¥3,456,968.00
陕西省	郑会锋	¥4,568,074.00
上海市	韩朝辉	¥12,345,816.00
青海省	王军政	¥63,390.00
四川省	赵志杰	¥1,287,236.00
天津市	丁一夫	¥580,826.00
浙江省	洪峰	¥10,123,604.00

图 6-18　数据区域中部分行不需要参与排序

销售区域	负责人	月销售额
上海市	韩朝辉	¥12,345,816.00
湖南省	卞永辉	¥11,234,710.00
浙江省	洪峰	¥10,123,604.00
辽宁省	李彦宾	¥9,012,498.00
河南省	许宏伟	¥6,790,286.00
北京市	申永琴	¥5,679,180.00
福建省	张琪	¥41,392.00
陕西省	郑会锋	¥4,568,074.00
山西省	刘宝英	¥3,456,968.00
湖北省	赵晓娜	¥2,345,862.00
江西省	李晓东	¥1,428,518.00
吉林省	刘俊	¥64,579.00
四川省	赵志杰	¥1,287,236.00
山东省	魏翠香	¥1,234,756.00
安徽省	王伟星	¥1,145,954.00
青海省	王军政	¥63,390.00
天津市	丁一夫	¥580,826.00
甘肃省	孙治国	¥298,262.00
河北省	邢鹏	¥156,980.00

图 6-19　设置隐藏的行没有参与排序

说明： 选取包括所有隐藏行的整个区域，然后单击右键菜单中的"取消隐藏"命令，则隐藏的所有行将一下子全部显示。

6.3.4　使用数据排序法删除数据区域的空行

有时候，出于数据分区显示或者错误操作等原因，数据区域中可能包含很多空行。这些空行的存在会影响到对数据的分析。对这些空行如果一行一行地操作将非常费时。

利用"数据排序时，空格总是排在最后"这一排序规则，可以通过数据排序的方法删除数据区域中的所有空行，并且不打乱数据区域中各行数据的顺序。

如图 6-20 所示，某公司工资表上有很多空行，可按以下步骤删除它们：

（1）如图 6-21 所示，首先引入一个辅助列，并从第 2 行开始输入数字 1，2，…

（2）将光标放到原来数据区中的任一单元格中，执行降序排列，结果如图 6-22 所示。

（3）删除下面所有空行，并重新按辅助列的升序进行排列，结果如图 6-23 所示。

（4）最后删除辅助列，即可实现本实例的功能。

	A	B	C
1	员工姓名	实发工资	
2	江雨薇	¥4,900.00	
3	郝思嘉	¥4,020.00	
4			
5	林晓彤	¥4,580.00	
6	曾云儿	¥4,080.00	
7	邱月清	¥5,020.00	
8			
9	沈沉	¥3,900.00	
10			
11	蔡小蓓	¥3,900.00	
12			
13	尹南	¥5,020.00	
14	陈小旭	¥4,250.00	
15			
16	薛婧	¥3,850.00	
17	萧煜	¥4,080.00	
18			
19	陈露	¥5,080.00	
20	杨清清	¥3,860.00	
21			
22	柳晓琳	¥5,350.00	
23	杜媛媛	¥3,360.00	
24			
25	乔小麦	¥4,360.00	
26	丁欣	¥4,350.00	
27	赵震	¥4,850.00	

图 6-20　原数据区域中有很多空行

	A	B	C
1	员工姓名	实发工资	原来序号
2	江雨薇	¥4,900.00	1
3	郝思嘉	¥4,020.00	2
4			3
5	林晓彤	¥4,580.00	4
6	曾云儿	¥4,080.00	5
7	邱月清	¥5,020.00	6
8			7
9	沈沉	¥3,900.00	8
10			9
11	蔡小蓓	¥3,900.00	10
12			11
13	尹南	¥5,020.00	12
14	陈小旭	¥4,250.00	13
15			14
16	薛婧	¥3,850.00	15
17	萧煜	¥4,080.00	16
18			17
19	陈露	¥5,080.00	18
20	杨清清	¥3,860.00	19
21			20
22	柳晓琳	¥5,350.00	21
23	杜媛媛	¥3,360.00	22
24			23
25	乔小麦	¥4,360.00	24
26	丁欣	¥4,350.00	25
27	赵震	¥4,850.00	26

图 6-21　引入一个排序的辅助列

	A	B	C
1	员工姓名	实发工资	原来序号
2	赵震	¥4,850.00	26
3	尹南	¥5,020.00	12
4	杨清清	¥3,860.00	19
5	薛婧	¥3,850.00	15
6	萧煜	¥4,080.00	16
7	沈沉	¥3,900.00	8
8	邱月清	¥5,020.00	6
9	乔小麦	¥4,360.00	24
10	柳晓琳	¥5,350.00	21
11	林晓彤	¥4,580.00	4
12	江雨薇	¥4,900.00	1
13	郝思嘉	¥4,020.00	2
14	杜媛媛	¥3,360.00	22
15	丁欣	¥4,350.00	25
16	陈露	¥5,080.00	18
17	曾云儿	¥4,080.00	5
18	蔡小蓓	¥3,900.00	10
19	陈小旭	¥4,250.00	13
20			3
21			7
22			9
23			11
24			14
25			17
26			20
27			23

图 6-22　将所示有空行排到最后

	A	B	C
1	员工姓名	实发工资	原来序号
2	江雨薇	¥4,900.00	1
3	郝思嘉	¥4,020.00	2
4	林晓彤	¥4,580.00	4
5	曾云儿	¥4,080.00	5
6	邱月清	¥5,020.00	6
7	沈沉	¥3,900.00	8
8	蔡小蓓	¥3,900.00	10
9	尹南	¥5,020.00	12
10	陈小旭	¥4,250.00	13
11	薛婧	¥3,850.00	15
12	萧煜	¥4,080.00	16
13	陈露	¥5,080.00	18
14	杨清清	¥3,860.00	19
15	柳晓琳	¥5,350.00	21
16	杜媛媛	¥3,360.00	22
17	乔小麦	¥4,360.00	24
18	丁欣	¥4,350.00	25
19	赵震	¥4,850.00	26
20			
21			
22			
23			
24			
25			
26			
27			

图 6-23　删除所有空行并按辅助列排列

6.4 数据的筛选

当数据库表格制作好之后，有时还需要根据指定条件从众多数据中筛选特定记录。

图 6-24 所示为某市财税系统公开竞聘人员的报名信息表,对该表需要进行如下操作:

(1)找出报名人员中拥有研究生学历的人员基本信息。

(2)找出年龄在 30 以下,学历在本科以上的报名人员信息。

(3)找出一个姓"张"或者姓"章"的专业是计算机的,性别为男的人员信息。

(4)找出 2002 年到 2004 年之间从中央财大毕业的报名人员的信息。

	A	B	C	D	E	F	G	H	I	J
4	1	张建立	男	1982/09/08	本科	计算机	中南大学	2004	计算机	13307873213
5	2	赵晓娜	女	1980/09/19	博士	会计	厦门大学	2002	会计	13507973214
6	3	刘绪	女	1978/09/30	大专	财政	河南省财专	2000	财政	13708073215
7	4	张琪	女	1981/10/11	大专	会计	河南省商专	2003	会计	13908173216
8	5	郑锋	女	1982/10/22	大专	计算机	河南省电专	2004	计算机	13807873213
9	6	魏翠海	女	1980/11/02	博士	会计	人民大学	2002	会计	13707573210
10	7	李彦宾	男	1982/11/13	硕士	税务	东北财大	2004	税务	13607273207
11	8	申志刚	男	1982/11/24	硕士	财政	西南财大	2004	财政	13506973204
12	9	卞永辉	男	1976/12/05	本科	英语	北京二外	1998	英语	13406673201
13	10	付艳丽	女	1981/12/16	硕士	法律	中南政法	2003	法律	13306373198
14	11	马红丽	女	1981/12/30	硕士	统计	人民大学	2003	统计	13206073195
15	12	许宏伟	女	1982/01/13	硕士	英语	解放军外院	2004	英语	13105773192
16	13	孙英	女	1982/01/27	大专	会计	上海财大	2004	会计	13005473189
17	14	刘宝英	女	1982/02/10	本科	财政	中央财大	2004	财政	13507873213
18	15	王星	女	1982/02/24	博士	税务	中央财大	2004	税务	13507873221
19	16	邢鹏丽	女	1982/02/20	本科	会计	人民大学	2004	会计	13507873229
20	17	王利利	男	1981/03/03	本科	财政	东北财大	2003	财政	13507873237
21	18	丁一夫	男	1980/03/14	本科	会计	西南财大	2002	会计	13107873245
22	19	刘俊	男	1979/03/26	本科	计算机	河海大学	2001	计算机	13207873253
23	20	韩岩	男	1978/04/06	大专	会计	河南省财专	2000	会计	13607873261
24	21	洪峰	男	1977/04/17	大专	税务	河南省财专	1999	税务	13507873269
25	22	赵志杰	男	1980/04/26	大专	财政	河南省财专	2002	财政	13507873277
26	23	李晓梅	女	1981/01/07	大专	英语	河南省电专	2003	英语	13807873285
27	24	黄学胡	男	1981/09/20	本科	法律	省政法学院	2003	法律	13907873293
28	25	张民化	男	1982/06/03	硕士	统计	厦门大学	2004	统计	13307873301
29	26	黄学圣	男	1980/06/10	硕士	英语	北京外院	2002	英语	13107873309
30	27	王立	男	1982/06/21	博士	会计	西南财大	2004	会计	13007873317
31	28	张光立	男	1981/07/02	大专	财政	河南省商专	2003	财政	13507873325
32	29	徐民达	男	1980/07/13	大专	税务	省税务学院	2002	税务	13807873333
33	30	张哈	男	1981/07/24	本科	文秘	河南省电大	2003	文秘	13507873341

图 6-24 某市财税系统公开竞聘人员的报名信息表

以上所有问题通过 Excel 提供了两种筛选方法:"自动筛选"和"高级筛选",它们可以将那些符合条件的记录显示在工作表中,而将其他不满足条件的记录隐藏起来;或者将筛选出来的记录送到指定位置存放,而原数据表不动。

6.4.1 自动筛选的操作

利用自动筛选可以很方便地从人员报名信息表中筛选出具有研究生学历的报名人员信息。下面就以该问题为例,说明自动筛选的操作。操作步骤如下:

(1)将鼠标定位到需要筛选的数据库中任一单元格。

(2)执行"数据"→"排序和筛选"→"筛选"命令,使"筛选"项为选中状态,这时在每个字段名旁会出现筛选器的箭头。

(3)本例要求筛选出具有研究生学历的报名人员,也就是同时筛选出学历是"博士"和"硕士"的相关记录,为此需要单击"学历"字段名旁的筛选器箭头,从弹出的菜单中(见图 6-25)选择"文本筛选"→"等于",在出现的如图 6-26 所示的对话框中,按照图中样式设置本例的筛选条件。本例中当然也可以直接在图 6-25 中选择"博士"和"硕士"选项,同样可完成筛选设置。

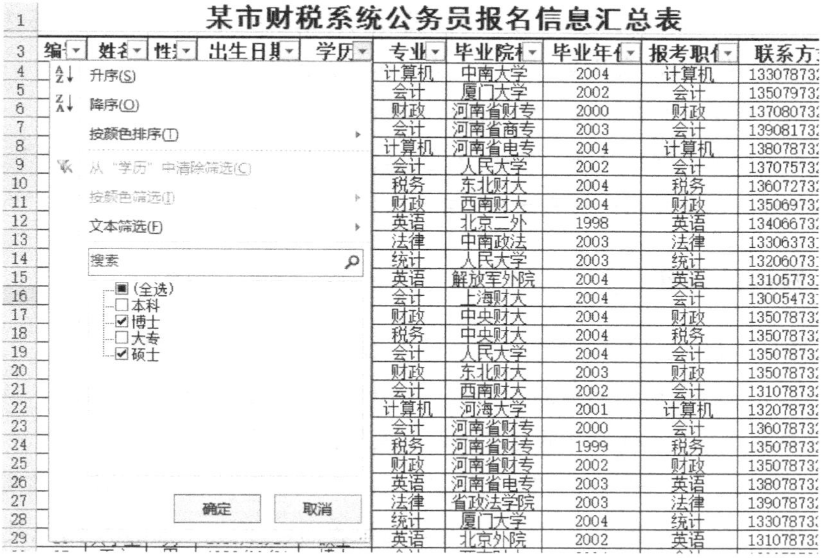

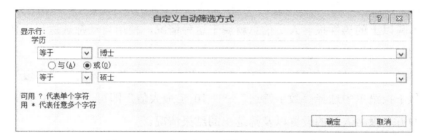

图 6-25　使用自动筛选器筛选记录

图 6-26　"自定义自动筛选方式"对话框

说明：在图6-26中，运算符除了图6-26所示运算外，还包括各种其他的数学关系运算符，以及"不等于""开头是""结尾是""包含""不包含"等字符关系运算。图中"或"表示两个条件中一个成立即可，而"与"要求两个同时成立。

（4）单击"确定"按钮，完成操作，筛选结果如图 6-27 所示。

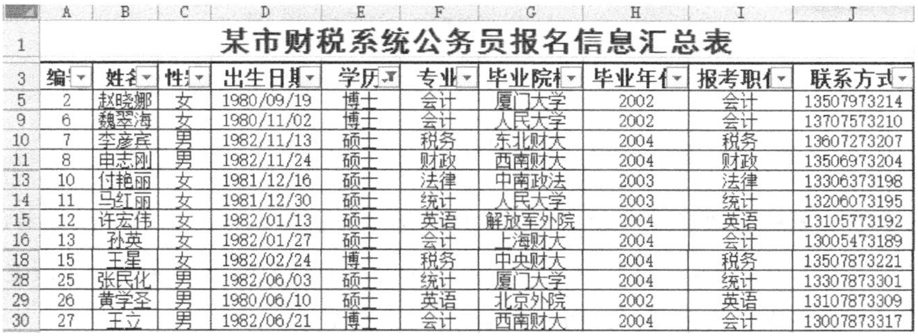

图 6-27　筛选出来的具有研究生学历的考生记录

说明：Excel的筛选只是把原数据清单中不符合条件的数据行隐藏起来，并不修改原表中的任何数据，数据筛选结果可以复制到其他地方，那些隐藏的记录不被复制。如果数据筛选不再需要时，还可通过取消数据筛选使数据表恢复为原样。其操作方法有以下几种：

（1）如要取消对某一列的筛选，单击该列的筛选器箭头。然后单击全部。

（2）如要取消对所有列的筛选，可选择"数据"→"排序和筛选"→"清除"按钮。

（3）如果撤销数据清单中的筛选箭头，可选择"数据"→"排序和筛选"→"筛选"按钮。

6.4.2 高级筛选的操作

从上面的讲解可以看到，自动筛选非常方便，通过它可以实现以下的操作：

（1）对某一字段筛选符合特定值的记录——单击需要筛选字段的筛选器箭头，从下拉菜单中直接选择某特定值即可，例如，筛选出报考会计职务人员就是这种类型。

（2）对同一字段进行"与"运算和"或运算"——单击需要筛选字段的筛选箭头，从下拉菜单中选择需要的项值，在如图 6-25 所示的对话框中进行设置即可，例如上面的例子，以及要筛选 2000～2003 年毕业的人员都是这种类型。

（3）对不同字段之间进行"与"运算——只要通过多次自动筛选即可。例如，要找出年龄在 30 以下，学历在本科以上的男性报名人员信息就属于这种情况，使用自动筛选进行操作时，要进行三次，按出生日期一次，按学历一次，按性别一次。

（4）可以筛选出最大/最小的若干个/若干百分比记录，只要单击需要筛选字段（数值字段）的筛选器箭头，从下拉菜单中选择"数字筛选"→"10 个最大值"即可，例如图 6-28 就是用来筛选毕业时间最早的五名报名人员的设置以及筛选出的结果情况。

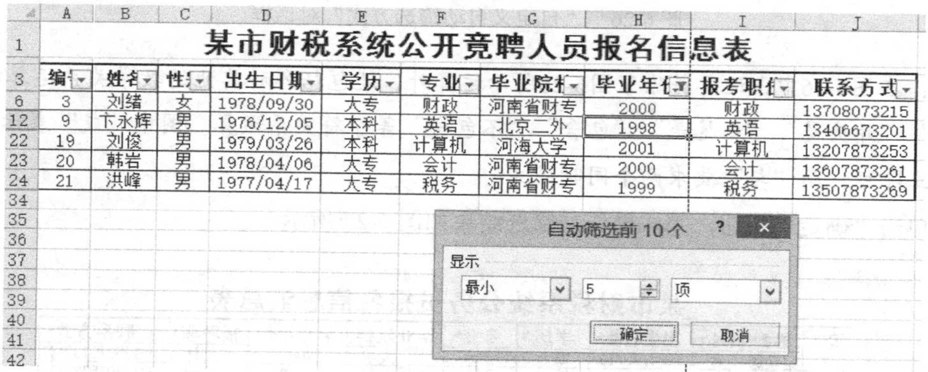

图 6-28 筛选毕业时间最早的五名人员的设置及其结果显示

但是，自动筛选无法实现多个字段之间的"或"运算。例如，如果想筛选出报考财政或税务职务的男硕士研究生的考生名单，"自动筛选"就无能为力；另外上面要实现多个字段之间也运算时，自动筛选要进行多次操作也很烦琐，这时就需要使用高级筛选。

需要说明的是：对于数据库表格，如果要进行高级筛选，必须首先设置筛选条件区域。为此，必须在该数据库表格上方留出若干空行，以便作为条件区域。另外，为了使读者更好地理解高级筛选，下面首先列出条件区域设置的主要实例，以及通过图示方式对它们的逻辑关系进行解释，如图

6-29 所示。

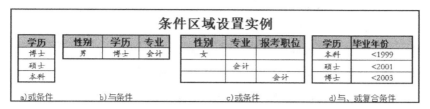

图 6-29　高级筛选条件区域设置实例及其图形化解释

　　假设负责会计岗位的一名负责同志对报考人员为女博士的情况，以及那些所学专业为"会计"或者报考职位为"会计"的人员比较感兴趣，现在需要帮助他查到这些记录。下面就以筛选出来满足这个条件的记录为例，说明高级筛选的使用方法，操作步骤如下：

　　（1）在"人员报名信息表"表格的上方插入几个空行，根据本例筛选的实际需要以及图 6-29 介绍的逻辑关系，建立高级筛选的条件区域，如图 6-30 中 A1:D4 区域所示。

图 6-30　设置高级筛选的"条件区域"

　　（2）单击"人员报名信息表"数据库表格中的任一单元格。

　　（3）单击"数据"→"排序与筛选"→"高级"，出现"高级筛选"对话框。

　　（4）如图 6-31 所示，在"方式"选项组中单击选中"将筛选结果复制到其他位置"单选按钮；在"列表区域"文本框中，软件自动输入要筛选的数据区域"$A$8:$J$38"，也就是整个数据清单区域；在"条件区域"文本框中，输入设置好的包括筛选条件的区域"$A$1:$D$4"（可直接在该文本框中输入区域引用，也可引用鼠标在工作表中选定条件区域）；在"复制到"文本框中输入时，首先将光标在其中定位，然后用鼠标在数据清单下方指定一个单元格，该单元格将作为放置筛选结果区域左上角的位置，筛选结果将在它的下方和右方进行排列，例如图6-31中选取了原数据清单下面的A41单元格。

图6-31　"高级筛选"对话框以及输入内容设置

（5）单击"确定"按钮，出现高级筛选结果，如图6-32下面的记录部分所示。

性别	学历	专业	报考职位
女	博士		
		会计	
			会计

某市财税系统公开竞聘人员报名信息表

编号	姓名	性别	出生日期	学历	专业	毕业院校	毕业年份	报考职位	联系方式
1	张建立	男	1982/09/08	本科	计算机	中南大学	2004	计算机	13307373213
2	赵珠跟	女	1980/09/19	博士	会计	厦门大学	2002	会计	13507373214
3	刘瑞	女	1978/09/30	大专	财政	河南省财专	2000	财政	13708073215
4	张跟	女	1981/10/11	大专	会计	河南省财专	2003	会计	13903173216
5	刘峰	男	1982/10/22	大专	计算机	河南省电专	2004	计算机	13807373213
6	魏翠海	女	1980/11/02	博士	会计	人民大学	2004	会计	13707373210
7	李爱英	女	1982/11/13	硕士	税务	东北财大	2004	税务	13607273207
8	李志刚	男	1982/11/24	硕士	财政	西南财大	2004	财政	13506972204
9	卞永停	男	1976/12/05	本科	英语	北京二外	1998	英语	13406673201
10	付祖丽	女	1981/12/16	硕士	法律	中南政法	2003	法律	13306373198
11	马红丽	女	1981/12/30	硕士	统计	人民大学	2004	统计	13206073195
12	许完停	女	1982/01/13	硕士	英语	赫放军外院	2004	英语	13105772192
13	孙茶	女	1982/01/27	硕士	会计	上海财大	2004	会计	13005473189
14	刘宝英	女	1982/02/10	本科	财政	中央财大	2004	财政	13507373213
15	王星	女	1982/02/24	硕士	税务	中央财大	2004	税务	13507373221
16	刑丽丽	女	1982/02/20	本科	会计	人民大学	2004	会计	13507373229
17	王利利	男	1981/03/03	本科	财政	东北财大	2003	财政	13507373237
18	丁一夫	男	1980/03/14	本科	会计	西南财大	2002	会计	13107373245
19	刘俊	男	1979/03/26	本科	计算机	河海大学	2001	计算机	13207373253
20	薛磊	男	1978/04/06	大专	会计	河南省财专	2000	会计	13607373261
21	洪峰	男	1977/04/17	大专	税务	河南省财专	1999	税务	13507373269
22	赵志杰	男	1980/04/26	大专	财政	河南省财专	2000	财政	13507373277
23	李跟海	女	1981/01/07	大专	英语	河南省电专	2003	英语	13907373285
24	黄学胡	男	1981/09/20	本科	法律	省武法学院	2003	法律	13907373293
25	张民化	男	1982/06/03	硕士	统计	厦门大学	2003	统计	13307373301
26	黄学呈	男	1980/06/10	硕士	英语	北京外院	2002	英语	13107373309
27	王立	男	1982/06/21	博士	会计	西南财大	2004	会计	13007373317
28	张光立	男	1981/07/02	大专	财政	河南省财专	2003	财政	13507373325
29	给民达	男	1982/07/03	大专	税务	省税务学院	2002	税务	13507373333
30	张峰	男	1981/07/24	本科	文秘	河南省电大	2003	文秘	13507373341

编号	姓名	性别	出生日期	学历	专业	毕业院校	毕业年份	报考职位	联系方式
2	赵珠跟	女	1980/09/19	博士	会计	厦门大学	2002	会计	13507373214
4	张跟	女	1981/10/11	大专	会计	河南省财专	2002	会计	13903173216
6	魏翠海	女	1980/11/02	博士	会计	人民大学	2004	会计	13707373210
13	孙茶	女	1982/01/27	硕士	会计	上海财大	2004	会计	13005473189
15	王星	女	1982/02/24	硕士	税务	中央财大	2004	税务	13507373221
16	刑丽丽	女	1982/02/20	本科	会计	人民大学	2004	会计	13507373229
18	丁一夫	男	1980/03/14	本科	会计	西南财大	2002	会计	13107373245
20	薛磊	男	1978/04/06	大专	会计	河南省财专	2000	会计	13607373261
27	王立	男	1982/06/21	博士	会计	西南财大	2004	会计	13007373317

图6-32　筛选出女博士以及专业为"会计"或报考职位为"会计"的人员信息

6.4.3　将公式结果用于高级筛选的条件区域

在高级筛选的条件区域中，可以将公式的计算结果作为条件使用。例如，找出成绩表中高于平均分的学生记录，找出工资表中高于或低于平均收入的职工档案，找出人员档案表中平均年龄超过10岁以上的人员信息等。此时，因为平均成绩、平均收入和平均年龄都不是一个常数条件，它们全部都是需要根据工作表计算的结果。

在 Excel 中，可以创建计算条件的条件区域，用计算条件进行高级筛选。计算条件是包括任何测试而不是一个简单的字段名同常量相比较的条件。下面通过一个实例进行说明。

如图 6-33 所示，A1:J11 区域是前面筛选出的女博士以及专业或报考职位为"会计"的人员，现在想以该数据表格为源数据，筛选出来记录中年龄高于平均年龄的人员记录。

	A	B	C	D	E	F	G	H	I	J
1				女博士以及专业为"会计"或报考职位为"会计"的人员						
2	编号	姓名	性别	出生日期	学历	专业	毕业院校	毕业年份	报考职位	联系方式
3	2	赵晓娜	女	1980/09/19	博士	会计	厦门大学	2002	会计	13507973214
4	4	张琪	女	1981/10/11	大专	会计	河南省商专	2003	会计	13908173216
5	6	魏翠海	女	1980/11/02	博士	会计	人民大学	2002	会计	13707573210
6	13	孙英	女	1982/01/27	硕士	会计	上海财大	2004	会计	13005473189
7	15	王星	女	1982/02/24	博士	税务	中央财大	2004	税务	13507873221
8	16	邢鹏丽	女	1982/02/20	本科	会计	人民大学	2004	会计	13507873229
9	18	丁一夫	男	1980/03/14	本科	会计	西南财大	2002	会计	13107873245
10	20	韩岩	男	1978/04/06	大专	会计	河南省财专	2000	会计	13607873261
11	27	王立	男	1982/06/21	博士	会计	西南财大	2004	会计	13007873317
12										
13		高于平均年龄的人员					平均年龄计算公式			
14		TRUE					32.22222222			
15										
16	编号	姓名	性别	出生日期	学历	专业	毕业院校	毕业年份	报考职位	联系方式
17	2	赵晓娜	女	1980/09/19	博士	会计	厦门大学	2002	会计	13507973214
18	6	魏翠海	女	1980/11/02	博士	会计	人民大学	2002	会计	13707573210
19	18	丁一夫	男	1980/03/14	本科	会计	西南财大	2002	会计	13107873245
20	20	韩岩	男	1978/04/06	大专	会计	河南省财专	2000	会计	13607873261
21										

图 6-33　将公式结果作为条件进行高级筛选

问题分析：仔细研究该问题，可以发现使用前面介绍过的几种筛选方式都不能完成任务，因为筛选的条件中有一个不确定因素——平均值。假如先计算出平均值，再用计算结果筛选，当然可以完成任务，但它较为机械，数据变化之后，这个筛选结果不再准确。是否可在筛选条件中包含一个平均值的计算公式呢？答案是肯定的，这就是所谓的计算条件。

在说明具体操作之前，先介绍使用计算条件时必须遵循的三条规则：

（1）计算条件中的列标可以是任何文本（但也最好是意义相关的）或都是空白，但不能与数据清单中的任一列标相同，这一点正好与前面讨论的条件区域设置相反。

（2）必须以绝对引用的方式引用数据清单或数据库中之外的单元格。

（3）必须以相对引用的方式引用数据清单或数据库中之内的单元格。

了解计算条件的规则之后，现在可以解决上面提出的问题了。具体操作步骤如下：

（1）在单元格 F14 中输入计算平均年龄的公式："=AVERAGE(YEAR(TODAY())-YEAR(D3:D11))"。

（2）按 Ctrl+Shift+Enter 组合键，完成数组公式的输入，从图 6-33 可以看出，该公式的计算结果是 27.222222。

（3）在 A13 中输入计算条件的名称，可以是任何文本，也可以什么都不输入，但不能与源数据清单中的任一字段名相同，不能是 A2:J2 中的任何文本。为了容易从字面上理解，本例中输入文本"高于平均年龄的人员"。

（4）在 A14 中输入计算条件公式"=（YEAR(TODAY())-YEAR(D3)）>$F$14"。

说明：A14中的公式非常重要，D3是数据清单之内的单元格，根据计算条件建立原则的第三条，它只能用相对引用的方式。F14中包含一个计算平均年龄的公式，它是源数据清单之外的单元格，根据计算条件建立原则的第二条，它只能采用绝对引用的方式。

计算条件建立好之后，可根据前面介绍的步骤进行高级筛选，如图6-34所示，在"高级筛选"对话框中将"列表区域"设置为$A$1:$J$11，"条件区域"设置为$A$13:$D$14，将筛选结果设置为"复制到"$A$16，最终得到的筛选结果显示在A16:J20区域，如图6-33所示。

说明： 图6-34的各个区域中进行单元格引用地址输入时，直接用鼠标单击相应地址区域或者单元格即可，其中的绝对引用形式对应的"$"符号是系统自动添加的。

图6-34 "高级筛选"
对话框的设置

6.4.4 高级筛选时的注意事项

使用高级筛选时，需要注意以下问题：

（1）高级筛选必须指定一个条件区域，它可以与数据库表格在一张工作表上，但是必须与数据库之间有空白行隔开；条件区域也可以与数据库表格不在一张工作表上，此时对数据区域要进行跨表格的引用。

（2）条件区域中的字段名必须与数据库中的完全一样，最好通过复制得到。

（3）如果"条件区域"与数据库表格在一张工作表上，在筛选之前最好把光标放置到数据库中某一单元格上，这样数据区域就会自动填上数据库所在位置，省去再次鼠标选择或者重新输入的麻烦。当二者不在一张工作表，并且想让筛选结果送到条件区域所在工作表中时，鼠标必须先在条件区域所在工作表定位，因为筛选结果只能送到活动工作表。

（4）执行"将筛选结果复制到其他位置"时，在"复制到"文本框中输入或选取将来要放置位置的左上角单元格即可，不要指定某区域（因为事先无法确定筛选结果）。

（5）根据需要，条件区域可以定义多个条件，以便用来筛选符合多个条件的记录。这些条件可以输入条件区域的同一行上，也可以输入不同行上。但是必须记住：两个字段名下面的同一行中的各个条件之间为"与"的关系，也就是必须同时成立才算符合条件；两个字段下面的不同行中的各个条件之间为"或"的关系，也就是只有一个成立就算符合条件。

（6）在将公式结果作为条件进行高级筛选时，用作条件的公式必须使用相对引用来引用列标，或者引用第一个记录的对应字段（如"销售员"）；公式中的所有其他引用都必须是绝对引用，并且公式必须是能计算出 TRUE 或 FALSE 之类结果的逻辑或关系表达式。

（7）在自动筛选和高级筛选中，如果对于查找某个字段的指定内容不太清楚，或者需要查找含有相近但并不完全相同的文本对应记录时，在条件区域中都可以使用通配符"*"和"？"。它们的意义分别是："*"代表任意多个符号，"？"代表一个任意符号。

例如，对于本节开始的"人员报名信息表"，如果想查找姓"王"的女研究生的情况，可以按照图6-35 上面 A1:B2 区域的样式，利用通配符设置条件区域，图6-35 下面部分就是筛选出来的结果，注意本例的条件区域与原来的数据库表格没有在一张工作表上。

	A	B	C	D	E	F	G	H	I	J
1	姓名	学历								
2	王*	?士								
3										
4	编号	姓名	性别	出生日期	学历	专业	毕业院校	毕业年份	报考职位	联系方式
5	27	王立	男	1976/06/21	博士	会计	西南财大	2004	会计	13007873317
6	13	王孙英	女	1981/01/27	硕士	会计	上海财大	2004	会计	13005473189
7	15	王星	女	1976/02/24	博士	税务	中央财大	2004	税务	13507873221
8	8	王志刚	男	1980/11/24	硕士	财政	西南财大	2004	财政	13506973204

图 6-35 在条件区域使用"通配符"进行高级筛选的结果

习题六

1. Excel 中数据排序有哪两种方式? 汉字排序的规则有哪些?

2. 在 Excel 中, 如何实现对会议代表名单数据库表格按照代表的姓氏笔画排序?

3. Excel 的筛选方式有哪几种? 自动筛选具有什么作用?

4. 进行高级筛选时, 需要注意什么问题?

5. 如何将公式结果用于高级筛选的条件区域?

6. 上机自行将本章的所有实例操作一遍。

7. 习题图 6-1 所示为某公司销售业务人员档案表, 请按以下要求完成上机操作。

	A	B	C	D	E	F	G	H	I
1	性别	销售区域	出生日期		销售区域	工龄	学历		学历
2	男	东北区			西北区	>5	本科		本科
3			>1981-01-01		华*	<6	大专		大专
4			<1970-12-31						
5									
6				某公司销售业务人员档案表					
8	编号	姓名	性别	销售区域	出生日期	工龄	学历	累计销售业绩	目前业绩排名
9	YW01	张建立	男	东北区	1978/09/08	6	本科	¥ 496,129.00	
10	YW02	赵晓娜	女	西北区	1981/10/04	10	高中	¥ 312,597.00	
11	YW03	刘绪	女	西北区	1979/09/30	6	大专	¥ 265,145.00	
12	YW04	张琪	女	华南区	1977/09/25	4	大专	¥ 458,567.00	
13	YW05	魏翠海	女	华东区	1973/09/16	3	高中	¥ 185,970.00	
14	YW06	王志刚	男	西南区	1979/01/18	8	中专	¥ 364,960.00	
15	YW07	卞永辉	男	西南区	1979/03/25	9	本科	¥ 274,330.00	
16	YW08	马红丽	女	西南区	1969/09/07	7	中专	¥ 450,159.00	
17	YW09	刘宝英	女	西北区	1963/08/25	8	本科	¥ 109,817.00	
18	YW10	王星	女	西北区	1961/08/20	3	高中	¥ 471,415.00	
19	YW11	邢鹏丽	女	西北区	1959/08/16	2	本科	¥ 227,267.00	
20	YW12	王利利	男	华南区	1979/05/30	11	本科	¥ 264,045.00	
21	YW13	丁一夫	男	华南区	1979/08/04	6	本科	¥ 439,356.00	
22	YW14	洪峰	男	华南区	1980/02/18	2	大专	¥ 259,850.00	
23	YW15	赵志杰	男	华南区	1980/04/24	9	大专	¥ 160,787.00	
24	YW16	李晓梅	女	华中区	1957/08/11	10	大专	¥ 151,984.00	
25	YW17	黄学胡	男	华中区	1980/06/29	11	本科	¥ 431,166.00	
26	YW18	张民化	男	华中区	1980/09/03	9	中专	¥ 91,092.00	
27	YW19	王立	男	华北区	1981/01/13	4	高中	¥ 311,251.00	
28	YW20	张光立	男	华北区	1981/03/20	11	大专	¥ 458,834.00	
29									
30	倒数后十名的累计销售业绩合计								
31	累计销售业绩前三名的总累计业绩								

习题图 6-1

(1) 自己建立该档案表, 要求: 其中的"标号"用自定义格式"YW00"生成,"性别""销售区域"和"学历"用下拉列表方式选择输入,"出生日期"设置为"yyyy-mm-dd"格式,"工龄"和

"累计销售业绩"先通过使用 ROUND 函数和 RAND 函数构造的公式随机所产生，然后将结果变成数值形式。

（2）以"累计销售业绩"为第一关键字，"工龄"为第二关键字，均按降序方式进行排序，将排序结果显示在另一个数据区域中。

（3）筛选出"累计销售业绩"高于 40 万元的业务人员档案数据。

（4）找出姓"王"的业务人员的档案数据。

（5）找出 1978 年 1 月 1 日以后出生的男性业务人员中"累计销售业绩"高于 38 万元的员工档案。

（6）回答图中上方 3 个条件区域所表示的具体含义。

（7）利用 RANK 函数对所有业务人员的"累计销售业绩"进行排位，结果输入到图中 I 列区域中。

（8）根据题目中的文字提示，在 E30 和 E31 中输入公式，求出对应的结果。

（9）筛选出"西北区"和"东北区"中累计销售业绩高于平均值，并且出生日期在 1980 年 1 月 1 日之后人员的基本信息。

（10）筛选出"累计销售业绩"高于所有业务人员累计业绩平均值，并且出生日期在 1980 年 1 月 1 日之后的人员的基本信息，并将结果显示到另一个工作表中。

本章知识点

- 利用SUMIF或组合SUM和IF条件汇总
- 利用SUMPRODUCT实现多条件汇总
- 利用DSUM函数进行数据库表格汇总
- 数据库表格的分类汇总操作
- 一些特定情形下的分类汇总操作
- 利用SUMIF函数进行多工作表数据合并
- 按位置和按分类进行两种合并计算
- 数据透视表的建立、编辑与显示设置
- 数据透视图和数据透视表的制作方法

7.1 利用相关函数进行数据汇总

在 Excel2010 中进行数据处理时，数据汇总是最常用的操作之一。通过 SUM 函数对数据进行无条件汇总是读者最好理解的一种方法，这在前面的章节中已经作过介绍。但是，仅仅是掌握一个 SUM 函数，在实际操作中对数据汇总时还远远不够。在本节中，我们将介绍其他几种用来进行满足一定条件的数据汇总的方式，具体包括：SUMIF 函数、SUM 函数与 IF 函数的组合应用、SUMPRODUCT 函数和 DSUM 函数。它们各有相应的应用场合，读者应该灵活地学习和使用。

7.1.1 利用SUMIF函数实现单条件汇总

SUMIF 函数的功能：根据指定条件对若干单元格求和。语法格式如下：

SUMIF（条件判断区域，条件，求和区域）

SUMIF 函数一共有 3 个参数，其中第二个参数"条件"的形式可以是数字、表达式或者文本。例如条件可以表达为："45，""">20""计算机"（注意：是英文的引号）等。

例 7-1　使用 SUMIF 函数对图 7-1 所示的数据进行汇总。

在图 7-2 中，左边 A1 到 G17 是该公司产品的销售记录，右边 J3 是根据 SUMIF 函数汇总出的玫瑰香水总金额计算，J7:J12 是根据 SUMIF 函数汇总出每一个销售员的销售额汇总。

操作步骤如下：

（1）按照图 7-1 所示的格式设计表格，并输入相关数据和文字。

I17 fx

	A	B	C	D	E	F	G
1	**美容美发有限责任公司						
2	编号	产品名称	数 量	单 位	单 价	金 额	销售员
3	JM002	本草洗面皂	35	支	10	350	赵国伟
4	JM003	清扬洗面奶	31	支	16	496	唐丽丽
5	JM001	本草洗面奶	28	支	18	504	张莹莹
6	XS001	玫瑰香水	26	瓶	48	1248	唐丽丽
7	XS005	艾依香水	25	瓶	36	900	陈文红
8	XS006	艾依香水	22	瓶	52	1144	张莹莹
9	XS008	艾依香水	21	瓶	88	1848	唐丽丽
10	XS012	华罗香水	19	瓶	90	1710	陈文红
11	XS007	艾依香水	18	瓶	68	1224	赵国伟
12	XS002	玫瑰香水	17	瓶	68	1156	杨家明
13	XS004	玫瑰香水	16	瓶	98	1568	杨家明
14	XS011	华罗香水	14	瓶	78	1092	赵国伟
15	XS009	华罗香水	12	瓶	42	504	张莹莹
16	XS003	玫瑰香水	9	瓶	88	792	赵国伟
17	XS010	华罗香水	8	瓶	60	480	杨家明
18							

图 7-1　某公司产品的销售记录

（2）在 I3 中输入“玫瑰香水的总金额”。在 J3 中输入公式“=SUMIF（B3:B17,"玫瑰香水",F3:F17）”，求玫瑰香水总金额。

（3）如图 7-2 所示，在 I6:I12 中输入相应的文本内容，在 J6 中输入“金额”。在 J7 中输入公式“=SUMIF($G$3:$G$17,I7,$F$3:$F$17)”，求出“赵国伟”的总销售金额。

J7 fx =SUMIF($G$3:$G$17,I7,$F$3:$F$17)

	A	B	C	D	E	F	G	H	I	J
1	**美容美发有限责任公司									
2	编号	产品名称	数 量	单 位	单 价	金 额	销售员			
3	JM002	本草洗面皂	35	支	10	350	赵国伟		玫瑰香水的总金额	4764
4	JM003	清扬洗面奶	31	支	16	496	唐丽丽			
5	JM001	本草洗面奶	28	支	18	504	张莹莹			
6	XS001	玫瑰香水	26	瓶	48	1248	唐丽丽		人员	金额
7	XS005	艾依香水	25	瓶	36	900	陈文红		赵国伟	3458
8	XS006	艾依香水	22	瓶	52	1144	张莹莹		唐丽丽	3592
9	XS008	艾依香水	21	瓶	88	1848	唐丽丽		张莹莹	2152
10	XS012	华罗香水	19	瓶	90	1710	陈文红		陈文红	2610
11	XS007	艾依香水	18	瓶	68	1224	赵国伟		张莹莹	2152
12	XS002	玫瑰香水	17	瓶	68	1156	杨家明		杨家明	3204
13	XS004	玫瑰香水	16	瓶	98	1568	杨家明			
14	XS011	华罗香水	14	瓶	78	1092	赵国伟			
15	XS009	华罗香水	12	瓶	42	504	张莹莹			
16	XS003	玫瑰香水	9	瓶	88	792	赵国伟			
17	XS010	华罗香水	8	瓶	60	480	杨家明			
18										

图 7-2　利用 SUMIF 函数实现单条件汇总

（4）选定 J7，向下拖动复制一直到 J12，求出所有人员的个人销售金额。

说明：

（1）在上面求H2的公式中，直接使用文本作为条件，一定注意不要漏掉外面的英文引号。

（2）在求J7的公式中，条件区域和汇总区域都使用了绝对引用；而条件设置成对单元格I7的相对引用，这些都是为了保证可以向下复制J7的公式。

7.1.2　SUM函数和IF函数联合实现多条件汇总

SUMIF 函数只能根据一个条件进行求和，如果要实现对两个以上的条件求和，可以通过联合使用 SUM 函数和 IF 函数来实现。

例 7-2 图 7-2 所示为某公司产品的销售记录，现在如果需要统计汇总出：

（1）2012 年 3 月下旬的销售额；

（2）2012 年 3 月中旬或 4 月份以后的销售额。

分析后，发现以上两种数据汇总中都包含两个条件，所以单纯应用 SUMIF 函数已经无法解决，下面介绍通过联合使用 SUM 函数和 IF 函数来解决这个问题。操作步骤如下：

（1）按照图 7-3 所示的格式设计表格，并输入相关数据和文字。

	A	B	C	D	E	F
1	**美容美发有限责任公司					
2	序号	销售日期	产品名称	销售员	金 额	
3	1	2012-3-18	本草洗面皂	赵国伟	350	
4	1	2012-3-20	清扬洗面奶	唐丽丽	496	
5	1	2012-3-22	本草洗面奶	张莹莹	504	
6	1	2012-3-24	玫瑰香水	唐丽丽	1248	
7	1	2012-3-27	艾依香水	陈文红	900	
8	1	2012-3-30	艾依香水	张莹莹	1144	
9	1	2012-4-2	艾依香水	唐丽丽	1848	
10	1	2012-4-5	华罗香水	陈文红	1710	
11	1	2012-4-8	艾依香水	赵国伟	1224	
12	1	2012-4-11	玫瑰香水	杨家明	1156	
13	1	2012-4-14	玫瑰香水	杨家明	1568	
14	1	2012-4-17	华罗香水	赵国伟	1092	
15	1	2012-4-20	华罗香水	张莹莹	504	
16	1	2012-4-23	玫瑰香水	赵国伟	792	
17	1	2012-4-26	华罗香水	杨家明	480	
18						
19	2012年3月下旬的销售额				3796	
20	2012年3月中旬或4月份以后的销售额				11220	
21						

图 7-3　SUM 函数和 IF 函数联合实现多条件汇总

（2）将光标定位到 E19 单元格，先输入公式：

“=SUM(IF((B3:B17>=DATEVALUE("2012-3-21"))*(B3:B17<=DATEVALUE("2012-3-31")),E3:E17))”

然后按 Ctrl+Shift+Enter 组合键，构造数组公式，最后求出 2012 年 3 月下旬的销售额。

（3）将光标定位到 E20 单元格，先输入如下公式：

“=SUM(IF((B3:B17<=DATEVALUE("2012-3-20"))+(B3:B17>=DATEVALUE("2012-4-1")),E3:E17))”

然后按 Ctrl+Shift+Enter 组合键，构造数组公式，最后求出 2012 年 3 月中旬或 4 月份以后的销售额。

说明：

（1）在上面应用的两个公式中，IF函数都包含两个参数，它们之间用“*”连接的表示两个条件之间是“与”关系，也就是两个条件必须同时满足才能进行求和；用“+”连接的表示两个条件之间是“或”关系，也就是两个条件只要满足其中的一个就可以进行求和。“*”和“+”的选取要根据实际需要而定。

（2）在上述两个公式中，使用了日期函数DATEVALUE。DATEVALUE的功能是将以文本表示的日期转换为一个序列号数字，方便公式中的逻辑比较。

（3）联合使用SUM函数和IF函数进行多条件求和时，公式必须按照数组公式输入，所以在公式输入完成后不要忘记按Ctrl+Shift+Enter组合键，否则将返回错误值“#VALUE!”。

7.1.3　利用SUMPRODUCT函数实现多条件汇总

SUMPRODUCT 函数的功能是计算几个数组之间对应元素乘积之和，其语法格式为：

SUMPRODUCT（数组 1，数组 2，数组 3，…）

该函数的数组参数个数不定，使用时一定要注意各个数组的维数必须相同，否则 SUMPRODUCT 函数将返回错误值“#VALUE!”。另外，SUMPRODUCT 在进行乘积运算时，对于某些数组中出现的那些非数值型的数组元素将作为 0 处理。

例 7-3 图 7-4 中给出了不同商品的采购数量、单价和折扣，求采购总金额。

操作步骤：在 C18 单元格中输入公式："=SUMPRODUCT(C2:C16,E2:E16,1-F2:F16)"，按 Enter 键即可。

说明：

SUMPRODUCT函数除了能够计算几个数组之间对应元素的乘积之和外，还可以用来进行多条件求和，它比联合使用SUM函数和IF函数还要简单一些。例如，上一节例7-2中第一个问题

	A	B	C	D	E	F
1	编号	产品名称	采购数量	单 位	单 价	折扣
2	JM002	本草洗面皂	35	支	$10.00	1%
3	JM003	清扬洗面奶	31	支	$16.00	2%
4	JM001	本草洗面奶	28	支	$18.00	3%
5	XS001	玫瑰香水	26	瓶	$48.00	2%
6	XS005	艾依香水	25	瓶	$36.00	3%
7	XS006	艾依香水	22	瓶	$52.00	5%
8	XS008	艾依香水	21	瓶	$88.00	2%
9	XS012	华罗香水	19	瓶	$90.00	1%
10	XS007	艾依香水	18	瓶	$68.00	2%
11	XS002	玫瑰香水	17	瓶	$68.00	3%
12	XS004	玫瑰香水	16	瓶	$98.00	2%
13	XS011	华罗香水	14	瓶	$78.00	1%
14	XS009	华罗香水	12	瓶	$42.00	2%
15	XS003	玫瑰香水	9	瓶	$88.00	5%
16	XS010	华罗香水	8	瓶	$60.00	2%
17						
18	采购总金额			$14,663.52		

图 7-4 使用 SUMPRODUCT 函数计算销售总额

2012年3月下旬的销售额的计算中，可以在E19单元格中先输入以下公式：

"=SUMPRODUCT((B3:B17>=DATEVALUE("2012-3-21"))*(B3:B17<=DATEVALUE("2012-3-31")),E3:E17)"

最后再按 Ctrl+Shift+Enter 组合键来实现。

7.1.4 利用DSUM函数进行数据库表格多条件汇总

在 Excel 2010 中为数据处理提供了 12 个数据库函数，这些函数都是以 D 开头，也称为 D 函数。其中，DSUM 函数的功能就是对数据库表格进行多条件汇总。其语法格式如下：

DSUM(database,field,criteria)

其中：database 为构成数据库的单元格区域；field 是 database 区域中某列数据的列标题，它可以是文本，即两端带引号的标志项（如"数量""单价"等），也可以是代表数列中数据列位置的数字：1 表示第一列，2 表示第二列……；criteria 称为条件区域，它与高级筛选的条件区域的含义一样，关于其构造方法，请读者查看本书中高级筛选的相关介绍。

对 DSUM 函数的完全理解就是：按照 criteria（条件区域）的条件，从 database（数据库区域）中查找数据，将找到满足条件的记录中对应 field（字段名）的内容汇总，作为结果。

例 7-4 图 7-5 所示为某公司的产品销售记录清单，现在要求进行如下操作：

（1）汇总东北区在 3 月份的销售额。

（2）汇总东北区和西南区在 4 月份的销售额。

（3）计算西南区的杨家明对 XS001 的总销售额。

我们可用 DSUM 函数来解决该问题。步骤如下：

（1）按照如图 7-6 所示的格式设置表格，并输入相关文字，进行表格格式设计。

（2）为前面提到的第一个问题设置条件区域。如图 7-6 所示，在 I4、J4、K4 单元格中分别输入"销售区域""销售日期""销售日期"，在 I5、J5、K5 单元格中分别输入"东北区"">=2012-3-1"和"<2012-4-1"。

销售日期	销售区域	销售员	编号	数 量	单 价	销售额
2012/3/18	东北区	赵国伟	JM002	35	¥10.00	¥350.00
2012/3/20	东北区	唐丽丽	JM003	31	¥16.00	¥496.00
2012/3/22	华南区	张莹莹	JM001	28	¥18.00	¥504.00
2012/3/24	西南区	杨家明	XS001	26	¥48.00	¥1,248.00
2012/3/27	华南区	陈文红	XS005	25	¥36.00	¥900.00
2012/3/30	东北区	赵国伟	XS006	22	¥52.00	¥1,144.00
2012/4/2	西南区	杨家明	XS008	21	¥88.00	¥1,848.00
2012/4/5	东北区	赵国伟	XS012	19	¥90.00	¥1,710.00
2012/4/8	华南区	陈文红	XS007	18	¥68.00	¥1,224.00
2012/4/11	西南区	杨家明	XS001	17	¥68.00	¥1,156.00
2012/4/14	东北区	赵国伟	XS004	16	¥98.00	¥1,568.00
2012/4/17	华南区	陈文红	XS011	14	¥78.00	¥1,092.00
2012/4/20	西南区	杨家明	XS009	12	¥42.00	¥504.00
2012/4/23	东北区	唐丽丽	XS003	9	¥88.00	¥792.00
2012/4/26	西南区	杨家明	XS001	8	¥60.00	¥480.00

图 7-5　某公司销售记录数据清单

说明：根据要求，第一个问题需要设置3个条件，一个是"销售区域"条件——"东北区"，两个用来确定3月份日期区间的"销售日期"条件——">=2012-3-1"和"<2012-4-1"。后面两个条件的交集正好就是3月份日期区间应该满足的条件。

（3）将光标放到 J6 单元格，输入公式"=DSUM（A1:G16,"销售额",I4:K5）"，即可汇总求出东北区在 3 月份的销售额。

（4）按照与上面类似的方法解决第二个问题，注意该步骤的条件区域包括三行，因为本问题中汇总的数据之间存在"或"的关系，所以条件要输入不同的行中。本问题中，J14 单元格的输入公式为"=DSUM（A1:G16,"销售额",I11:K13）"。

（5）再按照与上面类似的方法解决第三个问题，注意该步骤的条件区域包括三列两行，每列各有一个与其他不同的列标志。因为本问题中汇总的条件共有 3 个不同列标题确定的 3 个条件，而这些数据之间存在着"与"的关系，所以 3 个条件要输入同一行中。本问题中，J20 单元格输入的公式为"=DSUM（A1:G16,"销售额",I18:K19）"。

以上所有操作完成后，得到如图 7-6 所示的最终结果。

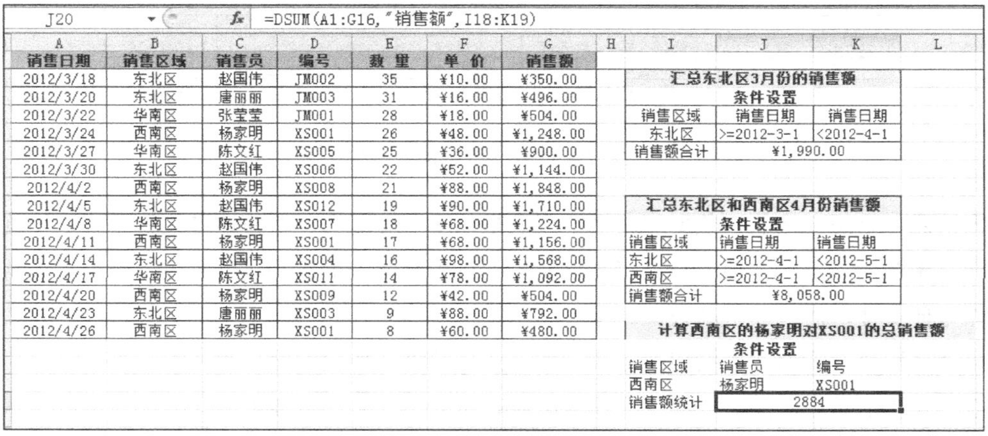

图 7-6　利用 DSUM 函数进行多条件数据汇总

7.2 数据库表格的分类汇总

根据数据处理要求,经常要按照某些指定列的取值对数据库格式表格进行汇总计算。为此,Excel 2010 提供了"分类汇总"功能,它通过"数据"标签下面"分级显示"区域中的"分类汇总"命令来实现。

7.2.1 分类汇总的基本知识

分类汇总是在 Excel 数据库表格或者数据清单中快捷地汇总数据的方法,通过分级显示和分类汇总,可以从大量的数据信息中按照某些特殊的需要提出有用的信息。

图 7-7 所示为某电子产品公司 2012 年 1 月份的销售流水账(为操作简便,此处只是保留了部分数据,实际数据要多得多)。到了月底,公司领导想要得到如下信息:

(1)每一个销售员的销售总额以及销售总额最高的销售员的姓名。

(2)每一个客户的月份总购买金额以及各个客户主要倾向于购买哪些产品。

(3)每一类电子产品的总销售情况,以及在总销售额中占的比例。

(4)本月哪个时间段销售情况最好。

A 序号	B 销售日期	C 客户名称	D 销售员	E 产品名称规格	F 数量	G 单价	H 合计金额
1	2012/1/2	润和公司	赵国伟	耳机G12	4	¥120.00	¥480.00
2	2012/1/2	润和公司	赵国伟	音响G12	4	¥230.00	¥920.00
3	2012/1/3	润和公司	赵国伟	U盘2T	4	¥180.00	¥720.00
4	2012/1/3	华光公司	赵国伟	鼠标TB-123	7	¥70.00	¥490.00
5	2012/1/3	华光公司	赵国伟	音响G12	7	¥230.00	¥1,610.00
6	2012/1/5	华光公司	赵国伟	U盘2T	7	¥180.00	¥1,260.00
7	2012/1/5	华光公司	杨家明	鼠标TB-123	8	¥70.00	¥560.00
8	2012/1/5	华光公司	杨家明	耳机G12	6	¥120.00	¥720.00
9	2012/1/5	永泰公司	陈文红	音响G12	5	¥230.00	¥1,150.00
10	2012/1/8	永泰公司	杨家明	U盘2T	5	¥180.00	¥900.00
11	2012/1/8	永泰公司	陈文红	鼠标TB-123	6	¥70.00	¥420.00
12	2012/1/10	紫域公司	陈文红	鼠标TB-123	3	¥70.00	¥210.00
13	2012/1/11	紫域公司	陈文红	音响G12	4	¥230.00	¥920.00
14	2012/1/12	紫域公司	赵国伟	U盘2T	3	¥180.00	¥540.00
15	2012/1/13	紫域公司	赵国伟	耳机G12	2	¥120.00	¥240.00
16	2012/1/14	润和公司	杨家明	音响G12	2	¥230.00	¥460.00
17	2012/1/15	润和公司	赵国伟	U盘2T	1	¥180.00	¥180.00

图 7-7 需要进行数据汇总的原数据库表格

以上信息如果想直接从该数据库表格中获取是几乎不可能的,即使通过设置公式进行统计和计算也是非常困难的。但是,使用分类汇总功能,则只需要单击鼠标,就可以很快得出上述需求的结果,操作方便快捷,而且非常高效。

使用分类汇总,能够在数据库适当位置加上统计结果,使数据库变得清晰易懂。

总之,分类汇总为汇总数据提供了非常灵活有用的方式,它主要可以实现以下功能:

(1)在数据库表格上显示一组数据的分类汇总及全体总和。

（2）在数据库表格上显示多组数据的分类汇总及全体总和。

（3）在分组数据上完成不同的计算，如求和、统计个数、求平均数、求最大（最小）值、求总体方差等。

7.2.2 分类汇总的建立

对于上面的实例，数据汇总可按销售员进行，也可以按照产品名称规格进行，还可以按照需要的其他字段进行。在执行分类汇总命令之前，首先应该对数据库进行排序，将数据库中关键字相同的一些记录集中到一起。当对数据库排序之后，就可以对数据库进行数据分类汇总了。

下面就以图 7-7 中按照产品名称规格分类汇总为例，说明分类汇总的操作步骤：

（1）对需要分类汇总的字段进行排序（这一点非常关键），从而使相同的记录集中显示。本例将光标定位到"产品名称规格"列中某一单元格，然后运行"开始"标签下"编辑"工具栏区域"排序和筛选"按钮，选择"升序"或"降序"即可。

（2）选定数据库中任意一个单元格。

（3）运行"数据"标签下"分类汇总"命令，出现如图 7-8 所示的"分类汇总"对话框。

（4）单击"分类字段"下拉按钮，选择"产品名称规格"字段作为分类汇总的字段。

（5）在"汇总方式"下拉列表中选择需要的统计函数。分类汇总可以支持求和、平均数、最大、最小、计数、乘积等共计 11 种函数。根据数据需要，本例选择"求和"。

（6）在"选定汇总项"列表中，选中需要对其汇总计算的字段前面的复选框。本例中选中"合计金额"复选框即可。

图 7-8 "分类汇总"对话框

（7）选择汇总数据的保存方式，从图 7-8 可以看出，有以下三种方式可选：

- 替换当前分类汇总。选择这种方式时，新的分类汇总会取代以前旧的分类汇总。

- 每组数据分页。选择这种方式时，原数据下方会显示汇总计算的结果。

- 汇总结果显示在数据下方。选择这种方式时，原数据下方会显示汇总计算的结果。

上述 3 种方式可同时选中，Excel 默认的选择是自动选中第 1 项和第 3 项。

（8）单击"确定"按钮，可以得到分类汇总结果，如图 7-9 所示。

从图 7-9 可以看出，在显示分类汇总结果的同时，分类汇总的左侧自动显示一些分级显示按钮。其中：单击左侧的"＋"形状按钮和"—"形状按钮可以分别展开和隐藏细节数据；"1""2""3"形状按钮表示数据的层次，"1"只显示总计数据，"2"显示分类数据以及汇总结果，"3"显示所有明细数据；形状为级别条，用来指示属于某一级别的细节行或列的范围。图 7-10 所示就是单击"2"之后的效果。

H23 =SUBTOTAL(9,H2:H21)

	A	B	C	D	E	F	G	H
1	序号	销售日期	客户名称	销售员	产品名称规格	数量	单价	合计金额
2	3	2012/1/3	润和公司	赵国伟	U盘2T	4	¥180.00	¥720.00
3	6	2012/1/5	华光公司	赵国伟	U盘2T	7	¥180.00	¥1,260.00
4	10	2012/1/8	永泰公司	杨家明	U盘2T	5	¥180.00	¥900.00
5	14	2012/1/12	紫域公司	赵国伟	U盘2T	3	¥180.00	¥540.00
6	17	2012/1/15	润和公司	赵国伟	U盘2T	1	¥180.00	¥180.00
7					U盘2T 汇总			¥3,600.00
8	1	2012/1/2	润和公司	赵国伟	耳机G12	4	¥120.00	¥480.00
9	8	2012/1/5	华光公司	杨家明	耳机G12	6	¥120.00	¥720.00
10	15	2012/1/13	紫域公司	赵国伟	耳机G12	2	¥120.00	¥240.00
11					耳机G12 汇总			¥1,440.00
12	4	2012/1/3	华光公司	赵国伟	鼠标TB-123	7	¥70.00	¥490.00
13	7	2012/1/5	华光公司	杨家明	鼠标TB-123	8	¥70.00	¥560.00
14	11	2012/1/9	永泰公司	陈文红	鼠标TB-123	6	¥70.00	¥420.00
15	12	2012/1/10	紫域公司	陈文红	鼠标TB-123	3	¥70.00	¥210.00
16					鼠标TB-123 汇总			¥1,680.00
17	2	2012/1/2	润和公司	赵国伟	音响G12	4	¥230.00	¥920.00
18	5	2012/1/3	华光公司	赵国伟	音响G12	7	¥230.00	¥1,610.00
19	9	2012/1/5	永泰公司	陈文红	音响G12	5	¥230.00	¥1,150.00
20	13	2012/1/11	紫域公司	陈文红	音响G12	4	¥230.00	¥920.00
21	16	2012/1/14	润和公司	杨家明	音响G12	2	¥230.00	¥460.00
22					音响G12 汇总			¥5,060.00
23					总计			¥11,780.00
24								

图 7-9 按产品名称规格分类汇总后的结果显示

	A	B	C	D	E	F	G	H
1	序号	销售日期	客户名称	销售员	产品名称规格	数量	单价	合计金额
7					U盘2T 汇总			¥3,600.00
11					耳机G12 汇总			¥1,440.00
16					鼠标TB-123 汇总			¥1,680.00
22					音响G12 汇总			¥5,060.00
23					总计			¥11,780.00
24								

图 7-10 分类汇总表显示到第 2 级别

说明：

（1）分类汇总的效果可以清除，操作时，先打开如图7-8所示的对话框，然后单击“全部删除”按钮即可。

（2）为了保险起见，在分类汇总之前最好先进行数据库备份。

（3）在进行分类汇总之前，按照需要分类的字段进行排序非常重要，否则相同项目将无法在分类汇总的结果中计算到一起，其效果将如图7-11所示。

	A	B	C	D	E	F	G	H
4	2	2012/1/2	润和公司	赵国伟	音响G12	4	¥230.00	¥920.00
5					音响G12 汇总			¥920.00
6	3	2012/1/3	润和公司	赵国伟	U盘2T	4	¥180.00	¥720.00
7					U盘2T 汇总			¥720.00
8	4	2012/1/3	华光公司	赵国伟	鼠标TB-123	7	¥70.00	¥490.00
9					鼠标TB-123 汇总			¥490.00
10	5	2012/1/3	华光公司	赵国伟	音响G12	7	¥230.00	¥1,610.00
11					音响G12 汇总			¥1,610.00
12	6	2012/1/5	华光公司	赵国伟	U盘2T	7	¥180.00	¥1,260.00
13					U盘2T 汇总			¥1,260.00
14	7	2012/1/5	华光公司	杨家明	鼠标TB-123	8	¥70.00	¥560.00
15					鼠标TB-123 汇总			¥560.00
16	8	2012/1/5	华光公司	杨家明	耳机G12	6	¥120.00	¥720.00
17					耳机G12 汇总			¥720.00
18	9	2012/1/5	永泰公司	陈文红	音响G12	5	¥230.00	¥1,150.00
19					音响G12 汇总			¥1,150.00
20	10	2012/1/8	永泰公司	杨家明	U盘2T	5	¥180.00	¥900.00
21					U盘2T 汇总			¥900.00
22	11	2012/1/9	永泰公司	陈文红	鼠标TB-123	6	¥70.00	¥420.00
23	12	2012/1/10	紫域公司	陈文红	鼠标TB-123	3	¥70.00	¥210.00
24					鼠标TB-123 汇总			¥630.00
25	13	2012/1/11	紫域公司	陈文红	音响G12	4	¥230.00	¥920.00
26					音响G12 汇总			¥920.00
27	14	2012/1/12	紫域公司	赵国伟	U盘2T	3	¥180.00	¥540.00
28					U盘2T 汇总			¥540.00
29	15	2012/1/13	紫域公司	赵国伟	耳机G12	2	¥120.00	¥240.00
30					耳机G12 汇总			¥240.00
31	16	2012/1/14	润和公司	杨家明	音响G12	2	¥230.00	¥460.00
32					音响G12 汇总			¥460.00
33	17	2012/1/15	润和公司	赵国伟	U盘2T	1	¥180.00	¥180.00
34					U盘2T 汇总			¥180.00
35					总计			¥11,780.00
36					音响G12 汇总			¥2,340.00
37					总计			¥11,780.00

图 7-11 未进行排序的分类汇总结果显示

7.2.3 多重分类汇总的操作

上面介绍的分类汇总仅仅只是按照“产品名称规格”关键字对“合计金额”进行了一种汇总运

算。实际上，在同一分类汇总级上可能不只进行一种汇总运算。为此，Excel 2010 还提供了对同一分类进行多重汇总的功能，就是多重分类汇总。

若要在同一汇总表中显示两个以上的汇总数据，只需对同一数据清单进行两次不同的汇总运算即可。其中，第二次分类汇总在第一次汇总结果上进行。

对于前例，假如想按照客户分类汇总，汇总时，一方面对各个客户的"合计金额"求和，另一方面还要求出每个客户的交易次数，这就属于多重分类汇总。其操作步骤如下：

（1）对数据库表格，先按照"客户名称"关键字进行排序。

（2）以"客户名称"为分类汇总关键字，"求和"为汇总方式，汇总字段为"合计金额"，对数据表格进行第一次分类汇总。

（3）仍旧以"客户名称"为分类汇总关键字，"计数"为汇总方式，汇总字段为"销售员"，对数据表格进行第二次分类汇总。在本次设置"分类汇总"对话框时，要取消对话框中"替换当前分类汇总"复选框的设置，如图 7-12 所示。

图 7-12　取消"替换当前
分类汇总"设置

说明：

上面进行第二次分类汇总时，选择"计数"为汇总方式，"销售员"为汇总字段，其目的就是统计出客户的交易次数，因为每一个对应的业务员就表示交易一次，当然这里的"销售员"换成其他关键字，例如"产品名称规格"也是可以的。

经过上述分类汇总后，最后的多重分类汇总的效果如图 7-12 所示。

说明：

每增加一次分类汇总，汇总结果左侧的按钮就会增加一层，如图 7-13 所示已为 4 层。

		A 序号	B 销售日期	C 客户名称	D 销售员	E 产品名称规格	F 数量	G 单价	H 合计金额
	7			华光公司 计数	5				
	8			华光公司 汇总					¥4,640.00
	14			润和公司 计数	5				
	15			润和公司 汇总					¥2,760.00
	19			永泰公司 计数	3				
	20			永泰公司 汇总					¥2,470.00
	25			紫域公司 计数	4				
	26			紫域公司 汇总					¥1,910.00
	27			总计数	17				
	28			总计					¥11,780.00

图 7-13　多重分类汇总的效果

7.2.4　嵌套分类汇总的操作

所谓嵌套分类汇总，就是在一个已经按照某一个关键字建立好分类汇总的汇总表中，再按照另一个关键字进行另一种分类汇总，这里要求的是两次分类汇总的关键字不同。

建立嵌套分类汇总的前提仍然是要对每个分类汇总的关键字进行排序。第一级汇总关键字应该是排序的第一关键字，第二级汇总关键字应该是第二排序关键字，其余的以此类推。

在进行嵌套分类汇总时，有几层嵌套汇总，就需要进行几次分类汇总操作，第二次汇总在第一次的结果上操作，第三次在第二次的结果上操作，其余的以此类推。

说明：

嵌套分类汇总与多重分类汇总的相同点在于二者都需要进行多次的分类汇总操作；区别在于后者每次的汇总关键字都相同，而前者每次的分类汇总关键字不同。

在前面的例子中，假设现在要先按照"销售员"，然后按照"产品名称规格"进行分类汇总，用来汇总各电子产品的销售数量和销售总金额，就属于嵌套分类汇总。其操作步骤如下：

（1）以"销售员"为第一关键字，以"产品名称规格"为第二关键字，对数据表格进行排序。

（2）以"销售员"为分类汇总关键字，以"求和"为汇总方式，以汇总字段为"合计金额"，对数据表格进行第一次分类汇总。

（3）以"产品名称规格"为分类汇总关键字，以"求和"为汇总方式，以汇总字段为"合计金额"，对数据表格进行第二次分类汇总。在本次设置"分类汇总"对话框时，要取消对话框中"替换当前分类汇总"复选框的设置，请参考图7-12。

经过以上操作，最终的嵌套分类汇总效果如图7-14所示。

1 2 3 4		A	B	C	D	E	F	G	H
	1	序号	销售日期	客户名称	销售员	产品名称规格	数量	单价	合计金额
	4					鼠标TB-123 汇总			¥630.00
	7					音响G12 汇总			¥2,070.00
	8				陈文红 汇总				¥2,700.00
	10					U盘2T 汇总			¥900.00
	12					耳机G12 汇总			¥720.00
	14					鼠标TB-123 汇总			¥560.00
	16					音响G12 汇总			¥460.00
	17				杨家明 汇总				¥2,640.00
	22					U盘2T 汇总			¥2,700.00
	25					耳机G12 汇总			¥720.00
	27					鼠标TB-123 汇总			¥490.00
	30					音响G12 汇总			¥2,530.00
	31				赵国伟 汇总				¥6,440.00
	32				总计				¥11,780.00

图 7-14　嵌套分类汇总的效果

7.3 特定情形下的数据汇总方法

本节将介绍在一些特定情形下的数据汇总方法，读者应该熟练掌握其中的方法与技巧。

7.3.1　数据的累加汇总处理

将一列数据从上往下（或者从左向右）进行累加汇总是数据管理中一种常见的操作。它主要是用于计算那些需要汇总的行（或列）不固定，并且想看其按照时间变化的场合。这类问题的解决可以使用 SUM 函数，但是在单元格区域的引用中，第一个单元格应为绝对引用，第二个单元格地址应为相对引用。

如图 7-15 表格所示，某培训公司开设了一门收费培训课程，B 列和 C 列为培训邀请函发出数量和实际前来报到上学人数的统计情况，现在需要在 D 列和 E 列中求出累积培训邀请函发出数量和累积实际报到人数。

D2 =SUM($B$2:B2)

	A	B	C	D	E
1	日期	培训邀请函发出数量	实际报到人数	累积发出数量	累积报到人数
2	2012-4-10	7	0	7	0
3	2012-4-15	8	4	15	4
4	2012-4-20	10	3	25	7
5	2012-4-28	12	6	37	13
6	2012-5-6	13	4	50	17
7	2012-5-14	6	2	56	19
8	2012-5-18	5	1	61	20
9	2012-5-22	9	3	70	23
10	2012-5-26	10	4	80	27
11	2012-5-30	7	2	87	29
12	2012-6-3	13	6	100	35
13	2012-6-11	12	3	112	38
14	2012-6-19	9	2	121	40
15	2012-6-27	10	5	131	45
16	2012-7-5	7	2	138	47

图 7-15　数据向下累加汇总实例

该问题就属于上面所说的累加汇总。要实现以上功能，操作方法如下：分别在 D2 单元格和 E2 单元格中输入公式“=SUM($B$2:B2)”和“=SUM($C$2:C2)”，然后选定 D2:E2 区域，向下拖动复制到所需行，得到每一天的累积培训邀请函发出数量和累积实际报到人数。

7.3.2　动态更新区域的数据汇总

在实际工作中，有时需要对一个不断更新的数据源进行动态数据汇总，比如求出到某一指定日期或者到当天为止某一指标的累计数据。此时可以考虑使用 SUMIF 函数。

如图 7-16 所示，A:B 区域为培训邀请函发出数量的每日报告记录，现在需要在 E1 中动态显示当天日期，然后在 E2 和 E3 中分别显示当天的培训邀请函发出数量和累计到当天为止的合计发出数量。

E3 =SUMIF(A2:A16,"<="&E1,B2:B16)

	A	B	C	D	E
1	日期	培训邀请函发出数量		今天是	2012-4-28
2	2012-4-10	7		本日培训邀请函发出数量	12
3	2012-4-15	8		合计培训邀请函发出数量	37
4	2012-4-20	10			
5	2012-4-28	12			
6	2012-5-6	13			
7	2012-5-14	6			
8	2012-5-18	5			
9	2012-5-22	9			
10	2012-5-26	10			
11	2012-5-30	7			
12	2012-6-3	13			
13	2012-6-11	12			
14	2012-6-19	9			
15	2012-6-27	10			
16	2012-7-5	7			

图 7-16　动态更新区域的数据汇总实例

要实现以上功能，操作步骤如下：

（1）采用指定名称的方法，分别将 A 列和 B 列命名为"日期"和"培训邀请函发出数量"。

（2）在单元格 E1 中输入公式"=TODAY()"，用来显示当天日期。

（3）在单元格 E2 中输入公式"=SUMIF(A2:A16,"="&E1,B2:B16)"，用来获取当天的培训邀请函发出数量。

（4）在单元格 E3 中输入公式"=SUMIF(A2:A16,"<="&E1,B2:B16)"，用来计算累计到当天的合计发出数量。

7.3.3　不连续区域的数据汇总

图 7-17 所示为某公司 2012 年上半年销售计划完成情况汇总表，其中每个月的数据都包括"计划指标"和"完成情况"两行数据，现在需要计算上半年合计的"计划指标"和"完成情况"，并根据这两个数据进行计划指标"完成比例"的计算。

C15			*fx*	=SUMIF($B$3:$B$14,"计划指标",C3:C14)			
	A	B	C	D	E	F	G	H
1			\multicolumn{6}{c}{**2012年上半年销售计划完成情况汇总表**}
2			产品A	产品B	产品C	产品D	产品E	总计
3	1月	计划指标	800	900	820	500	740	3760
4		完成情况	513	735	562	597	587	2994
5	2月	计划指标	750	866	935	586	462	3599
6		完成情况	592	948	553	970	572	3635
7	3月	计划指标	616	876	572	912	508	3484
8		完成情况	402	756	968	930	622	3678
9	4月	计划指标	800	980	900	592	496	3768
10		完成情况	756	542	646	904	666	3514
11	5月	计划指标	548	720	966	446	726	3406
12		完成情况	730	999	832	538	656	3755
13	6月	计划指标	772	694	906	862	864	4098
14		完成情况	554	952	702	928	518	3654
15	上半年合计	计划指标	4286	5036	5099	3898	3796	22115
16		完成情况	3547	4932	4263	4867	3621	21230
17		完成比例	82.76%	97.93%	83.60%	124.86%	95.39%	96.00%

图 7-17　不连续区域的数据汇总

该实例中上半年合计"计划指标"和"完成情况"的计算其实就是不连续区域的数据汇总问题，因为这里需要合并的各月"计划指标"和"完成情况"是间隔排列的。此时，如果一个一个单元格相加是非常烦琐的。

该问题可以通过巧妙地应用 B 列中的标题文字"计划指标"和"完成情况"，然后利用 SUMIF 函数计算得出上半年合计的"计划指标"和"完成情况"。具体操作步骤如下：

（1）在单元格 C15 中输入公式"=SUMIF($B$3:$B$14,"计划指标",C3:C14)"，得出上半年产品 A 的合计计划指标。

（2）在单元格 C16 中输入公式"=SUMIF($B$3:$B$14,"完成情况",C3:C14)"，得出上半年产品 A 的合计完成情况。

（3）选定 C15:C16 区域，向右拖动复制一直到 H15:H16 区域，得到其他各种产品以及产品总计在上半年的合计计划指标和合计完成情况。

（4）在单元格 C17 中输入公式“=C16/C15”，得出上半年产品 A 的完成比例情况。

（5）选定 C17 单元格，向右拖动复制一直到 H17，得出其他各种产品以及产品总计在上半年的完成比例情况。

（6）选择 C17:H17 区域，将其单元格的数字格式设置为带两位小数的百分比格式。

7.3.4 数据区域中前若干个最大（小）数值的汇总

在数据处理中，有时需要计算数据区域中前若干个最大（小）数值之和。

如图 7-18 所示，A2:E21 区域为某村 100 个家庭的年收入一览表，现在需要在 H3 和 H4 中汇总年收入最多的 5 个家庭的年收入总数和其占 100 个家庭年收入总收入的比例。同时，需要在 H8 和 H9 中汇总年收入最少的 10 个家庭的年收入总数和其占 100 个家庭年收入总数的比例。

H3 {=SUM(LARGE(数据区,{1,2,3,4,5}))}

	A	B	C	D	E	F	G	H
1	某村100个家庭年收入一览表							
2	3567	5698	5476	1258	12589		年收入最多的5个家庭	
3	6598	5654	6563	1265	9870		总的年收入	833809
4	6152	1364	3345	45862	6580		占100个家庭总年收入比例	58.48%
5	1568	3245	1545	5486	9540			
6	4562	8465	3456	5687	6580			
7	3568	2546	12453	5647	2570		年收入最少的10个家庭	
8	2545	1546	4564	8591	4568		总的年收入	14101
9	6845	2549	1546	2035	2548		占100个家庭总年收入比例	0.99%
10	8954	3659	12465	5640	35670			
11	3658	2654	5678	5930	1254			
12	56985	2654	4567	5680	5684			
13	6596	5989	13658	5970	1235			
14	5685	2465	8546	5640	15698			
15	6655	595546	5487	4568	2556			
16	69965	2656	6895	4575	5648			
17	6695	26547	7849	1520	9875			
18	6965	4598	8523	4650	4865			
19	65451	4656	2546	4860	4865			
20	2545	8599	8964	3580	7856			
21	9854	26564	9547	5930	4587			

图 7-18 对数据区域中前若干个最大（小）数值进行汇总实例

要实现以上所述功能，需要使用本书第 6 章介绍的排序函数 LARGE 和 SMALL，并借助数组公式来完成。具体操作步骤如下：

（1）采用定义名称的方法，先选中 A2:E21 区域，按 Ctrl+Shift+F3，将该区域定义为名称“数据区”。

（2）在单元格 H3 中先输入公式“=SUM(LARGE（数据区,{1,2,3,4,5}))”，然后按 Ctrl+Shift+Enter 组合键。

说明：

上述公式中，首先利用LARGE函数将数据区域中前5个最大的数据找出来并形成一个数组，然后利用SUM函数对这些数据进行求和运算。另外，对于本步骤，一定要注意数组公式输入完成后，要按Ctrl+Shift+Enter组合键。

（3）在单元格 H4 中输入公式“=H3/SUM（数据区）”，并将单元格的数字格式设置为带两位小数的百分比格式。

（4）在单元格 H8 中先输入公式“=SUM（SMALL（数据区,{1,2,3,4,5,6,7,8,9,10}））”，然后按 Ctrl+Shift+Enter 组合键。

（5）将 H4 中的公式复制到 H9 单元格。

7.3.5 对含有错误值的单元格区域进行汇总

当利用汇总函数对数据区域进行数据汇总时，如果数据区的单元格中存在错误值，则函数或者公式的结果将会出现错误。如图 7-19 所示，在对 D2:D11 区域利用 SUM 函数进行数据汇总时，由于 D4 和 D7 单元格存在错误值，SUM 函数无法得到正确结果。

说明：

图7-19中的错误原因其实在于：在C4和B7单元格中，均出现了应该输入数字“0”，但是却错误地输入了字母“O”的问题。这种错误比较隐蔽，如果开始无法找出，就先按照下面的方法进行汇总，以便先“屏蔽”掉这些错误，随后再详细查找错误原因。

对于这类问题，需要使用错误判断函数 IFERROR 进行判断，并利用数组公式生成一个不含有错误值的数组，然后才能得到正确的结果。如图 7-20 所示，本题只要先输入公式“=SUM(IF(ISERROR(D2:D11),0,D2:D11))”，然后按 Ctrl+Shift+Enter 组合键即可。

D12　fx　=SUM(D2:D11)

	A	B	C	D
1	产品	单价	数量	金额
2	产品1	35	45	1575
3	产品2	45	125	5625
4	产品3	26	10	#VALUE!
5	产品4	54	45	2430
6	产品5	25	24	600
7	产品6	20	68	#VALUE!
8	产品7	85	48	4080
9	产品8	15	98	1470
10	产品9	45	45	2025
11	产品10	15	12	180
12		合计		#VALUE!

图 7-19　参数范围内有错误值时 SUM 函数求和出错

D14　fx　{=SUM(IF(ISERROR(D2:D11),0,D2:D11))}

	A	B	C	D	E	F	G
1	产品	单价	数量	金额			
2	产品1	35	45	1575			
3	产品2	45	125	5625			
4	产品3	26	10	#VALUE!			
5	产品4	54	45	2430			
6	产品5	25	24	600			
7	产品6	20	68	#VALUE!			
8	产品7	85	48	4080			
9	产品8	15	98	1470			
10	产品9	45	45	2025			
11	产品10	15	12	180			
12			合计	#VALUE!			
13							
14			正确：	17985			

图 7-20　使用数组公式和错误判断函数更正公式的错误

7.4 数据的多表合并

在实际数据处理中，有时数据被存放到不同的工作表中，这些工作表可能在同一个工作簿中，也可能来自不同的工作簿。它们格式基本相同，只是由于所表示的数据因为时间、部门、地点、使用者不同而进行了分类。但到一定时间，还需要对这些数据表进行合并，将合并结果放到某一个主工作簿的主工作表中。例如，一家集团公司开始为了分散管理的方便，分别将各子公司的销售信息存放到了不同的工作簿中，最后年终可以采用多表合并的方式把各个工作簿中的信息再合并到一个主工作簿中。

7.4.1　利用SUM函数实现多表数据合并

　　进行多表数据合并，最好理解的方法就是通过公式的"三维应用"来实现，也就是通过使用 SUM 等函数对来自不同工作表乃至其他不同工作簿的数据进行跨表格引用。

　　如图 7-21 所示，图中标签名分别为"1 号"到"5 号"的工作表的数据表结构与"本月汇总"工作表相同。它们分别用来保存整个月份中各个日期的产品数据。"本月汇总"是对它们进行的合并汇总，并且随着时间的推移，图中"空白表"工作表前面可以不断增加新的工作表，如"6 号"、"7 号"……，"本月汇总"中的数字也将自动更新。

B2		f_x	=SUM('1号:空白表'!B2)	
	A	B	C	D	E
1	产品名称	第一销售部	第二销售部	第三销售部	
2	A产品	1243	1646	1665	
3	B产品	1176	1313	1426	
4	C产品	1268	1370	826	
5	D产品	1601	2269	1811	

图 7-21　利用 SUM 函数对多张具有相同格式的工作表进行合并汇总

　　该例中"本月汇总"工作表的合并汇总可通过 SUM 函数实现。操作步骤如下：

　　（1）按照与前面日期工作表相同的格式，建立"本月汇总"工作表的结构框图。

　　（2）将光标定位到"本月汇总"工作表的 B2 单元格，在编辑栏中输入"=SUM()"，然后再将光标置于两个括号中间。

　　（3）单击"1 号"工作表标签，然后按下 Shift 键，再单击"空白表"工作表标签。

　　（4）单击任意一个日期工作表或者"空白表"中的 B2 单元格。

　　（5）回到编辑栏，可以看到编辑栏中为"=SUM('1 号:空白表'!B2)"，单击"确认"按钮，在"本月汇总"工作表的 B2 单元格中的对应汇总被汇总出来。

　　（6）将"本月汇总"工作表的 B2 单元格向下和向右拖动，使得 B2:F8 中显示出所有合并汇总结果。

　　说明：

　　（1）公式"=SUM（'1号:空白表'!B2）"中的符号"'"是Excel自动添加的，该公式表示将从"1号"一直到"空白表"之间所有工作表中B2单元格的数据进行求和。

　　（2）该例中的"空白表"工作表在这里其实只是一个辅助表，其功能在于当在它前面再插入新的工作表后，该公式的合并范围自动扩展，从而使合并汇总结果总保持在最新状态。如果不这样做，则上面的公式将为"=SUM（'1号:5号'!B2）"，当在"6号"工作表后增加新的工作表时，"本月汇总"的数据无法自动更新。

　　上面利用 SUM 函数进行多表合并汇总的方法只适用于多张工作表具有相同格式的情况。当需要汇总的表格格式不完全一样时，可以利用 SUMIF 函数或者 COUNTIF 函数来实现。

　　另外，在 Excel 的"数据"菜单中，还为多表数据合并专门提供了"合并计算"菜单命令。操作方法为：单击"数据"→"数据工具"→"合并计算"命令，弹出图 7-22 所示的"合并计算"对话框，根据需要合并的多张工作表格式的不同，此处的"合并计算"可以分为按位置进行的"合并计算"（适用于多张待合并表格的行标题和列标题的顺序和位置相同）以及按分类进行的"合并计算"（适用于多张待合并表格具有相同的行标题和列标题，但以不同的顺序和位置来组织数据）。

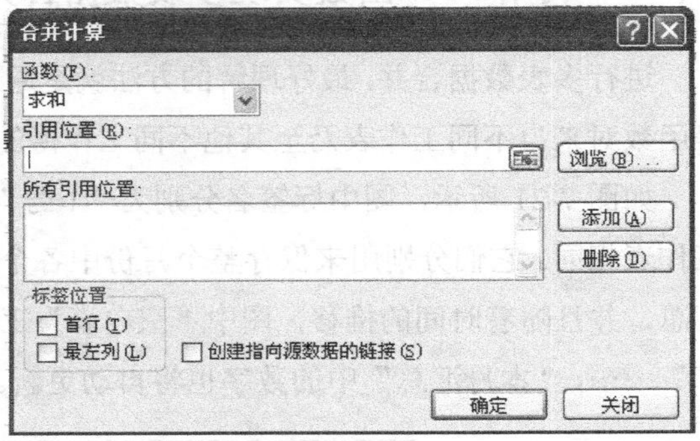

图 7-22　"合并计算"对话框

说明：

合并计算并不意味着只是简单地求和汇总，Excel的合并计算功能包括求和、求平均数、计数统计、求标准差等运算，如图7-22所示，在"合并计算"对话框中可以选定不同的合并计算汇总函数。表7-1列出了Excel可用的合并计算函数。

表 7-1　　　　　　　　　　　　　　Excel 的合并计算函数

函数	含义
SUM	求和
AVERAGE	求平均值
MAX,MIN	求最大值、最小值
PRODUCT	求对应单元格的乘积
COUNT	计数
STDDEV	求标准偏差
STDDEVP	求总体标准偏差
VAR	求方差
VARP	求总体方差

7.4.2　按位置进行合并计算

如果所有需要合并的各个工作表源区域中的数据按同样的顺序和位置排列（例如，数据来自同一模板创建的一系列工作表），则可按位置进行合并计算。

如图 7-23 所示，某跨国集团公司 3 个分公司各自的季度经营数据已经得到，分别保存在"中国分公司""日本分公司""韩国分公司"工作表中。这些数据表格都有着与图中可见的"中国分公司"表数据区域完全相同的行标题和列标题，顺序也完全一样。现在到了年末，集团公司想对这些分公司的数据进行合并汇总，以便了解集团的整体运行情况。

显然，以上问题符合按照位置进行"合并计算"的条件。下面就介绍利用 Excel 的"合并计算"功能，按位置对上述表格进行合并汇总。操作步骤如下：

（1）在"韩国分公司"工作表后面插入一个新工作表"集团合计"，并按照与"中国分公司"工作表完全相同的位置和顺序，复制得到"集团合计"工作表的行列标题。

	A	B	C	D	E	F	G
1	季度	销售收入	生成成本	销售费用	税前利润	上缴税金	净利润
2	1季度	￥876,543.00	￥212,345.00	￥32,432.00	￥631,766.00	￥126,353.20	￥505,412.80
3	2季度	￥435,323.00	￥123,432.00	￥21,342.00	￥290,549.00	￥58,109.80	￥232,439.20
4	3季度	￥453,657.00	￥124,534.00	￥23,543.00	￥305,580.00	￥61,116.00	￥244,464.00
5	4季度	￥789,678.00	￥256,876.00	￥34,679.00	￥498,123.00	￥99,624.60	￥398,498.40
6							
7							
8							
9							
10							
11							
12							
13							
14							
15							
16							
17							
18							

中国分公司 / 日本分公司 / 韩国分公司 / Sheet4

图 7-23　需要进行合并汇总的 3 张工作表的结构

（2）选取"集团合计"工作表的 B2:G5 单元格区域。

（3）单击"数据"→"合并计算"命令，弹出"合并计算"对话框，其中，函数用默认的"求和"，将光标置于"引用位置"文本框中，然后用鼠标选取"中国分公司"工作表的 B2:G5 单元格区域，使其出现到"引用位置"文本框中，最后单击"添加"按钮，"合并计算"对话框中第一个引用位置添加完成，效果如图 7-24 所示。

说明：

图7-24中"标签位置"下的任何复选框都不要选中，它们只适用于后面的分类合并计算。

（4）按照与上一步骤相同的方法，将"日本分公司"和"韩国分公司"工作表中的数据依次添加到"合并计算"的引用位置，最后效果如图 7-25 所示。

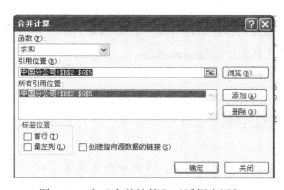

图 7-24　在"合并计算"对话框中添加

第一个引用位置

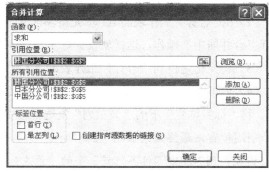

图 7-25　"合并计算"对话框中 3 个引用

位置全部添加后的效果

（5）单击"确定"按钮，3 张表格的合并汇总结果被求出，如图 7-26 所示。

注意：按位置进行合并计算时，各工作表中行标题和列标题的位置和顺序一致。

季度	销售收入	生成成本	销售费用	税前利润	上缴税金	净利润
1季度	¥10,507,566.00	¥1,233,041.00	¥90,011.00	¥9,184,514.00	¥1,836,902.80	¥7,347,611.20
2季度	¥1,765,125.00	¥703,311.00	¥67,916.00	¥993,898.00	¥198,779.60	¥795,118.40
3季度	¥2,136,758.00	¥788,331.00	¥68,300.00	¥1,280,127.00	¥256,025.40	¥1,024,101.60
4季度	¥1,924,557.00	¥890,429.00	¥102,104.00	¥932,024.00	¥186,404.80	¥745,619.20

中国分公司 日本分公司 韩国分公司 集团合计

图 7-26　按位置“合并计算”得到的“集团合计”工作表的效果

7.4.3　按分类进行合并计算

如果需要合并的各个工作表中的数据区域具有相同的行标题或列标题，但它们是以不同的方式组织的（比如位置不同或者顺序不同），则可按分类进行合并计算。这种方法会对每一张工作表中具有相同行标题或列标题的数据进行合并计算。

图 7-27 所示为某家电销售公司 3 个分公司各自的销售数据。为了了解整个公司各种电器产品的整体销售情况，现在需要对该 3 张数据表进行合并汇总。

第一分公司销售情况	
空调	456342
电视	643443
笔记本	356323
数码相机	644243
洗衣机	532323
热水器	135322

1分公司 2分公司

第二分公司销售情况	
电视	456343
笔记本	642323
数码相机	632523
洗衣机	266234
空调	642353
热水器	231224

1分公司 2分公司 3分公司

第三分公司销售情况	
笔记本	6242323
数码相机	356235
电视	323563
空调	662423
洗衣机	632311
热水器	125366

1分公司 2分公司 3分公司

图 7-27　需要进行合并汇总的 3 张工作表的结构

从图 7-27 中可以明显看出，这 3 个数据表的行标题的内容是一样的，但是顺序不同。所以，不能直接进行按位置的“合并计算”，而只能按分类进行“合并计算”。

下面介绍利用 Excel 的按分类“合并计算”功能对上述表格进行汇总的方法。操作步骤如下：

（1）在“3 分公司”工作表后面插入一个新工作表“合计”。

（2）在“合计”工作表的 A1 单元格输入文字“全公司合计销售情况”，然后选定 A1:B1 单元格，进行“合并居中”操作，这样就设计好了“合计”工作表中的数据表标题。

（3）将光标定位到“合计”工作表的 A2 单元格。

（4）单击“数据”→“合并计算”命令，弹出“合并计算”对话框，其中，函数仍用默认的“求和”。将“标签位置”下的“最左列”复选框选中，然后按照与上面“合并计算”相同的方法，添加各个引用位置，最终效果如图 7-28 所示。

说明： 图7-28中“标签位置”下的“最左列”复选框一定要选中，这样才能实现将各个“引用位置”区域中列标题相同的单元格后面的对应数据进行合并汇总。

（5）单击“确定”按钮，3 张表格的合并汇总结果被求出，如图 7-29 所示。

注意：

按分类进行合并计算时，各工作表中相关的行标题和列标题的名称必须完全一样才会被合并到一起。例如，有的表格输入了“笔记本”，而另外的输入了“笔记本计算机”，那它们将不会被合并计算。

另外，还特别需要注意的是，当行标题和列标题为英文或者拼音时，必须确保在所有源区域中都以相同的拼写和大小写形式输入。例如，不同的表格设计者在表示"年度平均"时，行标题分别使用Annual-Avg、Annual Avg、Annual_Avg或Annual Average，它们都是不相同的，不会被合并计算。

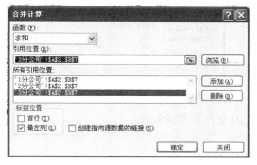

图 7-28　在"合并计算"对话框中添加引用位置　　图 7-29　按分类"合并计算"得到的"合计"工作表效果

7.5 数据的透视分析

数据透视分析就是从数据库的特定字段中概括信息，从而方便从各个角度查看、分析数据，并可对数据库中的数据进行汇总统计，它在 Excel 2010 中的实现工具是数据透视表（图）。数据透视表是一种对大量数据快速汇总和建立交叉列表的动态工作表。数据透视表是一种能够根据数据处理需要，查看部分数据的图表对比效果，有些类似于前面介绍的动态图表功能。另外，Excel 2010 中还可以根据数据透视表制作不同格式的数据透视报告。

7.5.1　数据透视表的创建

下面仍以"7.2 数据库表格的分类汇总"一节中某电子产品公司 2012 年 1 月份的销售流水账（如图 7-30 所示数据库）为例，说明创建数据透视表的方法。操作步骤如下：

序号	销售日期	客户名称	销售员	品名称规	数量	单价	合计金额
1	2012-1-2	润和公司	赵国伟	耳机G12	4	￥120.00	￥480.00
2	2012-1-2	润和公司	赵国伟	音响G12	4	￥230.00	￥920.00
3	2012-1-3	润和公司	赵国伟	U盘2T	4	￥180.00	￥720.00
4	2012-1-3	华光公司	赵国伟	鼠标TB-123	7	￥70.00	￥490.00
5	2012-1-3	华光公司	赵国伟	音响G12	7	￥230.00	￥1,610.00
6	2012-1-5	华光公司	赵国伟	U盘2T	7	￥180.00	￥1,260.00
7	2012-1-5	华光公司	杨家明	鼠标TB-123	8	￥70.00	￥560.00
8	2012-1-5	华光公司	杨家明	耳机G12	6	￥120.00	￥720.00
9	2012-1-5	永泰公司	陈文红	音响G12	5	￥230.00	￥1,150.00
10	2012-1-8	永泰公司	杨家明	U盘2T	5	￥180.00	￥900.00
11	2012-1-9	永泰公司	陈文红	鼠标TB-123	6	￥70.00	￥420.00
12	2012-1-10	紫域公司	陈文红	鼠标TB-123	3	￥70.00	￥210.00
13	2012-1-11	紫域公司	陈文红	音响G12	2	￥230.00	￥460.00
14	2012-1-12	紫域公司	赵国伟	U盘2T	3	￥180.00	￥540.00
15	2012-1-13	紫域公司	赵国伟	耳机G12	2	￥120.00	￥240.00
16	2012-1-15	润和公司	杨家明	音响G12	2	￥230.00	￥460.00
17	2012-1-15	润和公司	赵国伟	U盘2T	1	￥180.00	￥180.00

图 7-30　需要进行数据透视分析的数据库表格

（1）将光标定位在销售数据库表格的任一单元格中。

（2）选择"插入"→"表格"→"数据透视表"命令，出现如图7-31所示的"创建数据透视表"对话框，按照需要输入或选取要建立数据透视表的数据源区域。在本例中，按照默认选择第一项："选择一个表或区域"。在下方的"选择放置数据透视表的位置"中选择"新工作表"单选框。

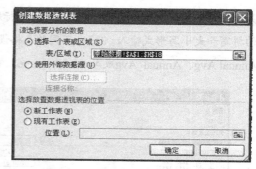

图7-31　"创建数据透视表"对话框

（3）单击"完成"按钮，出现如图7-32所示的新的空白数据透视表。

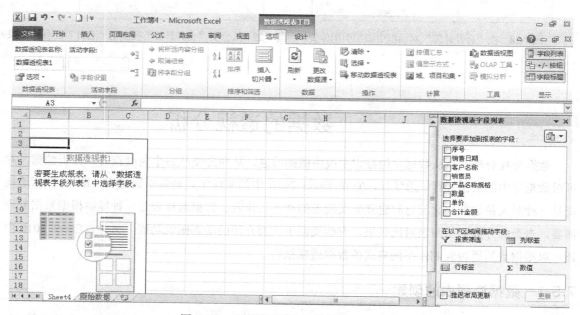

图7-32　"数据透视表"的版式设计界面

说明：可以看出，该版式设计界面包括一个浮动的数据透视表工具栏，一个浮动的数据透视表字段列表对话框以及一个用来放置数据透视表的占位区。另外，从数据透视表的占位区还可以看出，一个数据透视表一般由以下7个部分组成。

- 页字段：数据透视表中被指定为页方向的源数据库中的字段。
- 页字段项：源数据库中的每个字段、列条目或数值都可以是页字段的一项。
- 数据字段：含有数据的源数据库中的字段项。
- 数据项：数据透视表中的各个数据。
- 行字段：数据透视表中被指定为行方向的源数据库中的字段。
- 列字段：数据透视表中被指定为列方向的源数据库中的字段。
- 数据区域：含有汇总数据的数据透视表中的一部分。

（4）根据需要用鼠标将"数据透视表"工具栏中的字段按钮拖放到透视表的相应位置，分别作为页字段、行字段、列字段和数据项内容。

说明：此过程还可以逆向，也就是可以将拖动错误的内容撤销。

例如，如果先将"产品名称规格"选中拖动到"行标签"区域，将右侧"客户名称"选中拖动到列标签区域，将右侧"销售日期"选中拖动到报表筛选区域，将右侧"合计金额"选中拖动到"数值"区域，以"求和"作为汇总方式，就可以建立如图 7-33 所示的数据透视表，表格中间的数据非常清晰地表示出相关信息，另外在表格的各个项目下面有项目汇总信息，在最右边和最下边还给出了汇总的总计数据。

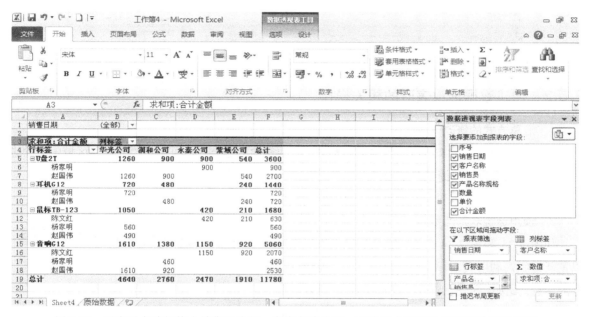

图 7-33　以产品名称规格 | 销售员为行，客户名称为列，对合计金额汇总得到的数据透视表

再如，如果先将"销售员"再将"客户名称"拖动到"行标签"，将"产品名称规格"拖动到"列标签"，将"销售日期"拖动到"报表筛选"，将"合计金额"拖动到"数值"并修改值字段设置，以"计数"作为汇总方式，就可以建立如图 7-34 所示的数据透视表，该图中间的数字个数表示交易次数，当相关业务员与客户进行一次交易，就在相关品名下面计数 1 次，另外在表格的各个业务员名下面有汇总信息，在最右边和最下边还给出了汇总的总计次数数据。

另外，下面的两个数据透视表都可以在销售日期中进行选择查看指定日期的交易信息，单击"品名""业务员""客户名称"等字段标签右边的下拉按钮，还可以对这些字段中的数据进行选取，也就是说在数据透视表中可以进行数据筛选的操作，这在后面还会详细介绍。

图 7-34 以销售员 | 客户名称为行，产品名称规格为列，对合计金额计数得到的数据透视表

7.5.2 创建数据透视表时的相关操作

1. 汇总方式的修改

在图 7-33 和图 7-34 所示的数据透视表中，若要修改汇总方式，可单击"数值"区域中拖动进去的字段，在弹出的快捷菜单中选择"值字段设置"选项，弹出如图 7-35 所示的"值字段设置"对话框，从"计算类型"列表中选择所需要的方式，单击"确定"按钮即可。

2. 使用透视表筛选数据

如图 7-33 和图 7-34 所示，在数据透视表中数据得以重新组织，利用页、行、列字段可以很方便地进行数据的筛选。比如，单击如图 7-34 所示的数据透视表中的 B1 单元格（页字段项单元格）右边的下拉按钮，在页字段选项列表中选择某个日期，数据透视表中的数据就是该天的各业务员对各个客户的销售金额以及合计值。可见，页字段项的数据透视表相当于一叠卡片，每张数据透视表如同一张卡片，选择不同的页字段就是选择了不同的卡片。

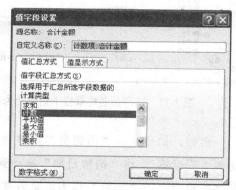

图 7-35 "值字段设置"对话框

图 7-36 所示为利用上面方法筛选的 2012 年 1 月 5 日各业务员的各自产品销售数据。

图 7-36 数据透视表的筛选

3. 移动数据透视表

在需要移动的数据透视表的任意位置单击，菜单栏将显示"数据透视表工具"，自动添加"选项"和"设计"选项卡。在"选项"选项卡上的"操作"组中选择"移动数据透视表"即可。

4. 删除数据透视表

在需要删除的数据透视表的任意位置单击，在"选项"选项卡上的"操作"组中单击"选择"下方的箭头，然后单击"整个数据透视表"，按 Delete 键删除。

说明：如果要把透视表的所有边框和内容都删除，直接选中包含数据透视表的单元格，右键删除就可以。

5. 数据透视表字段列表中的 4 个区域

（1）报表筛选——添加字段到报表筛选区可以使该字段包含在数据透视表的筛选区域中，以便对其独特的数据项进行筛选。

（2）列标签——添加一个字段到列标签区域可以在数据透视表顶部显示来自该字段的独特的值。

（3）行标签——添加一个字段到行标签区域可以沿数据透视表左边的整个区域显示来自该字段的独特的值。

（4）数值——添加一个字段"数值"区域，可以使该字段包含在数据透视表的值区域中，并使用该字段中的值进行指定的计算。

6. 更改字段名称

实际操作中，我们可能会用"总计"来代替默认名称，直接单击字段输入一个新名称即可，如果输入的是数据透视表中已有的名称，那么命名会失败，可以在命名字段的开头处增加一个空格。

7. 从数据透视表中删除字段

在数据透视表字段列表中，执行下列操作之一：

（1）在"选择要添加到报表的字段"框中清除要删除的字段的复选框。注意清除复选框将从报表中删除该字段的所有实例。

（2）在布局区域中，单击要删除的字段，然后单击"删除字段"。

（3）在布局区域中，单击要删除的字段，并按住鼠标不放，然后将其拖到数据透视表字段列表之外。

8. 刷新数据

当数据源中的某一个数值更改，只要右键单击透视表中的任意单元格，在弹出的快捷菜单中单击"刷新"，就可以看到数据的变化。

7.5.3　创建数据透视图

创建数据透视图与创建数据透视表基本一样，也是按上面的向导操作，关键是第一步要选择"数据透视图"。另外，如果数据透视表已经制作好，要制作与之对应的数据透视图，只要如图 7-37 所示单击"选项"→"工具"→"数据透视图"，选择一种需要的图形模型，即可得到如图 7-38 所示的与图 7-33 中数据透视表相对应的数据透视图。该图与前面介绍的一般图表的不同之处在于它可以与数据透视表一样对相关页、行、列字段进行数据筛选。

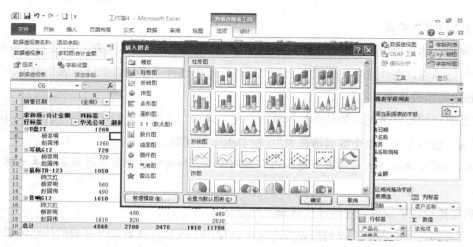

图 7-37　利用"数据透视表"制作"数据透视图"

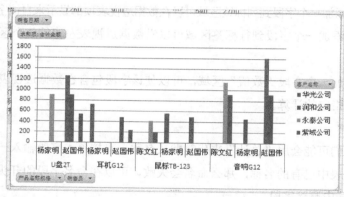

图 7-38　以产品名称规格 | 销售员为行，客户名称为列，对合计金额汇总得到的数据透视图

7.5.4　新数据透视表中数据显示形式的修改

在数据透视表中，数据的默认显示形式是以数值形式显示，但这不是固定不变的，可以修改数据透视表中数据的显示形式，如显示为小数、百分数或其他需要的形式。

具体操作方法：在制作好的数据透视表的任一位置单击鼠标右键，在弹出的快捷菜单中选择"值显示方式"，根据需要选择合适的选择方式即可。表 7-2 中给出了几种常用的显示方式及其含义说明。

表 7-2　　　　　　　　　　　　　　　透视表数据显示方式

数据显示方式	说明
普通	按一般的数据形式显示数据
差异	结果与基本字段和基本项对话框中指定的字段和项之间的差
百分比	结果除以指定的基本字段和项，表示成百分比
差异百分比	结果与指定的字段和项之间的差，除以基本字段和项的百分比
按列增加	按基本字段中指定的列递增的方式显示数据

续表

数据显示方式	说明
占同列数据总和的百分比	透视表的结果数据除以同列数据总和的百分比
占同行数据总和的百分比	透视表的结果数据除以同行数据总和的百分比
占总数的百分比	结果与所有数据总和的百分比
指数	用公司 "结果*总和/行总和*列总和" 计算数据

7.5.5　制作数据透视报告

根据需要还可以为数据透视表设置不同的数据透视报告格式，其操作步骤如下：

（1）首先制作好对应的数据透视表，并将鼠标放在数据透视表的任一单元格中。

（2）单击 "数据透视表" 工具栏中的 "设计" 标签，在 "数据透视表样式" 区域中选择一种样式，即可得到数据透视报告，如图 7-39 所示。

图 7-39　制作好的数据透视报告

由此可见，以上的报表实际上是一种特殊格式的数据透视报告。

习题七

1．将本章所有的实例上机操作一遍。

2．比较 SUMIF、SUMPRODUCT 和 DSUM 3 个汇总函数在使用上的不同之处。

3．在 Excel 2010 中，多个数据表之间的 "合并计算" 包括按位置合并和按分类合并两种方案。这两种方案的不同应用场合分别是什么？操作时有哪些需要注意的问题？

4．什么是多重分类汇总？

5．什么是嵌套汇总？

6．多重分类汇总和嵌套汇总的相同点和不同点分别是什么？

7．设计数据，自行练习。

第8章 数据的查询与核对

本章知识点

- 利用查找命令在工作表中查询数据
- 掌握主要查询函数的作用及其使用方法
- 利用 LOOKUP/VLOOKUP/HLOOKUP 函数查询数据
- 利用 CHOOSE、MATCH、INDEX 函数查询数据
- 应用 INDIRECT 和名称构造实用的数据查询
- 利用 OFFSET 函数对动态区域进行数据查询
- 利用 DGET 函数和记录单进行数据库数据查询
- 利用数组公式构造功能强大的统计查询
- 掌握数据表之间数据核对的 3 种不同方法

8.1 利用查找命令查询数据

当工作表数据行或列过多，并且表格不满足数据库格式要求（从而也不方便使用数据筛选）的情况下，要查看其中的某些数据就非常困难。本节介绍的利用查找命令查询数据的方法能够很快定位到特定数据，从而可以快速实现所需要数据的查找。

图 8-1 所示为某小型图书馆的图书清单，该表格很大，包含很多行数据，这里只截取了部分数据用作方法讲解之用。

	A	B	C	D	E
1	序号	图书名称	作者	出版社	出版时间
2	1	企业信息化与竞争情报	谢新洲	北京大学出版社	2006-6-1
3	2	管理咨询	丁栋虹	清华大学出版社	2010-2-3
4	3	21世纪的决策支持系统	朱岩 译	清华大学出版社	2009-3-2
5	4	企业信息化规划与管理	靖继鹏	机械工业出版社	2008-2-3
6	5	企业信息化战略管理	赵平	清华大学出版社	2009-3-2
7	6	企业战略管理	王军	机械工业出版社	2010-3-2
8	7	信息管理集成论	黄杰	经济管理出版社	2008-3-5
9	8	企业信息资源管理	綦铁辉	北京大学出版社	2009-3-2
10	9	企业总体架构	赵捷	电子工业出版社	2008-3-2
11	10	信息系统战略规划	吴晓波 译	机械工业出版社	2010-4-5

图 8-1 某小型图书馆的图书清单

如果现在想从该表格中查询一些特定信息，比如，①查找"王军"教授编写的图书名字；②查找"信息化"方面的书；③查找清华大学出版社出版的书；④查找名为《企业信息资源管理》的图书。

对于该表格来说，因为它是一个规范的数据库表，上述各种操作其实完全可以通过数据筛选来实现。但是在本章中，我们将为大家介绍如何用查找命令来实现这些操作。

8.1.1 用"查找"命令进行数据查找

以上面问题①查找"王军"教授编写的图书名字为例，这里的查找结果要求非常精确，书的作者只能是"王军"。利用"查找"命令进行该查找的操作步骤如下：

（1）将光标定位在如图 8-1 所示借书记录所指的所有区域中的某处。

（2）在"开始"标签下"编辑"区域单击"查找与选择"按钮，选择"查找"命令，弹出"查找和替换"对话框，在"查找内容"文本框中输入"王军"，如图 8-2 所示。

图 8-2 "查找和替换"对话框

说明：在图8-2中，利用"替换"选项卡中的设置还可以进行对查找到数据的替换。

（3）单击"查找和替换"对话框中的"查找全部"按钮，可以实现将满足条件的记录全部找到，若单击"查找下一个"按钮，还可以实现对记录的逐条查找。图 8-3 所示为执行"查找全部"命令后的结果，可以看出，查询出满足该条件的只有一条记录。

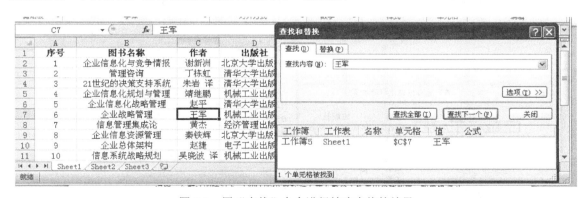

图 8-3 用"查找"命令进行精确查找的结果

说明：在默认的情况下，Excel 2010将按行方式在整个工作表中查找数据。如果想对这些查找进行更为详细的设置，可以单击图8-2"查找和替换"对话框中的"选项"按钮，对话框中将会增加"范围""搜索""查找范围"等项目，如图8-4所示。其中，在"范围"中可选择"工作表"或"工资簿"，确定是在工作表中还是在整个工作簿中搜索；在"搜索"框中可选择"按行"或"按列"确定搜索方式。另外，图8-4中给出的几个复选框可以对查询进行一些限制，其中"单元格匹配"默认状态下没有选中，为模糊查询，只有单元格中包含查找内容的值就会被查出；如果选中，查询就为精确查找，要求单元格中的内容必须与查找内容完全一致才能被查出。

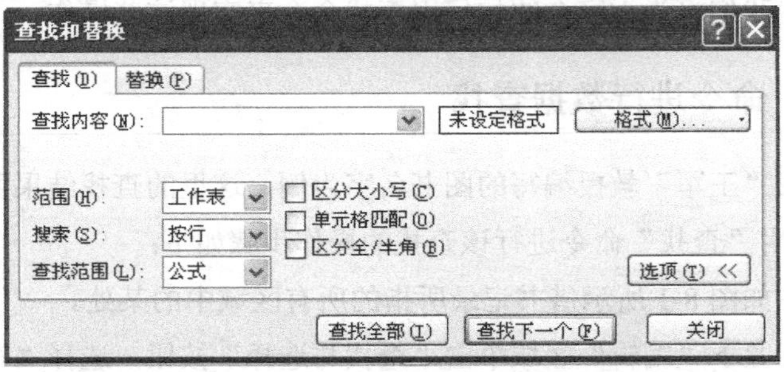

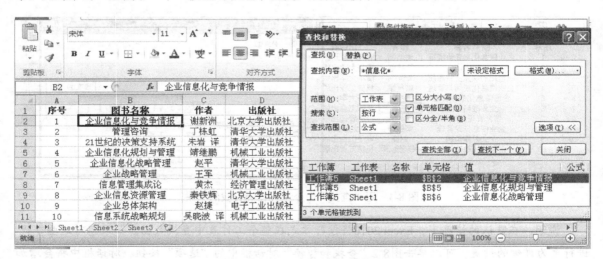

图8-4 扩展后的"查找和替换"对话框

8.1.2 在"查找"命令中利用通配符进行数据查找

如果对查找的内容不是太清楚，或者需要查找含有相近但并不相同的文本的记录，在"查找"命令的搜索条件中可使用通配符。具体操作时，用"？"表示一个任意字符，用"*"表示多个任意字符。下面以上面问题②查找"信息化"方面的书为例，说明如何利用通配符进行操作。操作步骤如下：

（1）按照前面介绍过的方法，显示如图8-4所示扩展后的"查找和替换"对话框，并将"单元格匹配"选中。

（2）在"查找和替换"对话框中"查找内容"文本框中输入"*信息化*"。

（3）单击"查找全部"按钮，图书名称中包含"信息化"的全部找到，如图8-5所示，一共3本，此时单击"查找下一个"按钮可以逐个查找，或者直接单击节的名字也可以。

图8-5 利用通配符查找的"查找和替换"对话框

说明：上述第（1）步将"单元格匹配"选中，是为了实现精确查找，否则本例就没有使用通配符的必要，通过模糊查找也可以查找出题目中要求的结果。设置和操作结果如图8-6所示。

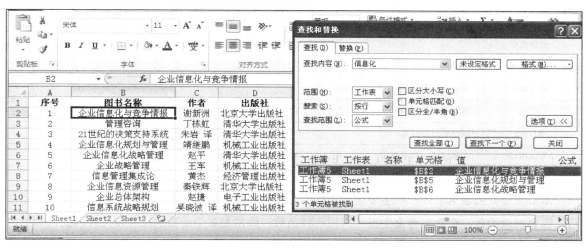

图 8-6　通过取消"单元格匹配"实现模糊查询功能

8.2 利用查询与引用函数进行查询

上一节介绍的利用查询命令进行数据和文本查询的方法只是将指定关键字的位置查询出来。但是很多情况下，除了需要将指定关键字的位置查询出来之外，还需要将关键字所在行或所在列的数据查找出来。另外，在查询中不仅要从工作表的某个单元格区域查找，还可能需要从工作表的多个单元格区域甚至多个工作表乃至整个工作簿中查找。

由此可见，查找数据在 Excel 中是一项复制的操作，同时它也是数据处理中的一项经常性工作。为此，Excel 2010 专门提供了一些查找和引用函数，表 8-1 所示为其中的主要函数及其功能。利用这些函数，并结合其他相关函数的应用，可以对工作表进行各种条件的数据查询。

表 8-1　　　　　　　　　　　　查找和引用函数

函数名称	函数功能
ADDRESS	以文本形式返回对工作表中某个单元格的引用
AREAS	返回引用中的区域个数
CHOOSE	从值的列表中选择一个值
COLUMN	返回引用的列标
COLUMNS	反映引用的列数
HLOOKUP	在数组的首行查找并返回指定单元格的值
HYPERLINK	创建快捷方式或跳转，以打开存储在网络服务器、Intranet 或 Internet 上的文档
INDEX	使用索引从引用或数组中选择值
INDIRECT	返回由文本值表示的引用
LOOKUP	在向量或数组中查找值

函数名称	函数功能
MATCH	在引用或数组中查找值
OFFSET	从给定引用中返回引用偏移量
ROW	返回引用的行号
ROWS	返回引用的行数
VLOOKUP	在数组第一列中查找，然后在行之间移动以返回单元格的值

本节主要介绍表 8-1 中一些主要函数的应用方法，并通过实例说明它们在数据查询中的运用技巧。需要强调的是，在数据查询中很少只用一种函数，经常是多个函数的联合使用。因此，本节内容虽按函数名展开，但前面小节的案例却有可能使用后面的函数。

8.2.1　使用CHOOSE函数从值的列表中选择一个值

1. 功能与语法格式

CHOOSE 函数的功能是从值的列表中选择一个值，它有点类似于计算机程序语言中的分情况选择语句。使用该函数可以返回多达 29 个基于给定待选数值中的任一数值。

CHOOSE 函数的语法格式如下：

```
CHOOSE(index_num,value1,value2,…)
```

其中，参数 index_num 用以指明待选参数序号的参数值，它必须为 1 到 29 之间的数字，或者是包含数字 1 到 29 的公式或单元格引用。

- 如果 index_num 为 1，函数 CHOOSE 返回 value1；如果为 2，函数 CHOOSE 返回 value2，以此类推。

- 如果 index_num 小于 1 或者大于列表中最后一个值的序号，函数 CHOOSE 返回错误值 #VALUE!。

- 如果 index_num 为小数，则在使用前将被截尾取整。

参数 value1、value2，…为 1 到 29 个数值参数，可以为数字、单元格引用、已定义的名称、公式、函数或文本。使用时，函数 CHOOSE 基于 index_num 的结果值从 value1，value2，…中选择一个数值或执行相应的操作。

例如：CHOOSE(1,"A1","A2","A3")="A1"这个函数式中，索引值 1 对应的结果为"A1"。

再如：下面函数式的功能就是获取今天是星期几。

=CHOOSE(WEEKDAY(TODAY(),2) "星期一","星期二","星期三","星期四","星期五","星期六","星期日")

在该公式中，利用 WEEKDAY 获取今天的星期序号，并以此序号作为索引值，从后面的星期字符列表中获取相应的星期字符。

2. 使用时注意事项

函数 CHOOSE 的数值参数不仅可以为单个数值，也可以为区域引用。

例如，公式“=SUM(CHOOSE(3,A1:A10,B1:B10,C1:C10))”在运算中，函数 CHOOSE 先被计算，返回引用 C1:C10，然后函数 SUM 用 C1:C10 进行求和计算，也就是函数 CHOOSE 的结果是函数 SUM 的参数。其实该公式相当于“=SUM(C1:C10)”。

下面通过两个具体的应用实例，说明 CHOOSE 函数在数据查询中的实际应用方法。

3. CHOOSE 函数应用实例 1:礼品发放

在“元旦”节来临之际，公司决定依据员工在本单位的工龄发放不同的礼品。如图 8-7 所示，B3:C17 区域为各员工进入本单位工作时间的相关信息，而 G3:H9 区域为本次礼品发放的具体标准，礼品按照工龄的长短分为 6 种情况。

“元旦”员工礼品发放统计表

姓名	入职日期	工龄	礼品种类
张似	1985-3-4	27	单反相机
李力	1993-4-2	19	数码相机
王军	1998-3-2	14	智能手机
赵大海	1990-4-4	22	笔记本电脑
吴军	2009-3-9	3	8G优盘
刘新	2004-8-9	8	400G移动硬盘
陈净	2010-8-3	2	8G优盘
高琼	2011-3-3	1	8G优盘
刘真	2012-3-9	0	8G优盘
范林	1989-3-12	23	笔记本电脑
周页	1998-9-2	14	智能手机
梁秦	2008-3-7	4	8G优盘
王月	2007-3-8	5	400G移动硬盘
邹山	2010-3-9	2	8G优盘

工资核算基准日	2012-12-10

按工龄分类情况	礼品种类
工龄<5	8G优盘
5<=工龄<10	400G移动硬盘
10<=工龄<15	智能手机
15<=工龄<20	数码相机
20<=工龄<25	笔记本电脑
工龄>=25	单反相机

图 8-7 “元旦”员工礼品发放

现在的任务就是，如何利用 CHOOSE 函数在 E4:E17 区域确定查询每一个对应员工应该得到的礼品种类。仔细分析上述标准，可以发现工龄的间隔是固定的 5 年，为此，可以考虑利用简单的数学运算得到在使用 CHOOSE 函数时的索引值。

图 8-7 中其实已经有了结果，下面介绍这些结果的计算方法。操作步骤如下：

（1）按照图 8-7 的样式，设置整体表格的整体格式效果。

（2）在 D4 单元格输入公式“=YEAR($H$1-C4+2)-1900”，然后向下拖动复制到最后一个员工所在行，计算出每一个员工的工龄。

注意：本步骤中，公式输入完成后，需要将单元格的数字格式设置为“通用”格式。

（3）在 E4 单元格输入公式：“=CHOOSE(IF(D4>=25,6,D4/5+1),$H$4,$H$5,$H$6,$H$7,$H$8,$H$9)”然后向下拖动复制到最后一个员工所在行，计算出每一个员工的应得礼品。

说明：根据上面的发放标准，工龄25年以上的员工礼品相同，因此此处使用了IF函数来判断工龄是否在25年以上。如果是，则CHOOSE函数的索引值为6，否则就根据工龄计算索引值，请读者思考用“D4/5+1”计算索引值的道理所在。

对于本问题，当然也可以用 IF 函数来解决，但是 IF 函数的嵌套会造成公式比较复杂。此题有

6 个结论，所以需要有 5 层 IF 函数的嵌套，还没有达到 IF 函数 7 层嵌套的上限。但是，如果结论超过 8 个以上，还能考虑使用 IF 函数吗？下面再看一个实例。

4．CHOOSE 函数应用实例 2:销售提成

如图 8-8 所示，A2:B17 区域为某公司各销售人员的销售金额；而 E2:F17 区域为销售员按销售额进行排名后，对应各个名次的提成比例标准，现在需要在 C3:C17 确定每一个销售人员的提成金额。

	A	B	C	D	E	F	G
1	销售人员提成情况统计表				提成标准		
2	销售员	销售额	提成金额		整体排名	提成比例	
3	张似	¥234,323.00	¥23,432.30		1	12.00%	
4	李力	¥12,321.00	¥492.84		2	11.00%	
5	王军	¥23,456.00	¥1,055.52		3	10.00%	
6	赵大海	¥67,546.00	¥4,390.49		4	9.50%	
7	吴军	¥543,245.00	¥59,756.95		5	9.00%	
8	刘新	¥66,543.00	¥3,992.58		6	8.50%	
9	陈净	¥89,645.00	¥7,171.60		7	8.00%	
10	高琼	¥98,644.00	¥8,384.74		8	7.50%	
11	刘真	¥64,567.00	¥3,551.19		9	7.00%	
12	范林	¥231,456.00	¥21,988.32		10	6.50%	
13	周页	¥123,897.00	¥11,150.73		11	6.00%	
14	梁秦	¥87,546.00	¥6,565.95		12	5.50%	
15	王月	¥34,567.00	¥1,728.35		13	5.00%	
16	邹山	¥865,523.00	¥103,862.76		14	4.50%	
17	杨芳	¥67,956.00	¥4,756.92		15	4.00%	
18							

图 8-8　销售提成计算

如图 8-8 所示，每个人的提成金额已经求出来了，此时使用 IF 函数就不能解决这个问题了。还有一种方法就是，先对每人的销售额进行排序，然后根据个人的排列名次再作对应运算。

下面介绍的利用 CHOOSE 函数的计算可以不用排序。操作步骤如下：

（1）按照图 8-8 的样式，设置整体表格的整体格式效果。

（2）在 C3 单元格输入以下公式："=CHOOSE(RANK(B3,$B$3:$B$17),$F$3,$F$4,$F$5,$F$6,$F$7,$F$8,$F$9,$F$10,$F$11,$F$12,$F$13,$F$14,$F$15,$F$16,$F$17)*B3"。

注意：本公式中，利用RANK函数的返回值作为CHOOSE函数的索引值，达到了题目中的计算要求，同时也没有对原表格中的数据进行位置的调换。

（3）选定 C3 单元格，然后向下拖动复制到最后一个销售员所在行，即可计算出每一个销售人员的销售提成金额。

8.2.2　用VLOOKUP和HLOOKUP函数进行表格查询

在 Excel 2010 中，有两个函数 VLOOKUP 和 HLOOKUP 可以实现在表格或者数值数组的首行/首列查找指定的数值，并且由此返回表格或数组当前行/列中指定列/行处的数值。其中 VLOOKUP 函数实现的是垂直查找，HLOOKUP 函数实现的是水平查找。

一般来讲，VLOOKUP 函数的应用要比 HLOOKUP 相对多一些，所以下面主要介绍 VLOOKUP 函数的用法，HLOOKUP 函数不再介绍，读者可以查看 Excel 2010 的联机帮助信息。

1. VLOOKUP 函数的功能与语法格式

VLOOKUP 函数的功能是在表格或数值数组的首列查找指定的数值，并且由此返回表格或数组当前行中指定列处的数值，VLOOKUP 函数中的 V 代表垂直的意思。

VLOOKUP 函数的语法格式如下：

VLOOKUP(lookup_value,table_array,col_index_num,range_lookup)

可以看出，该函数包含 4 个参数。其中：

- lookup_value 是需要在数据表第一列中查找的数值，可以是数值、引用或字符串。
- table_array 是需要在其中查找数据的数据表，可以使用对区域或区域名称的引用。
- col_index_num 是 table_array 中待返回的匹配值的列序号，col_index_num 为 1 时，返回 table_array 第一列中的数值；col_index_num 为 2 时，返回 table_array 第二列中的数值，以此类推；如果 col_index_num 小于 1，VLOOKUP()函数返回错误值#VALUE!；如果 col_index_num 大于 table_array 的列数，VLOOKUP()函数返回错误值#REF!。
- range_lookup 为一个逻辑值，指明 VLOOKUP()函数返回时是"精确匹配"还是"近似匹配"。如果其取值为 TRUE 或省略，则返回近似匹配值，也就是说，如果找不到精确匹配值，则返回小于参数 lookup_value 的最大数值；如果为 FALSE,将返回精确匹配值；如果找不到，则返回错误值#N!A。

图 8-9 所示就是 VLOOKUP 函数的一个简单应用。图中单元格区域 G1:H11 给出了商品价格清单，在单元格区域 A1:E11 中，D 列的单价就是由 VLOOKUP 函数根据 B 列中的商品代码从 G1:H11 区域中查找得到的。其中，单元格 D2 的公式为"=VLOOKUP(B2,$G$2:$H$11,2,FALSE)"。

D2	▼	ƒx	=VLOOKUP(B2, $G$2:$H$11, 2, FALSE)				
	A	B	C	D	E	F	G	H
1	序号	商品代码	数量	单价	金额		商品代码	单价
2	1	A01	45	12.00	540.00		A01	12.00
3	2	A03	34	13.00	442.00		A02	11.00
4	3	A08	47	12.00	564.00		A03	13.00
5	4	A07	56	18.00	1008.00		A04	8.00
6	5	A01	34	12.00	408.00		A05	9.00
7	6	A08	78	12.00	936.00		A06	11.00
8	7	A06	45	11.00	495.00		A07	18.00
9	8	A10	23	5.00	115.00		A08	12.00
10	9	A03	56	13.00	728.00		A09	9.00
11	10	A05	23	9.00	207.00		A10	5.00

图 8-9　VLOOKUP 函数的一个简单应用

注意：图8-9中D2的公式"=VLOOKUP(B2,$G$2:$H$11,2,FALSE)"中，之所以$G$2:$H$11要设置为绝对引用，是为了在往下拖动从而复制该公式时，能够保证该区域不发生变化，这一点非常关键。另外，该函数的第四个参数用FALSE是进行精确查询，当在B列中输入的商品代码不在区域G1:G11的范围之内时，返回错误值"#N/A"，从而起到核对功能。

下面通过一个具体的综合应用实例，说明 VLOOKUP 函数在数据查询中的实际应用。

2. VLOOKUP 函数应用实例：设计学生基本情况查询表

现有一个工作簿，其中包含"学生情况登记表"和"学生基本情况查询表"两个工作表。其中，"学生情况登记表"样式效果如图 8-10 所示，"学生基本情况查询表"的初始界面（没有进行姓名输入时）如图 8-11 所示。

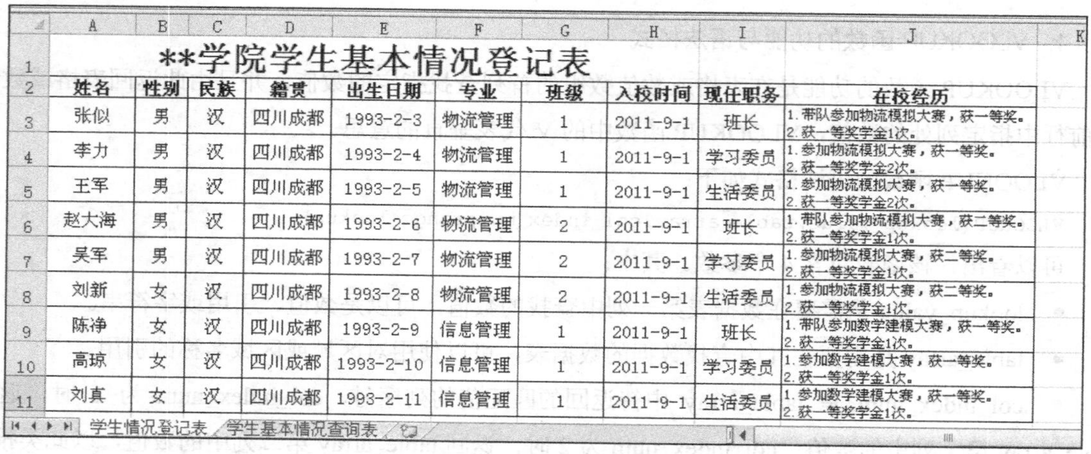

**学院学生基本情况登记表

姓名	性别	民族	籍贯	出生日期	专业	班级	入校时间	现任职务	在校经历
张似	男	汉	四川成都	1993-2-3	物流管理	1	2011-9-1	班长	1.带队参加物流模拟大赛，获一等奖。2.获一等奖学金1次。
李力	男	汉	四川成都	1993-2-4	物流管理	1	2011-9-1	学习委员	1.参加物流模拟大赛，获一等奖。2.获一等奖学金2次。
王军	男	汉	四川成都	1993-2-5	物流管理	1	2011-9-1	生活委员	1.参加物流模拟大赛，获一等奖。2.获一等奖学金2次。
赵大海	男	汉	四川成都	1993-2-6	物流管理	2	2011-9-1	班长	1.带队参加物流模拟大赛，获二等奖。2.获一等奖学金1次。
吴军	男	汉	四川成都	1993-2-7	物流管理	2	2011-9-1	学习委员	1.参加物流模拟大赛，获二等奖。2.获一等奖学金1次。
刘新	女	汉	四川成都	1993-2-8	物流管理	2	2011-9-1	生活委员	1.参加物流模拟大赛，获二等奖。2.获一等奖学金1次。
陈净	女	汉	四川成都	1993-2-9	信息管理	1	2011-9-1	班长	1.带队参加数学建模大赛，获一等奖。2.获一等奖学金1次。
高琼	女	汉	四川成都	1993-2-10	信息管理	1	2011-9-1	学习委员	1.参加数学建模大赛，获一等奖。2.获一等奖学金1次。
刘真	女	汉	四川成都	1993-2-11	信息管理	1	2011-9-1	生活委员	1.参加数学建模大赛，获一等奖。2.获一等奖学金1次。

图 8-10　学生情况登记表

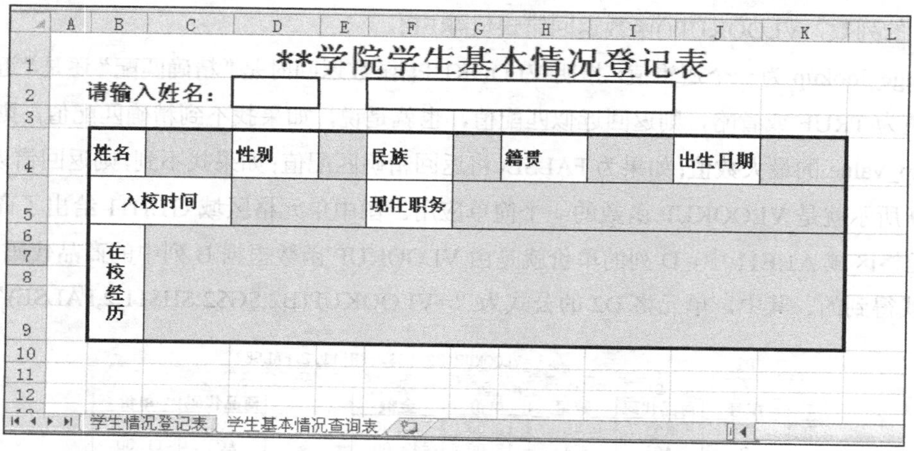

图 8-11　“学生基本情况查询表”的初始效果

本实例实现功能如下：在“学生基本情况查询表”中输入姓名后，如果该名字存在于“学生情况登记表”中，系统会自动提取“学生情况登记表”中该学生的相关信息，并填充到查询表的适当位置，得到内容完整的“学生基本情况查询表”，如图 8-12 所示。

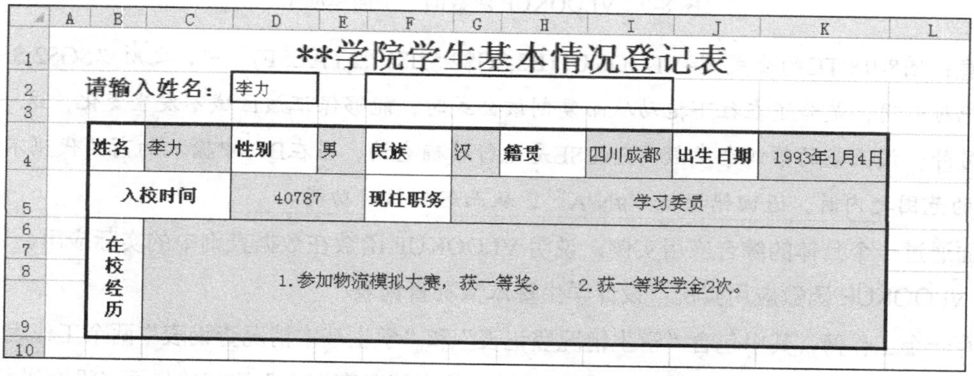

图 8-12　“学生基本情况查询表”的正确结果界面

当输入的姓名有文字错误或者输入的名字不在"学生情况登记表"中时，则在名称输入框右侧显示出错信息"没有该学生信息"，如图 8-13 所示。

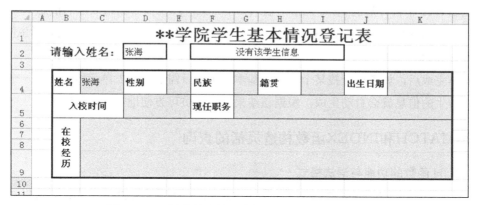

图 8-13 "学生基本情况查询表"的输入出错界面

以上所述的功能效果，通过利用 VLOOKUP 函数并结合 ISERROR 信息判断函数、IF 逻辑函数的控制判断就可轻松实现。具体操作步骤如下：

（1）按照图 8-10 的样式，建立"学生基本情况登记表"工作表，并输入文字内容。

（2）按照图 8-11 的外观样式，建立"学生基本情况查询表"。

操作中需要注意以下几点：第一，单元格的合并操作；第二，不同单元格中字体的设置；第三，注意单元格边框线的设置；第四，注意那些需要自动生成查找结果内容的单元格填充颜色的设置；第五，对整个表格进行页面设置，以方便于后续可能需要的打印操作。

（3）在图 8-11 中的 C4 单元格输入公式"=IF(D2="","",D2)"，实现 C4 与 D2 的同步链接，当 D2 中没输入姓名时，C4 为空，一旦 D2 中有了姓名，C4 也有相同的姓名。

（4）"性别"自动查询结果的函数设置。在图 8-11"学生基本情况查询表"中，要实现在 E4 单元格能自动生成对应"性别"，需要先选中 E4 单元格，然后输入下面的公式，并按回车键确认即可。

"=IF(ISERROR(VLOOKUP(C4，学生情况登记表!A3:J11,2,FALSE)),"",VLOOKUP(C4,学生情况登记表!A3:J11,2,FALSE))"

说明：在上述公式中，表达式"VLOOKUP（C4,学生情况登记表!A3:J11,2,FALSE）"表示根据"学生基本情况查询表"中 C4 单元格的值（姓名）在"学生情况登记表"中查找该学生的性别，查找范围为"学生情况登记表"中的 A2:J11 单元格区域；数字"2"表示"性别"字段的值在查找区域中的第 2 列；FALSE 表示精确查找。另外，在上述公式中用到了 ISERROR() 函数，表示如果公式"VLOOKUP（C4,学生情况登记表!A3:J11,2,FALSE）"返回错误值，则查找失败，单元格显示""，反之显示查找结果。

（5）按照与步骤（4）类似的方法，依次在 G4、I4、K4、D5、I5、K5、C6、H6 和 C7 等单元格设置需要自动生成学生对应其他查询信息的公式。

操作中，只需要修改上述公式中 VLOOKUP 函数的第 3 个参数的值（即查询结果返回的列号）即可，也就是需要将数字 2 改成其他数字。例如，若要想在 K4 单元格自动生成"出生时间"，由于

"出生时间"在"学生情况登记表"中的第 5 列，则在 K4 单元格中输入公式时，只要将步骤（4）公式中的数字 2 改为 5 即可。

（6）在图 8-11 中合并后的 F2 单元格中输入如下公式，以便显示出错处理的信息。

= IF(D2="","",IF(ISERROR(VLOOKUP(E2,学生情况登记表!A3:J11,2,FALSE)),"没有该学生信息",""))

该公式含义的理解与步骤（4）类似，不再赘述。

以上操作完成后，如需要查找某个学生的基本情况，只需要在 D2 单元格中输入一个正确的学生姓名，该学生的信息就会自动生成，根据该结果操作人员可方便地查看和打印。

8.2.3 用MATCH和INDEX函数构造灵活的查询

1. MATCH 函数的功能与语法格式

MATCH 函数的灵活性比 LOOKUP（包括 VLOOKUP、HLOOKUP）更强，它可以在工作表的一行（或一列）中进行数据查询，并返回数值在行（或列）中的位置。如果需要找出数据在某行（或某列）的位置而不是数据本身，则应该使用 MATCH 函数。

MATCH 函数的语法格式如下：

MATCH(lookup_value,lookup_array,match_type)

可以看出，该函数包含 3 个参数。其中：

- lookup_value 为需要在 lookup_array 中查找的数值，它可以是数值（数字、文本或逻辑值）或对数字、文本或逻辑值的单元格引用。例如，如果要在电话簿中查找某人的电话号码，则应该将姓名作为查找值，但实际上需要的是电话号码。

- lookup_array 为可能包含所要查找数值的区域，它可以是一个数组或数组引用，也可以是某行（某列）的连续单元格区域。

- match_type 指明了查找方式，也就是它决定了 MATCH 函数如何在 lookup_array 中查找 lookup_value，其取值可以为数值-1，0 或 1。表 8-2 给出了这 3 个取值的含义。

表 8-2   MATCH 函数的查找方式

Match_type 的取值	对应的查找方式
−1	查找大于或等于 lookup_value 的最小数值，lookup_array 必须降序排列
0	查找等于 lookup_value 的第一个数值，lookup_array 不需要排序
1	查找小于或等于 lookup_value 的最大数值，lookup_array 必须升序排列

说明：

（1）函数MATCH返回lookup_array中目标值的位置，而不是数值本身。例如，MATCH（"A",{"A","B","C"},0)返回1，即"A"在数组{"A","B","C"}中的相应位置。

（2）查找文本值时，函数MATCH不区分大小写字母。

（3）如果函数MATCH查找不成功，则返回错误值#N/A。

（4）如果match_type为0且lookup_value为文本，lookup_value可以包含通配符星号（*）和问号

（？），其中星号可以匹配任何字符序列，问号可以匹配单个字符。

可以看出，MATCH 函数与 CHOOSE 函数有着相当密切的关系。CHOOSE 函数会根据索引值所指定的位置返回该位置的数据，MATCH 函数则得到与查找值符合或者最相近的位置是数组中的哪个位置。另外，因为 MATCH 函数的结果只是得到与查找值符合或者最相近的位置是数组中的哪个位置（而并不是所需要的最终答案），所以在多数实际问题的查询中，MATCH 函数常常与其他函数联合使用。例如，用该函数的结果作为 VLOOKUP 函数（或者 HLOOKUP 函数）的第 3 个参数，或者作为下面介绍的 INDEX 函数的参数。通过这些最终才能求得所需单元格的值。

图 8-14 所示就是 MATCH 函数的一个简单应用，它确定某个数据（2.3）在指定单元格区域（B2:F2）中的相对位置，图中 D4 的公式为“=MATCH(2.3,B2:F2,0)”。

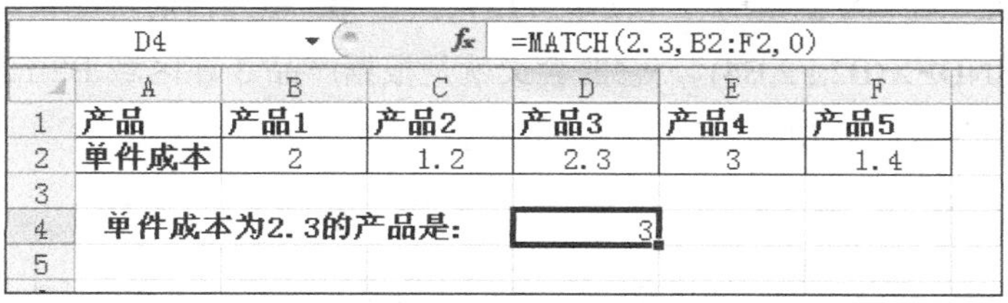
D4 =MATCH(2.3,B2:F2,0)

	A	B	C	D	E	F
1	产品	产品1	产品2	产品3	产品4	产品5
2	单件成本	2	1.2	2.3	3	1.4
3						
4	单件成本为2.3的产品是:			3		
5						

图 8-14 MATCH 函数的一个简单应用

注意：MATCH函数返回的位置是相对于指定的单元格区域而言的，而不是针对整个工作表区域。例如，图8-14中函数MATCH(2.3,B2:F2,0)的结果为3。

2. INDEX 函数的功能与语法格式

INDEX 函数返回指定的行与列交叉处的单元格引用。如果引用由不连续的选定区域组成，可以选择某一连续区域。函数 INDEX 有两种语法形式：数组形式和引用形式。数组形式通常返回数值或数值数组，引用形式通常返回引用。

一般情况下应用引用形式的比较多，引用形式的语法格式如下：

```
INDEX(reference, row_num, column_num, area_num)
```

其中各参数简单解释如下（详细介绍及数组形式的格式请查看 Excel 2010 联机帮助信息）：

- reference 是对一个或多个单元格区域的引用。如果为引用输入一个不连续的区域，必须用括号括起来。如果引用中的每个区域只包含一行或一列，则相应的参数 row_num 或 column_num 分别为可选项。例如，对于单行的引用，可以使用函数 INDEX(reference,,column_num)。
- row_num 为引用中某行的行序号，函数从该行返回一个引用。
- column_num 为引用中某列的列序号，函数从该列返回一个引用。
- area_num 选择引用中的一个区域，并返回该区域中 row_num 和 column_num 的交叉区域。选择或输入的第一个区域序号为 1，第二个为 2，以此类推。如果省略 area_num，函数 INDEX 使用区域 1。例如，如果引用描述的单元格为(A1:B4,D1:E4,G1:H4)，则 area_num 1 为区域 A1:B4，area_num 2 为区域 D1:E4，area_num 3 为区域 G1:H4。

说明：

（1）在通过reference和area_num选择了特定的区域后，row_num和column_num将进一步选择指定的单元格：row_num 1为区域的首行，column_num 1为首列，以此类推。函数INDEX返回的引用即为row_num和column_num的交叉区域。

（2）如果row_num/column_num设置为0，INDEX分别返回对整列/行的引用。

（3）row_num、column_num和area_num必须指向reference中的单元格，否则函数INDEX将返回错误值#REF!。如果省略row_num和column_num，函数INDEX返回由area_num所指定的区域。

（4）INDEX的结果为一个引用，且在其他公式中也被解释为引用。根据公式的需要，INDEX的返回值可以作为引用或数值。例如，公式CELL(“width”,INDEX(A1:B2,1,2))等价于公式CELL(“width”,B1)。CELL函数将函数INDEX的返回值作为单元格引用。公式2*INDEX(A1:B2,1,2)则将函数INDEX的返回值解释为B1单元格中的数字。

图 8-15 所示就是 INDEX 函数的一个简单应用，其中 B5 单元格的功能就是确定产品 3 的单件成本，其公式为“=INDEX(B2:F2,B4)”，它的含义就是根据产品 3 在区域 B2:F2 的位置（第 3 列，已经由 MATCH 函数确定）来确定该产品的单件成本。

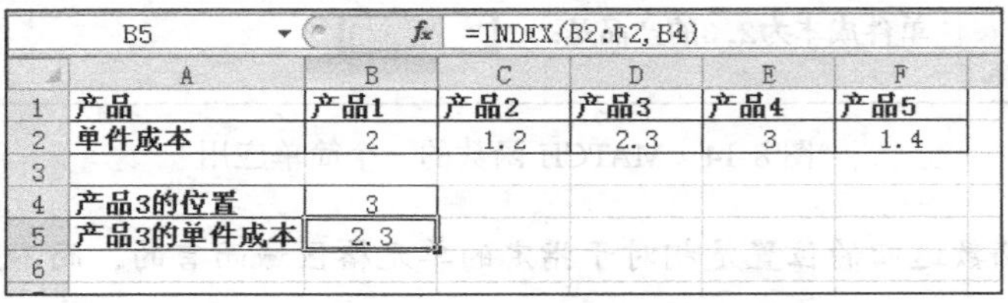
B5　=INDEX(B2:F2,B4)

	A	B	C	D	E	F
1	产品	产品1	产品2	产品3	产品4	产品5
2	单件成本	2	1.2	2.3	3	1.4
3						
4	产品3的位置	3				
5	产品3的单件成本	2.3				
6						

图 8-15　INDEX 函数的简单应用

注意：该例如果联合使用MATCH函数和INDEX函数，则B5单元格的公式为“=INDEX(B2:F2,MATCH(“产品3”,B1:F1,0))”。

从上面的“注意”可以看出，INDEX 函数常常和 MATCH 函数一起使用：先用 MATCH 函数确定数据所在的行或列，然后利用 INDEX 函数将该行和列交叉处的数据提取出来。

下面介绍两个联合使用 MATCH 函数和 INDEX 函数构造数据查询的实例。

3. MATCH 函数和 INDEX 函数构造查找实例 1：行列交叉查询

如图 8-16 所示，A5:I14 区域为某高校各个院系各类学生数量的相关信息，B2:D3 区域是构造的一个数据查询界面，以方便对这些数据的查询。在该界面下，只要在院系下面的 B3 单元格中选取院系名称（事先已经设置好数据有效性，让其来源就是下面各个学院名称构成的序列，所以可以选择输入），在学生类型下的 C3 单元格选择学生类型（也已经设置了有效性，所以可以选择输入）后，其对应数量将马上在 D3 单元格显示出来。

该实例的实现方法很多，结束本章的学习后，读者可以尝试使用多种方法来解决这个问题。这里的关键就是 D3 单元格公式的构建。

这里，采用 MATCH 函数和 INDEX 函数构造的 D3 单元格公式为“=INDEX(B6:I14,MATCH(B3,A6:A14,0),MATCH(C3,B5:I5,0))”。

该公式的意义为：首先利用MATCH(B3,A6:A14,0)函数精确查找出单元格B3的值在区域A6:A14中的行号，然后利用 MATCH(C3,B5:I5,0)函数精确查找出单元格 C3 的值在区域 B5:I5 中的列号，最后利用找到的行号和列号用 INDEX 函数从 B6:I14 中找到相应的学生的数量。

D3 =INDEX(B6:I14,MATCH(B3,A6:A14,0),MATCH(C3,B5:I5,0))

	A	B	C	D	E	F	G	H	I
1		某校各类学生数量查询							
2		院系	学生类型	数量					
3		管理学院	普通本科	340					
4									
5		普通专科	专升本	普通本科	硕士研究生	本科成教	专科成教	本科网络教育	合计
6	管理学院	212	56	340	68	57	21	68	822
7	计算机学院	0	34	455	91	76	0	91	747
8	外语学院	187	23	213	43	36	19	43	562
9	生物学院	0	12	134	27	22	0	27	222
10	土木学院	321	105	654	131	109	32	131	1483
11	机械学院	190	89	456	91	76	19	91	1012
12	材料学院	187	56	453	91	76	19	91	971
13	理学院	0	8	234	47	39	0	47	375
14	总　计	1097	383	2939	588	490	110	588	6194
15									

图 8-16　利用 MATCH 函数和 INDEX 函数查询学生数量

可以看出，该公式不仅简单，而且应用非常灵活，只要分别在 B3 和 C3 中选择院系名称和学生类型后，对应的学生数量就能够很快显示出来。

本例是根据行列交叉进行查询，有时还需根据两列进行查询，下面再看另一个实例。

4. MATCH 函数和 INDEX 函数构造查询实例 2：根据两列以上数据查询

如图 8-17 所示，单元格区域 A7:C17 区域为某集团公司 2012 年度各分公司各种项目的最终奖金金额报表（此表设计是否符合会计规范，本处暂不考虑，本实例主要是介绍如何利用 MATCH 函数和 INDEX 函数进行双列查询）；单元格区域 E2:E5 为该集团各个分公司的列表；单元格区域 G2:G6 为项目类型的列表；单元格区域 A1:B3 是一个查询界面。

	A	B	C	D	E	F	G	H
1	分公司名称	一分公司			分公司名称		项目名称	
2	项目名称	项目B			一分公司		项目A	
3	奖金金额	¥2,000,000.00			二分公司		项目B	
4					三分公司		项目C	
5		各分公司年度项目奖金金额情况			四分公司		项目D	
6							项目E	
7	分公司名称	项目名称	奖金金额					
8	一分公司	项目A	¥300,000.00					
9	一分公司	项目B	¥2,000,000.00					
10	二分公司	项目C	¥300,000.00					
11	二分公司	项目E	¥4,890,000.00					
12	二分公司	项目A	¥300,000.00					
13	三分公司	项目A	¥300,000.00					
14	三分公司	项目D	¥490,000.00					
15	四分公司	项目A	¥300,000.00					
16	四分公司	项目C	¥490,000.00					
17	四分公司	项目E	¥1,245,000.00					
18								

图 8-17　项目奖金金额报表

A1:B3 区域查询界面的操作方法为：当在 B1 和 B2 分别选择分公司名称和项目名称以后，如果有对应的项目，则其奖金金额很快会在 B3 单元格显示出来；否则，B3 单元格将显示出错信息“没有查到结果”。

同上一个实例类似，本例的关键也是在于 B3 单元格中公式的确定，与上一例不同之处在于：上面的例子是通过行列交叉进行数据查询的，本例的数据查询来自于两列。

其实，这种查询最简单的办法是利用 Excel 2010 的数据筛选工具。在这里我们还是考虑使用有关的查询函数来完成这个任务，以方便读者加深对这些查询函数的理解，加强应用。

在本实例的实现过程中编者使用了 Excel 2010 中的很多知识点，除了本节介绍的 MATCH 和 INDEX 查询函数外，还包括数据有效性、数组公式、定义名称、文本的连接、IF 判断函数、ISERROR 错误处理函数等。其具体操作步骤如下：

（1）按照图 8-17 的样式，设置表格的整体格式效果。

（2）设计 B1 的数据有效性。选定 B1 单元格，单击"数据"标签下"数据工具"区域中"数据有效性"按钮，在弹出的"数据有效性"对话框中，在"设置"选项卡的"允许"下拉列表中选择"序列"，在"来源"文本框中，通过单击来输入该集团公司各个分公司的列表所在区域 E2:E5，如图 8-18 所示。设置数据有效性后，单击 B1 单元格，将会弹出一个包含所有分公司名称的下拉列表，如图 8-19 所示，此时可以选择输入需要查询的分公司名称。

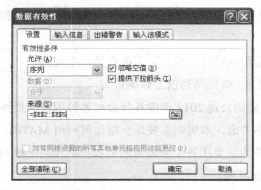

图 8-18　"数据有效性"对话框

图 8-19　"数据有效性"设置后的效果

（3）按照与 B1 单元格相同的方法，设置 B2 单元格的数据有效性。

（4）定义数据区域名称。利用"公式"→"定义名称"的方法，为单元格区域 A7:A17 定义名称"分公司名称"，为单元格区域 B7:B17 定义名称"项目名称"，为单元格区域 C7:C17 定义名称"奖金金额"。

（5）在单元格 B3 中输入如下公式：

"=IF(ISERROR(INDEX(奖金金额，MATCH(B1&B2，分公司名称&项目名称，0)))，"没有查到结果"，INDEX(奖金金额，MATCH(B1&B2，分公司名称&项目名称，0)))"

（6）按 Ctrl+Shift+Enter 组合键，完成数组公式的输入。

说明：

（1）在B3的公式中，使用字符连接符"&"将A、B两列文本连接成要查询的一个新关键字和一个新数据区域，再利用MATCH函数在这个新数据区域中查找新关键字的位置（这样处理之后，读者可以尝试使用VLOOKUP函数来解决余下的部分）。

（2）上面最后一个步骤按Ctrl+Shift+Enter组合键是不可忽视的操作步骤，只有这样才能符合MATCH的规定。

（3）为了进行排错处理，上面公式中设置了利用IF判断的控制条件，当没有查询结果时，显示"没有查到结果"，有了结果才显示对应的数值。

（4）公式中ISERROR函数为错误判断函数，当出现错误时，该函数返回TRUE。

8.2.4　利用INDIRECT函数和名称查询其他工作表中的数据

1. INDIRECT 函数功能与语法格式

INDIRECT 函数返回由文本字符串指定的引用。该函数能够对引用进行计算，并显示其内容。当需要更改公式中单元格的引用，而不更改公式本身时，可使用该函数。

INDIRECT 函数的语法格式如下：

```
INDIRECT(ref_text,a1)
```

可以看出，该函数包含两个参数：①ref_text 为对单元格的引用，它可以是包含 A1 样式或 R1C1 样式的引用、定义为引用的名称或对文本字符串单元格（如 G2、$B$5）的引用。如果 ref_text 不是合法的单元格的引用，函数 INDIRECT 将返回错误值#REF!。②a1 为一逻辑值，指明包含在单元格 ref_text 中的引用的类型。如果 a1 为 TRUE 或省略，ref_text 被解释为 A1 样式的引用；如果 a1 为 FALSE，则被解释为 R1C1 样式的引用。

图 8-20 所示就是 INDIRECT 函数的一些简单应用，图中单元格 A2、A3 的值分别为 B2、C5，而单元格 B2、C5 的值分别为 100 和 35，所以 A7 中公式"=INDIRECT($A$2)"的结果为 100，而 A8 中的公式"=INDIRECT($A$3)"的结果为 35。另外，单元格 B4 已经被定义为名称"金额"，则 A9 中公式"=INDIRECT("金额")"的返回结果就为 B4 中的数值"23200"。

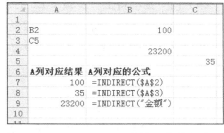

图 8-20　INDIRECT 函数的一些简单应用

注意：

（1）如果ref_text是对另一个工作簿的引用，那个工作簿必须被打开，否则INDIRECT函数返回错误值#REF!。

（2）利用INDIRECT函数可以引用某一固定的单元格。例如，在工作表中插入或删除一行后，以前所引用的单元格将发生变化，同时单元格的引用会被重新计算；如果在插入或删除一行后想让C1单元格仍然引用单元格A5的值，就可以在C1中使用公式"=INDIRECT("A5")"。

INDIRECT 函数可以构造非常灵活而高效的查询，如果用名称作为参数，还会使问题的解决更加简化和高效。下面通过一个实例进行说明。

2. INDIRECT 函数应用实例：查找基本工资

如图 8-21 中（a）图所示为某单位对新员工根据学历情况设置的基本工资表。图 8-21 中（b）图所示为新员工的工资表。它们分别存放在两个不同的工作表中。

现在假设（b）图中除了 E 列的基本工资之外，其余信息已经输入完毕，现在需要做的工作就是输入每一个新员工的基本工资。

	A	B
1	基本工资表	
2	学历	基本工资
3	中专	800
4	大专	1200
5	本科	2200
6	硕士	3000
7	博士	4000

（a）基本工资表

	A	B	C	D	E
1	姓名	性别	专业	学历	基本工资
2	刘新	男	教育	硕士	3000
3	陈净	女	英语	本科	2200
4	高琼	女	管理	本科	2200
5	刘真	女	管理	博士	4000
6	范林	女	教育	硕士	3000
7	周页	男	会计	大专	1200
8	梁泰	男	会计	大专	1200
9	王月	女	计算机	本科	2200
10	邹山	男	计算机	硕士	3000

（b）新员工基本工资表

图 8-21　利用 INDIRECT 函数和指定名称来查找新员工的基本工资

对于本问题的解决，用前面介绍过的查找函数，例如 LOOKUP、VLOOKUP、INDEX 和 MATCH 函数都能够找到基本工资。下面介绍利用 INDIRECT 函数和指定名称的方法，该方法更为简单。具体操作步骤如下：

（1）选定图 8-21 的（a）图中区域 A2:B9。

（2）运行“公式”→“定义名称”命令，指定上述区域的最左列为名称。

（3）在图 8-21 的（b）图的单元格 E2 中输入公式“=INDIRECT(D2)”。

（4）向下拖动将上一步骤中 E2 的公式一直拖动到最后一个员工。

上述操作完成后，每个员工按照学历情况对应的基本工资将全部被填充。

公式“=INDIRECT(D2)”的含义是：先计算出图 8-21 中（b）图 D2 单元格中引用单元格的值。由于图 8-21 中（b）图 D2 单元格中的“硕士”是图 8-21 中（a）图中 B6 的名称，所以 INDIRECT(D2) 将返回图 8-21 中（a）图中 B6 的值。

8.2.5　用OFFSET函数进行动态数据区域查询

1. OFFSET 函数功能与语法格式

OFFSET 函数是一个功能非常强大的函数。我们可以利用这个函数对动态数据进行查询，而不像前面介绍的那些实例那样只能对一个或者多个固定的数据区域进行查询。

OFFSET 函数以指定的引用为参照系，通过给定偏移量得到新的引用。返回的引用可以为一个单元格或单元格区域，并可以指定返回的行数或列数。其语法格式如下：

OFFSET(reference,rows,cols,height,width)

可以看出，该函数最多包含 5 个参数，后两个参数为可选项。其中：

- reference 作为偏移量参照系的引用区域，它必须为对单元格或相连单元格区域的引用。否则，函数 OFFSET 返回错误值#VALUE!。
- rows 为相对于偏移量参照系左上角单元格上（下）偏移的行数。行数可为正数（代表在起始引用的下方），也可以是负数（代表在起始引用的上方）。
- cols 为相对于偏移量参照系左上角单元格左（右）偏移的列数。列数可为正数（代表在起始引用的右边），也可以是负数（代表在起始引用的左边）。
- height 为高度，即所要返回的引用区域的行数。height 值必须为正数。

● width 为宽度，即所要返回的引用区域的列数。width 值必须为正数。

图 8-22 所示就是 OFFSET 函数的一些简单应用。为了便于读者查看，图中单元格 B4 的公式已经以文本形式列在 C4 中，为 "=OFFSET(A1,1,2,1,1)"，其意思是以 A1 为参照系，行号增加 1，列号增加 2，所以其结果就相当于单元格 C2 的值，为 800；同样，单元格 B5 的公式也已经列在 C5 中，为 "=SUM(OFFSET(A1:B2,1,2))"，其中 OFFSET(A1:B2,1,2) 返回的是以 A1:B2 为参照系，行号增加 1，列号增加 2，所以其结果就相当于单元格区域 C2:D3，该区域作为外面 SUM 函数的参数，故其结果实际上是求单元格区域 C2:D3 中各个数值的总和，为 240。

⬚	A	B	C	D
1	10	24	35	47
2	20	30	40	50
3	30	42	70	80
4		40	=OFFSET(A1,1,2,1,1)	
5		240	=SUM(OFFSET(A1:B2,1,2))	
6				
7				

图 8-22　OFFSET 函数的一些简单应用

说明：

（1）如果行数和列数偏移量超出工作表边缘，OFFSET返回错误值#REF!。

（2）如果省略height或width，则假设其高度或宽度与reference相同。

（3）函数OFFSET实际上并不移动任何单元格或更改选定区域，它只是返回一个引用。

函数 OFFSET 可用于任何需要将引用作为参数的函数，另外它在动态图表制作以及数据透视分析中也很有用武之地，读者可以查阅前面介绍这些相关操作方法时对 OFFSET 的应用例子。下面再通过一个实例专门说明函数 OFFSET 的应用技巧。

2. OFFSET 函数应用实例：根据月份查询汇总数据

如图 8-23 所示，上面的单元格区域 A1:H9 为某公司下半年各项经营管理费用的明细数据和总计结果。下面部分为一个查询界面，该查询界面能够实现的功能为：当在 B11 单元格输入一个月份数字后，B14:H14 区域中各个单元格将很快显示出其上面对应项目的数值；同时在 B15:H15 区域中的各个单元格将很快显示出其上面对应项目累计到输入数字月份的合计数值；在 B16:H16 区域中各个单元格将很快显示出其上面对应项目累计到输入数字月份的合计数值占该项目费用上半年总计结果的百分比。

⬚	A	B	C	D	E	F	G	H
1	下半年经营管理费用汇总表							
2	月份	办公费	差旅费	培训费	通信费	保险费	水电费	杂费
3	7	4590	3490	5000	2400	2300	3470	2490
4	8	4512	3212	5000	2367	2300	3465	2265
5	9	4321	3256	5000	2177	2300	3456	2175
6	10	4234	6545	5000	2976	2300	2768	2376
7	11	4657	6578	2000	2786	2300	2876	2543
8	12	4532	6789	2000	2876	2300	2865	2644
9	总计	26846	29870	24000	15582	13800	18900	14493
10								
11	请选择月份		8 月					
12	该月数据查询结果							
13	月份	办公费	差旅费	培训费	通信费	保险费	水电费	杂费
14	8	4512	3212	5000	2367	2300	3465	2265
15	截止到8月份合计	9102	6702	10000	4767	4600	6935	4755
16	占总计的百分比	33.90%	22.44%	41.67%	30.59%	33.33%	36.69%	32.81%

图 8-23　OFFSET 函数应用实例：按照月份查询汇总数据

对于本问题的解决，B14:B16:H16 结果在获得 B15:H15 的数值之后也只是进行简单公式运算即可。因此本问题解决的关键是 B15:H15 结果的获得。

编者在本例中 B15:H15 结果获得的公式中综合应用了 OFFSET、INDEX、MATCH、SUM 以及COLUMN 等函数。其具体操作步骤如下：

（1）按照图 8-23 中的内容和格式，输入单元格 A11 和 A12 中的文字。

（2）选取 A12:H12 区域，进行合并居中操作，将第 12 行设置为一个大标题行。

（3）选取 A2:H2 区域，然后将其内容复制到 A13:H13 区域，作为将来查询结果的每一列项目的对应名称。

（4）在单元格 A14 中输入公式"=B11"，这样将 A14 与 B11 进行了同步链接。

（5）在单元格 B14 中输入下面的公式，并向右复制得到某个月份各项费用的数值。

"=OFFSET(INDIRECT("A"&MATCH($B$11,$A$2:$A$8,0)),1,COLUMN(A2))"

说明：该公式的含义是：首先利用MATCH函数查找单元格B11中的数字在A2:A8区域中对应的行号，然后再利用INDIRECT函数引用A列中该行所在的单元格，最后利用OFFSET函数，以上面求得的单元格为参照系，行号偏移1行，列号偏移1列（此处的列偏移数目是由COLUMN(A2)函数确定的，COLUMN(A2)的结果是返回A2单元格所在的列号；注意其中A2用的是相对引用，所以当B14的公式向右复制时，用这种方法计算的列偏移数目会自动变化，从而实现了对B14:H14区域中所有单元格内容的自动填充）。

（1）在单元格 A15 中输入公式"="截止到"&B11&"月份合计""，这样 A15 单元格中的月份数字会随 B11 中输入的数字而变化，并通过连接符与其他文本进行了组合。

（2）在单元格 B14 输入下面公式，并向右复制计算出到指定月份各项费用的合计值。"=SUM(OFFSET(B2,1,,$B$11-6))"

（3）在单元格 A16 中直接输入文字"占总计的百分比"，并进行格式设置。

（4）在单元格 B16 中输入公式"=B15/B9"，向右复制计算出截止到指定月份为止，各项费用的合计值占上半年总计值的百分比，并将单元格 B16:H16 区域的数字设置为"百分比"格式。

上述操作完成后，本例的预设效果就可以实现：当在 B11 输入一个月份数字（还可以通过有效性设置，以便实现选择输入）后，B14:H16 区域将很快显示出相应的查询结果。

8.3 数据库表格中的数据查询

数据库表格中的数据查询有两种方法，分别是利用记录单查询和利用数据库函数查询。

8.3.1 利用记录单进行数据查询

当 Excel 数据库中的数据记录太多时，要查看、修改、编辑其中的某条记录是很困难的。这时，使用 Excel 2010 的记录单进行数据查找可使问题简化。请看下面的例子。

图 8-24 是 2007 年某图书馆的藏书数据，其数据量很大，要在其中查看某本图书的情况比较困难。记录单可帮助解决该问题，利用记录单查看符合条件的数据记录非常快捷。当然，这类问题也可用前面介绍的数据筛选的方法。在本节中，我们主要为大家介绍记录单的操作方法。

	A	B	C	D	E
1	序号	图书名称	作者	出版社	出版时间
2	1	企业信息化与竞争情报	谢新洲	北京大学出版社	2006-6-1
3	2	管理咨询	丁栋虹	清华大学出版社	2010-2-3
4	3	21世纪的决策支持系统	朱岩 译	清华大学出版社	2009-3-2
5	4	企业信息化规划与管理	靖继鹏	机械工业出版社	2008-2-3
6	5	企业信息化战略管理	赵平	清华大学出版社	2009-3-2
7	6	企业战略管理	王军	机械工业出版社	2010-3-2
8	7	信息管理集成论	黄杰	经济管理出版社	2008-3-5
9	8	企业信息资源管理	秦铁辉	北京大学出版社	2009-3-2
10	9	企业总体架构	赵捷	电子工业出版社	2008-3-2
11	10	信息系统战略规划	吴晓波 译	机械工业出版社	2010-4-5

图 8-24　某图书馆图书清单

以图 8-24 为例，在 Excel 2010 数据库表格中，利用记录单查找满足条件的数据行记录的操作步骤如下：

（1）用鼠标单击数据库中的任一单元格。单击"文件"→"选项"→"快速访问工具栏"，选择下拉框中的"不常用工具列表"，将"记录单"工具添加到 Excel 2010 的快速启动栏里面。

（2）单击快速启动栏中的"记录单"按钮，系统将弹出记录单，如图 8-25 所示。

说明：刚开始弹出的记录单，默认显示的是第一条记录，如图8-25所示。单击其中的"上一条""下一条"按钮可以实现对数据库记录的遍历浏览。

（3）单击记录单中的"条件"按钮，系统将弹出记录单的条件对话框，如图 8-26 所示。该对话框与图 8-25 所示的对话框很类似，只有细小的差别，请读者注意观察。

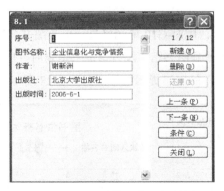

图 8-25　"记录单"的一般效果

图 8-26　"记录单"的条件对话框

（4）根据需要，在各字段的编辑框中依次输入应该满足的条件。例如，图 8-26 中的条件就是要查询姓黄的作者所编著的图书，其中的"*"为通配符。

说明：在编辑框中除了使用通配符外，还可以在其中输入逻辑表达式和关系表达式。

（5）在记录单的条件对话框中输入条件后，单击"下一条"或"上一条"按钮，Excel 将逐次显示满足条件的记录行。

8.3.2 利用数据库函数查询数据

Excel 2010 中的数据库函数共有 12 个，其目的是为了数据库表格提供数据统计和数据查找的方便。这些函数都以 D 开头，所以也称为 D 函数。D 函数具有相同的调用形式和相同的参数表，其语法格式如下：

```
Dname(database,field,criteria)
```

其中：

- dname 是函数名，它可以是 DSUM、DAVERAGE、DGET、DCOUNT、DCOUNTA、DMAX、DMIN 等。各函数的功能如其名字的含义。

- database 为构成数据库的单元格区域。

- field 是 database 区域中某列数据的列标题。field 可以是文本，即两端带引号的标志项，如"使用年数"或"产量"；此外，field 也可以是代表列表中数据列位置的数字：1 表示第一列，2 表示第二列，等等。

- criteria 称为条件区域，它与高级筛选的条件区域的含义和构造方法一样。

在 D 函数中，DGET 函数是专门用来查询数据的，在运用时，其具体功能是：按照 criteria（条件区域）的条件，从 database（数据库区域）中查找数据，将找到一条记录中对应 field（字段名）的内容返回，作为查找结果。

说明：如果没有满足条件的记录，则函数DGET将返回错误值#VALUE!；如果有多个记录满足条件，则函数DGET将返回错误值#NUM!。

下面通过一个实例来说明数据库查询函数 DGET 的应用。

如图 8-27 所示，左边部分还是上面提到的某图书馆的藏书数据，而右边 G1:I14 区域为图书信息查询界面，其功能为：当使用者在 I4 输入图书名称后，如果在左边表格中有该图书名称，也就是存在该图书信息的话，则 L6:I8 会自动显示该图书信息，同时 G10 单元格显示出该图书名称，如图 8-27 所示。当输入的图书名称在左边表格没有时，也就是图书馆中没有该图书信息时，L6:I8 区域将不显示任何信息，G10 单元格显示"无该图书信息！"的出错提示文字，如图 8-28 所示。

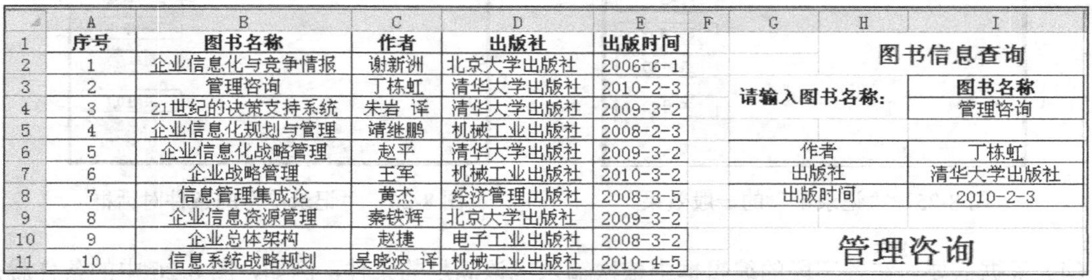

	A	B	C	D	E	F	G	H	I
1	序号	图书名称	作者	出版社	出版时间			图书信息查询	
2	1	企业信息化与竞争情报	谢新洲	北京大学出版社	2006-6-1				
3	2	管理咨询	丁栋虹	清华大学出版社	2010-2-3		请输入图书名称：		图书名称
4	3	21世纪的决策支持系统	朱岩 译	清华大学出版社	2009-3-2				管理咨询
5	4	企业信息化规划与管理	靖继鹏	机械工业出版社	2008-2-3				
6	5	企业信息化战略管理	赵平	清华大学出版社	2009-3-2		作者		丁栋虹
7	6	企业战略管理	王军	机械工业出版社	2010-3-2		出版社		清华大学出版社
8	7	信息管理集成论	黄杰	经济管理出版社	2008-3-5		出版时间		2010-2-3
9	8	企业信息资源管理	秦铁辉	北京大学出版社	2009-3-2				
10	9	企业总体架构	赵捷	电子工业出版社	2008-3-2		管理咨询		
11	10	信息系统战略规划	吴晓波 译	机械工业出版社	2010-4-5				

图 8-27　利用 DGET 函数查询出数据时的结果界面

要实现以上功能，可以有很多方法。此处介绍利用 DGET 函数实现的方法。具体操作步骤如下：

（1）按图 8-27 的效果，对 G1:I14 区域输入文字并格式化，注意单元格的合并。

（2）在 I6 单元格输入下面的公式："=IF(ISERROR(DGET($A$1:$E$11,G6,$I$3:$I$4)),"",DGET($A$1:$E$11,G6,$I$3:$I$4))"

	A	B	C	D	E	F	G	H	I
1	序号	图书名称	作者	出版社	出版时间			图书信息查询	
2	1	企业信息化与竞争情报	谢新洲	北京大学出版社	2006-6-1		请输入图书名称：	图书名称	
3	2	管理咨询	丁栋虹	清华大学出版社	2010-2-3			无花果	
4	3	21世纪的决策支持系统	朱岩 译	清华大学出版社	2009-3-2				
5	4	企业信息化规划与管理	靖继鹏	机械工业出版社	2008-2-3				
6	5	企业信息化战略管理	赵平	清华大学出版社	2009-3-2		作者		
7	6	企业战略管理	王军	机械工业出版社	2010-3-2		出版社		
8	7	信息管理集成论	黄杰	经济管理出版社	2008-3-5		出版时间		
9	8	企业信息资源管理	秦铁辉	北京大学出版社	2009-3-2				
10	9	企业总体架构	赵捷	电子工业出版社	2008-3-2		无该图书信息！		
11	10	信息系统战略规划	吴晓波 译	机械工业出版社	2010-4-5				

图 8-28　利用 DGET 函数查询出错时的提示信息界面

（3）将 I6 向下拖动复制一直到 GI。

（4）在合并后的 G10 单元格输入下面的公式："=IF(ISERROR(DGET($A$1:$E$11,"图书名称",$I$3:$I$4)),"无该图书信息！",DGET($A$1:$E$11, "图书名称",$I$3:$I$4))"

经过以上操作，该查询界面就可实现上面的功能，并能进行"容错处理"。

8.4 利用名称查询数据

利用定义名称的方法，在进行查询操作设置时是非常普遍和必要的。这方面的例子在前面介绍 INDIRECT 函数时曾介绍过。

其实，利用名称交集的功能，可以查找行名称和列名称交叉处单元格的数据，下面通过一个实例进行该项操作的讲解。图 8-29 所示为某公司 1 月份各部门的管理费用，现在需要设计一个费用查询界面，可以根据指定的部门和费用项目查询相应的金额。

	A	B	C	D	E	F
1	1月份各部门费用一览表（单位：元）					
2	费用项目	研发部	生产部	销售部	财务部	人力部
3	办公费	2312	3212	4564	2212	2100
4	差旅费	1209	321	4324	0	589
5	培训费	3590	2390	1000	500	300
6	通信费	490	590	1894	230	980
7	保险费	1400	1800	800	400	200
8	水电费	700	3200	1038	400	400
9	杂费	1289	2890	2874	1021	890

图 8-29　用来设置查询系统的原数据表

问题分析：对于该问题，利用前面介绍的相关函数是可以解决的。例如，可以先用 MATCH 函数查找费用项目在第几行，用 MATCH 函数查找部门在第几列，然后用 INDEX 函数取出行列交叉处的数据。读者还可以思考应用其他函数进行操作解决该问题的方法。

下面介绍利用定义名称并结合 INDIRECT 函数完成本例。具体操作步骤如下：

（1）选择或者建立另一个工作表，并将标签改为"查询表设计"。

（2）按照图 8-30 所示的格式建立整体界面。

	A	B	C	D	E	F	G
1	部门	研发部					
2	费用项目	培训费					
3	金额	3590					
4							
5	1月份各部门费用一览表（单位：元）						
6	费用项目	研发部	生产部	销售部	财务部	人力部	合计
7	办公费	2312	3212	4564	2212	2100	14400
8	差旅费	1209	321	4324	0	589	6443
9	培训费	3590	2390	1000	500	300	7780
10	通信费	490	590	1894	230	980	4184
11	保险费	1400	1800	800	400	200	4600
12	水电费	700	3200	1038	400	400	5738
13	杂费	1289	2890	2874	1021	890	8964
14	费用总额	10990	14403	16494	4763	5459	52109

图 8-30　利用定义名称法建立的查询界面

（3）选取 A6:F13 数据区域，并以最左列和首行为名，为行、列指定名称。

（4）在 B1 和 B2 中采用数据有效性中的序列法，建立下拉选择列表，数据源分别为 B6:F6（所有部门名称）和 A7:A13（所有费用项目名称）。

（5）在 B3 中输入公式"=INDIRECT(B1)INDIRECT(B2)"。

经过以上操作，只要在 B1 和 B2 选取部门和费用项目，B3 就显示对应的交叉数据。

8.5 利用数组公式进行查询

前面的相关章节已经介绍过数组公式的一般知识和操作方法。其实，数组公式在进行数据的汇总、查询方面有着强大的实用功能，能够解决很多实际问题。本节介绍利用数组公式，并结合 SUM 和 IF 函数进行数据统计汇总查询的一个实例。

如图 8-31 所示，美容美发有限责任公司将每次的进货情况输入 Excel 中，建立如图 A1:E17 的数据库表格（实际上该表格以后会一直扩充，作为案例，此处只取 A1:E17）。现在该公司希望能够随时查看货物的累计汇总数据，以便了解整体情况。已经设计好的累计汇总数据表如图 8-31 中区域 G1:I9 所示。

现在的任务在于，想在上面的累计汇总数据表中达到如下效果：在 I3 单元格中输入（或者最好提供列表选择）月份的数字后，能够在 H5:I9 区域查询出从 1 月份到 I3 单元格输入的那个月份对应产品的累计进货数量和累计进货金额。

问题分析：对于该问题，利用前面介绍的相关函数是可以解决的。例如，用 DSUM 数据库函数就可以进行处理。下面，我们为大家介绍一种利用数组公式，并结合 SUM 和 IF 函数进行数据统计汇总查询的方法。具体操作步骤如下：

（1）按照图 8-31 的格式，建立累计汇总数据表的整体框架结构，其中一定要确保 G4:I4 和 G5:G9

中的文本内容要与左边数据库表格中相关项目名称完全一致。另外，G4:G9 中的产品名称一定要全，要确保左边数据库表格中各种名称全部包含在内。

H5 {=SUM(IF(MONTH($A$3:$A$17)<=$I$3,IF($B$3:$B$17=G5,$C$3:$C$17),0))}

	A	B	C	D	E	F	G	H	I	J
1	**美容美发有限责任公司进货记录						今年累计进货情况			
2	进货日期	产品名称	进货数量	单 价	进货金额					
3	2012-3-18	本草洗面皂	35	10	350.00		请选择截止月份:		3	
4	2012-3-20	清扬洗面奶	31	16	496.00		产品名称	进货数量	进货金额	
5	2012-3-22	华罗香水	5	60	300.00		本草洗面皂	35	350.00	
6	2012-3-24	玫瑰香水	26	48	1248.00		清扬洗面奶	31	496.00	
7	2012-3-27	艾依香水	25	36	900.00		玫瑰香水	26	1248.00	
8	2012-3-30	艾依香水	22	52	1144.00		艾依香水	47	2044.00	
9	2012-4-2	艾依香水	21	88	1848.00		华罗香水	5	300.00	
10	2012-4-5	华罗香水	19	90	1710.00					
11	2012-4-8	艾依香水	18	68	1224.00					
12	2012-4-11	玫瑰香水	17	68	1156.00					
13	2012-4-14	玫瑰香水	16	98	1568.00					
14	2012-4-17	华罗香水	14	78	1092.00					
15	2012-5-20	华罗香水	12	42	504.00					
16	2012-6-23	玫瑰香水	9	88	792.00					
17	2012-7-26	华罗香水	8	60	480.00					

图 8-31　利用数组公式进行统计汇总查询

（2）为 I3 单元格设置数据有效性，以便可以选择输入，提高操作方便性。

（3）在 H5 中输入下面公式，然后按 Ctrl+Shift+Enter 组合键，这样就通过数组公式的方法完成了对进货数量的计算。

"=SUM(IF(MONTH($A$3:$A$17)<=$I$3,IF($B$3:$B$17=G5,$C$3:$C$17),0))"。

（4）将 H5 中的公式向下拖动，复制其公式一直到 H9 单元格，得到各种货物的累计入库数量。

（5）各种货物的累计进货金额的计算与累计进货数量的计算类似，在单元格 I5 中输入下面的数组公式（输入完成后按 Ctrl+Shift+Enter 组合键），然后向下拖动复制即可。

"=SUM(IF(MONTH ($A$3:$A$17)<=$I$3,IF($B$3:$B$17=G5,$E$3:$E$17),0))"

经过以上计算，就可以很方便地查看出各种货物的进货数量和累计进货金额。如图 8-31 所示，就是在 I3 中选择 3 之后出现的汇总查询结果。

8.6 数据表之间的数据核对

根据管理实际，数据处理人员有时要进行不同数据表之间的数据核对操作。这对于数据量少的表格还比较容易实现，但是对于数据量很大的表格，这将是非常烦琐的工作。

如图 8-32 所示，A 公司和 B 公司之间是长期合作伙伴，A 公司长期为 B 公司供应图中所示的产品，每个月汇总一次结账。图 8-32 中的两个工作表分别来自 A、B 两个公司，现在已经将它们放到同一个工作簿中。现在 B 公司要对这两个表中的数据进行核对。

下面介绍 3 种用来进行数据表之间数据核对操作的不同方法。

产品代码	销售数量
A01	534
A02	462
A03	43
A04	245
A05	235
A06	236
A07	64
A08	67
A09	734
A10	77
A11	75
A12	52
A13	64
A14	434
A15	654
A16	246

A公司1月销售统计

产品代码	购买数量
A01	534
A16	246
A02	34
A15	654
A04	245
A13	64
A05	563
A12	535
A06	236
A11	75
A07	64
A08	67
A09	734
A10	78
A03	125
A14	434

A公司1月销售统计　B公司1月购买统计

图 8-32　A 公司与 B 公司交易数据清单

8.6.1　利用查询函数进行数据核对

从图 8-32 可以看出，可能是因为数据处理方法不同，两表中的商品代码排列的顺序不同，前者是按升序排列的，后者是随机排列，但是两表中商品种类数目是一样的。所以，如果先对“B 公司 1 月购买统计”按照商品代码也进行升序排列，则可以方便地看出两表中各种不同商品的对应数量。这也可以认为是进行数据核对的一种方法。但是，本节介绍的利用查询函数的方法，可以在不经过排序的情况下直接进行数据表之间的数量核对。

下面利用 VLOOKUP 函数的精确查找功能来完成该项工作。操作步骤如下：

（1）单击“B 公司 1 月购买统计”工作表标签，选定该工作表。

（2）在 C1 单元格输入文字“核对”，该列用来放置两表中数据之间的核对结果。

（3）在 C2 中输入公式“=B2-VLOOKUP(A2,A 公司 1 月销售统计!$A$2:$B$17,2,0)”。

（4）将 C2 向下拖动，复制其公式一直到 C17 单元格。

（5）如图 8-33 所示，在 C 列公式的结果可以看出两个表的核对情况，结果不是 0 的单元格表示 B 公司购买数量跟 A 公司销售数量之间有差异，具体原因需要认真分析。

C2　=B2-VLOOKUP(A2,A公司1月销售统计!$A$2:$B$17,2,0)

产品代码	购买数量	核对
A01	534	0
A16	246	0
A02	34	-428
A15	654	0
A04	245	0
A13	64	0
A05	563	328
A12	535	483
A06	236	0
A11	75	0
A07	64	0
A08	67	0
A09	734	0
A10	78	1
A03	125	82
A14	434	0

A公司1月销售统计　B公司1月购买统计　Sheet3

图 8-33　利用 VLOOKUP 函数核对两表差异

8.6.2 利用条件格式化进行数据核对

与利用 VLOOKUP 函数显示查询结果不同，利用条件格式化可以用一种特殊的显示效果来显示数据核对的结果。仍以上面的实例为例，具体操作步骤如下：

（1）选取"A 公司 1 月销售统计"工作表的数据区域，执行"公式"→"定义名称"命令，定义该区域名称为"销售单"，如图 8-34 所示。

注意： 此处之所以定义名称，是因为在条件格式化中公式无法直接引用其他工作表中的数据区域，但是可以引用已经定义好的名称。

（2）选取"B 公司 1 月购买统计"工作表的 A2:B17 区域，执行"开始"→"条件格式"→"新建规则"命令，在打开的"新建格式规则"对话框中，选择规则类型"使用公式确定要设置格式的单元格"，如图 8-35 所示，在下方的"为符合此公式的值设置格式"中输入公式"=$B2<>VLOOKUP（$A2,销售单,2,0）"。

图 8-34　定义名称

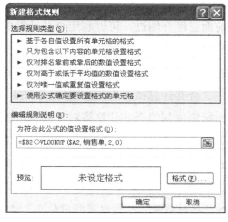

图 8-35　利用 VLOOKUP 函数核对两表差异

注意： 本步骤要注意 3 个问题：第一，在"条件 1（1）"下的列表框中一定要选择"公式"；第二，注意公式中单元格的引用方式，$B2 和 $A2 都是采用了"列绝对而行相对"的混合方式；第三，公式中的"销售单"是上一步骤定义的名称，输入时要防止出现文字错误或者多加空格符号而造成错误。

（3）在"新建格式规则"对话框中单击"格式"按钮，在弹出的"设置单元格格式"对话框中设置字体颜色为红色，字形选择"加粗倾斜"，并选择单下划线效果，如图 8-36 所示，单击"确定"按钮。

（4）返回"新建格式规则"对话框，单击两次"确定"按钮完成条件格式化设置。

图 8-37 所示为条件格式化后的效果，凡是 B 公司购买数量跟 A 公司销售数量之间有差异的商品所在行中的文字字体均为红色、粗体、倾斜并加了单下划线效果。

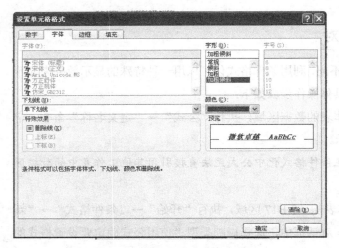

图 8-36 设置满足条件时的特殊文字效果   图 8-37 利用特殊字体显示两表的差异

8.6.3 利用合并计算法进行数据核对

本书前面已经介绍过,可以利用合并计算的求和功能来实现对多表进行求和。下面利用合并计算的"标准偏差"函数进行数据的核对操作。操作步骤如下:

(1)在工作簿中添加一个工作表,修改其标签为"合并计算核对"。

(2)在"合并计算核对"工作表 A1 和 B1 中分别输入"产品代码"和"核对结果"。

(3)光标定位到"合并计算核对"的 A2 单元格,执行"数据"→"合并计算"命令。

(4)如图 8-38 所示,在"合并计算"对话框中进行设置操作。

注意: 此处是进行数据对比,故选取的函数为"标准偏差",其实就是计算对应数据的差额,结果为0则对应数据相同;另外,因为前面已经在A1、B1建立好了合并计算后的表格首行名称"产品代码"和"核对结果",所以"引用位置"选取的是前面两个数据表中除第一行之外的其他区域,而"标签位置"只选中"最左列",而不选"首行"。

(5)单击"确定"按钮,执行合并计算后的效果如图 8-39 所示。在核算结果一列中,结果为 0 则对应数据相同,非 0 则表示 B 公司购买数与 A 公司销售数之间有差异。

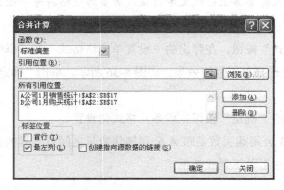

图 8-38 设置合并计算选项   图 8-39 使用合并计算核对的结果

习题八

1．上机将本章案例操作一遍。

2．在 Excel 中，利用"查找"命令法进行内容查询时，怎么确定查询是"精确查找"还是"模糊查找"？

3．通配符在 Excel 的"查找"命令进行查询中起什么作用？

4．对比分析以下常见函数的功能和使用语法差异：CHOOSE、VLOOKUP、MATCH、INDEX、INDIRECT、OFFSET。

5．如何利用 Excel 中的记录单功能进行数据库表格中数据的查询？

6．什么是数据库函数？它们的语法结构是怎样的？DGET 函数是如何实现数据查询的？

7．名称和数组公式在数据查询中分别能起到什么作用？如何使用名称和数组公式？

8．数据表之间数据核对的方法主要有哪些？具体如何应用？

9．设计数据，自行练习。

第9章 工作表的显示与打印

本章知识点
- 通过调整显示比例来缩放显示范围
- 拆分窗口以同时显示多个数据区域
- 冻结窗格使行（列）标题始终可见
- 通过"选项"实现视图个性化设置
- 数据工作表打印的整体操作流程

9.1 数据工作表的显示与缩放操作

在 Excel 中进行数据分析与处理，或进行演讲展示时，对数据的显示进行合理设置，可使得我们操作更加方便，从局部或是整体看得更加清楚。在本节中，主要介绍显示与缩放的操作方法，包括显示比例，缩放，窗口的拆分与冻结，并利用"视图"选项卡进行相应的设置。

9.1.1 通过调整显示比例来缩放显示范围

在有些时候，我们需要把 Excel 的工作表窗口内容放大，例如在演讲，或是教学，或是数据展示的时候，有时候我们为了方便进行数据处理需要缩小，从而可以看到数据全貌。因此，可以利用 Excel 中相应的菜单或按钮进行设置。

例如，在图 9-1 中，图中的内容过多，无法看到所有的内容，为了方便进行查看，可以将它缩小。

10	图书编号	图书名称	作者	出版社编号	价格
11	I0009314	女神	郭沫若	7-02	¥2
12	I0009315	唐宋传奇选	张友鹤	7-02	¥2
13	I0009260	日出	曹禺	7-02	¥2.20
14	I0064181	远望集	叶剑英	7-02	¥2.35
15	I0000314	杜纲与南北史 演义	包绍明	7-5382	¥2.50
16	I0002983	古代小说与宗教	白化文	7-5382	¥2.50
17	I0011695	吴敬梓与儒林外史	陈美林	7-5382	¥2.50
18	I0064171	雪崩	礼魂	7-02	¥3.05

图 9-1　内容过多屏幕无法全部显示所有列

有两种方法可以来调整此窗口的显示比例，方法如下：

方法一（利用显示比例滑动条），在 Excel 工作表页面的最右下角，有一个可以左右滑动的滑动条，如图 9-2 所示，当往左滑动时，可以缩小，

图 9-2　在 Excel 窗口右下角的滑动条

往右滑动时可以放大，可以非常方便地把内容调整到合理的大小，便于查看。

滑动条的默认比例是 100%，可以根据实际需要进行调整，例如将图 9-1 的内容调整到 70 以后，就可以看到工作表中全部数据列了，如图 9-3 所示。

▲	A	B	C	D	E	F
10	图书编号	图书名称	作者	出版社编号	价格	标准书号
11	I0009314	女神	郭沫若	7-02	￥2	ISBN7-02-001081-4
12	I0009315	唐宋传奇选	张友鹤	7-02	￥2	ISBN7-02-001082-2
13	I0009260	日出	曹禺	7-02	￥2.20	ISBN7-02-001076-8
14	I0064181	远望集	叶剑英	7-02	￥2.35	ISBN7-02-001324-4
15	I0000314	杜纲与南北史 演义	包绍明	7-5382	￥2.50	ISBN7-5382-1670-7
16	I0002983	古代小说与宗教	白化文	7-5382	￥2.50	ISBN7-5382-1693-6
17	I0011695	吴敬梓与儒林外史	陈美林	7-5382	￥2.50	ISBN7-5382-1706-1
18	I0064171	雪崩	礼魂	7-02	￥3.05	ISBN7-02-000147-5
19	I0010493	赋	人民文学	7-02	￥3.05	ISBN7-02-001837-8
20	I0009418	诗经选	余冠英	7-02	￥3.05	ISBN7-02-001131-4
21	I0011191	撒切尔夫人	陈乐民	7-213	￥3.05	ISBN7-213-00273-2
22	H0049834	高中政治350题	陈凯	7-305	￥3.05	ISBN7-305-02351-5
23	I0002978	骈文	人民文学	7-02	￥3.05	ISBN7-02-001831-9
24	G0065984	新三字经	李汉秋	7-03	￥3.05	ISBN7-03-004626-9
25	I0064173	戏曲	人民文学	7-02	￥3.05	ISBN7-02-001827-0

图 9-3　向左拉动滑动条，将工作表内容缩小后的效果

方法二（利用视图菜单设置），单击"视图"选项菜单，然后在功能区的中间位置有"显示比例"选项组，在其中就可以设置具体的显示比例，如图 9-4 所示。

图 9-4　视图选项中的显示比例选项组

在图 9-4 中所示的"显示比例"选项组中，有"显示比例"按钮，可以设置具体的比例值，如图 9-5 所示。

说明：

（1）如果要将工作表内容快速还原到原始比例大小，可以单击"显示比例"按钮旁边的 按钮。

（2）如果要将内容缩放到指定区域，可以先用光标选择相应区域，然后单击"显示比例"按钮旁边 按钮，可以将窗口以所选区域为主界面显示，一般在演讲或是进行报告时，为了强调某部分内容，可以采用这种方式突出显示。

图 9-5　显示比例设置窗口

（3）这一节所讲的缩放是针对我们查看内容时的设置，不影响打印效果，如果要设置打印的缩放比例，要在"页面布局"选项菜单中选择打印页面的宽度、高度和缩放比例，如图9-6所示。

图 9-6　打印时应在"页面布局"的"调整为合适大小"选项组中进行设置

9.1.2　折分窗口以便能够同时显示多个数据区域

如果想同时显示数据工作表的多个数据区域，可以通过"拆分窗口"功能实现。

通过"拆分窗口"同时显示工作表的多个数据区域。当一张工作表中含有较多数据时，通过不断地滚动右边的滑块不便于浏览整张表格的数据。此时可通过拆分窗口的方法来查看数据，有两种方法设置，具体设置方法如下。

方法一（利用菜单法）：

（1）确定拆分窗口的位置，当选择一行时，单击"视图→窗口→拆分"命令，即可将工作表拆分为上下两个窗口，并可分别拖动滚动条查看数据。

（2）当选择的是一列时，单击"视图→窗口→拆分"命令，即可将工作表拆分为左右两个窗口。

（3）若将拆分位置定位在工作表中部的任意单元格上，执行"拆分"命令后可将工作表分为 4个窗口。

方法二（拖曳法）：

拖曳工作表中的垂直拆分条（在垂直滚动条的最上面）和水平拆分条（在水平滚动条的最右侧）到合适的位置，就可以将工作表拆分为 4 个窗格，不同的窗格有自己的滚动条，就可以看到多个区域了，如图 9-7 所示。

	A	B	C	D	E	F	G	H
15	I0000314	杜纲与南北史 演义	包绍明	7-5382	￥2.50	ISBN7-5382-1670-7		
16	I0002983	古代小说与宗教	白化文	7-5382	￥2.50	ISBN7-5382-1693-6		
17	I0011695	吴敬梓与儒林外史	陈美林	7-5382	￥2.50	ISBN7-5382-1706-1		
18	I0064171	雪崩	礼魂	7-02	￥3.05	ISBN7-02-000147-5		
19	I0010493	赋	人民文学	7-02	￥3.05	ISBN7-02-001837-8		
20	I0009418	诗经选	余冠英	7-02	￥3.05	ISBN7-02-001131-4		
21	I0011191	撒切尔夫人	陈乐民	7-213	￥3.05	ISBN7-213-00273-2		
22	H0049834	高中政治350题	陈凯	7-305	￥3.05	ISBN7-305-02351-5		
23	I0002978	骈文	人民文学	7-02	￥3.05	ISBN7-02-001831-9		
24	G0065984	新三字经	李汉秋	7-03	￥3.05	ISBN7-03-004626-9		
25	I0064173	戏曲	人民文学	7-02	￥3.05	ISBN7-02-001827-0		
26	I0001470	词	人民文学	7-02	￥3.05	ISBN7-02-001935-1		
27	H0066182	李清照诗词选	孙崇恩	7-02	￥3.05	ISBN7-02-001974-9		
28	G0050456	怎样写信	李晟	7-105	￥3.05	ISBN7-105-01942-5		
29	I0009645	电冰箱.冷藏箱和空调机	傅锦芳	7-111	￥3.05	ISBN7-111-02862-7		

图 9-7　拆分为 4 个独立的窗格

说明：拆分工作完成之后，再次单击"视图→窗口→拆分"命令即可取消拆分，取消时"拆分"按钮处于选中变亮的状态。

9.1.3 冻结窗格以便使行（列）标题可见

当数据工作表中的数据行或列非常多时，为了看到某些数据，操作人员经常会拖曳水平滚动条或者垂直滚动条，但是这样一来很容易使得数据区域的首行标题或者首列标题移动到窗口之外，如图 9-8 所示，这样操作者就有可能使数据与标题对不上号，特别是在数据字段较多的数据表格中，经常会造成数据的错误理解，甚至错误的数据处理。为了解决这个问题，Excel 提供了“冻结窗格”功能，通过这项操作，可以使得无论如何拖曳滚动条来移动数据区域，行标题始终显示在窗口上方，列标题始终显示在窗口左侧。

	A	B	C	D	E
10	好又多	红萝卜	¥1.20	¥2.40	
11	互惠	红萝卜	¥1.00	¥7.00	
12	家乐福	红萝卜	¥1.10	¥6.00	
13	欧尚	红萝卜	¥1.50	¥4.20	
14	人人乐	红萝卜	¥1.40	¥4.20	
15	好又多	菠菜	¥2.30	¥5.00	
16	互惠	菠菜	¥2.00	¥2.00	
17	家乐福	菠菜	¥2.40	¥4.80	
18	欧尚	菠菜	¥2.00	¥5.00	
19	人人乐	菠菜	¥2.30	¥4.60	
20	好又多	白萝卜	¥1.50	¥4.50	
21	互惠	白萝卜	¥1.40	¥2.80	
22	家乐福	白萝卜	¥1.30	¥3.90	
23	欧尚	白萝卜	¥1.50	¥4.00	
24	人人乐	白萝卜	¥1.50	¥3.00	
25	好又多	土豆	¥1.20	¥4.00	
26	互惠	土豆	¥1.00	¥5.00	

图 9-8　移动滚动条造成表格中的数据标题无法显示

要实现“冻结窗格”功能，操作如下：

（1）如果要冻结成上下两部分，选中要冻结的分界线的下面一行，然后单击“视图→窗口→冻结窗格→冻结拆分窗格”，从而实现冻结。

（2）如果要冻结成左右两部分，选中要冻结的分界线的右面一行，然后单击“视图→窗口→冻结窗格→冻结拆分窗格”，从而实现冻结。

（3）如果要冻结成 4 个窗口——十字线分割，选中要冻结的分界线右下的单元格，然后单击“视图→窗口→冻结窗格→冻结拆分窗格”，从而实现冻结。

（4）如果要冻结的只是首行或是首列，则单击“视图→窗口→冻结窗格”，再选择，“冻结首行”，或“冻结首列”选项。

冻结后窗口边沿会出现分隔线条，如图 9-9 所示。

	A	B	C	D	E	F	G	H	I
1	学号	姓名	性别	专业	数学	外语	计算机	总分	
2	1	李丽平	男	电商	78	87	82	247	
3	3	李燕	男	电商	90	95	91	276	
4	4	成刚	男	电商	78	87	82	247	
5	11	王海江	男	电商	90	95	91	276	
6	13	王江	男	电商	90	95	91	276	
7	6	张文	男	化学	89	65	87	241	
8	9	王平	男	化学	89	65	87	241	
9	5	许丽	女	化学	78	82	67	227	
10	7	李强	女	化学	64	68	63	195	
11	10	刘红	女	化学	64	68	63	195	
12	2	张成	男	计算机	90	95	91	276	
13	12	王海	男	计算机	90	95	91	276	
14	8	刘小红	女	计算机	78	82	67	227	

图 9-9　冻结首行后拖动滚动条，首行始终可见

说明：要取消冻结，只需单击“视图→窗口→冻结窗格→取消冻结窗格”即可；同时，不论是拆分窗口还是冻结窗口，均只会影响显示在电脑上的效果，而不影响打印的最终终果。

9.1.4　对视图窗口显示的设置

　　Excel 有默认的显示状态，为了更好地显示，在实际的使用过程中可以按自己想要的方式进行设置。例如，如果不需要网格线，或是标题，或是编辑栏，可以在视图选项菜单中找到"显示"选项组，在相应的"网格线""标题""编辑栏"中进行勾选，如图9-10 所示。

图 9-10　勾选相应选项，
进行个性化设置

9.2 数据工作表打印的整体流程

　　数据工作表的打印操作相对于公式、函数的设计，以及数据汇总、数据分析等操作，应该是比较简单的，只要设置好打印格式，安装好打印机，然后单击"文件"菜单中的"打印"选项就可以了。

　　其实，要想打印出美观漂亮的表格，也是需要掌握一定的工作程序，并熟悉一定的打印技巧的。本节首先介绍数据工作表打印的整体流程，这是一种比较规范、全面的方法，读者在打印的时候最好整体掌握，以便进行合理的设置。

9.2.1　用分页预览视图查看工作表

　　如果需要打印的工作表中的内容不止一页，Microsoft Excel 会自动插入分页符，将工作表分成多页。这些分页符的位置取决于纸张的大小、页边距设置和设定的打印比例。能通过插入水平分页符来改动页面上数据行的数量；也能通过插入垂直分页符来改动页面上数据列的数量。在分页预览中，还能用鼠标拖曳分页符来改动其在工作表上的位置。图 9-11 中，蓝色的边线为分页符，可以拖动，从而调整页面内容的数量，如果选择内容较多，则内容会自动缩小。

　　需要分页打印时，可以用插入分页符的方法新起一页，方法如下：

　　（1）单击新起页左上角的单元格。如果单击的是第一行的单元格，Microsoft Excel 将只插入垂直分页符；如果单击的是 A 列的单元格，Microsoft Excel 将只插入水平分页符；如果单击的是工作表其他位置的单元格，Microsoft Excel 将同时插入水平分页符和垂直分页符。

　　（2）选择"页面布局"菜单中的"分隔符"，然后选择"分页符"选项即可。之后，我们就能看到新的分页情况，如图 9-12 所示。

　　（3）如果插入水平分页符，则单击新起页第一行所对应的行号，然后单击"页面布局"菜单中的"分隔符"，然后选择"分页符"选项。

　　（4）如果插入垂直分页符，则单击新起页第一列所对应的列标，然后单击"页面布局"菜单中的"分隔符"，然后选择"分页符"选项。

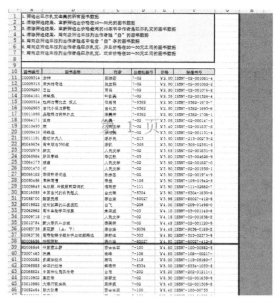

图 9-11　分页预览所示的效果　　　　图 9-12　插入分页符后的页面分页效果

9.2.2　对打印的预期效果进行页面设置

通过对分页预览视图的观察，若发现页面显示的效果不太理想，则可以在正式打印工作表之前，先对工作表进行页面设置。对工作表进行页面设置的操作主要包括纸张大小和方向的设置、页边距大小的设置、页眉/页脚的设置、工作表的设置以及手工插入分页符等。

说明：如果一个工作簿中的几个工作表需要相同的页面效果设置，应该首先选择这些工作表使之成为工作组，然后再进行页面设置，否则页面设置只对当前活动工作表有效。

运行"文件"→"页面设置"菜单命令，即可打开"页面设置"对话框，该对话框中有 4 个选项卡，分别是"页面""页边距""页眉/页脚"和"工作表"。

1．"页面"选项卡

"页面"选项卡如图 9-13 所示，它能设置打印的方向，设置纸张的大小，调整缩放比例，设置打印质量和设置起始页码。图中各选项的具体含义如下。

（1）"方向"选项：默认情况下，Microsoft Excel 以纵向（高度大于宽度）方式打印工作表。可以逐一将工作表的页面方向更改为横向（宽度大于高度）。如果希望始终以横向方式打印工作表，则可以设置为"横向"。

（2）"缩放"选项：可以实现对工作表的放大或缩小，最小为 10%，最大为 400%。或自动调整为 X 页宽，或 X 页高，根据 X 的值，自动调整大小。

（3）"纸张大小"选项：可以设置不同类型的纸张，默认为 A4 纸。

（4）"打印质量"选项，用于选择打印的分辨率。

（5）"起始页码"选项：默认设置为"自动"，即自动根据打印内容及纸张大小自动分页，也可以输入要设定的打印页码。

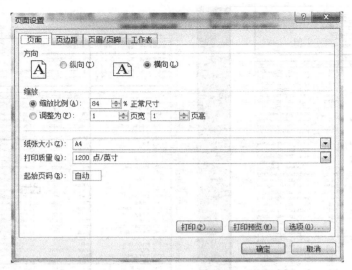

图 9-13　"页面"选项卡

2. "页边距"选项卡

"页边距"选项卡如图 9-14 所示。"页边距"选项卡主要作用是调整页面的边距，使打印的内容在合适的区域内。

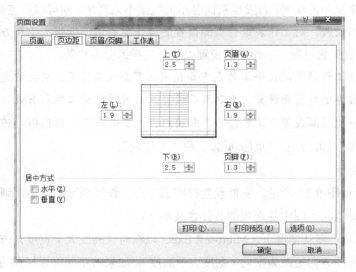

图 9-14　"页边距"选项卡

3. "页眉/页脚"选项卡

"页眉/页脚"选项卡的设置页面如图 9-15 所示。在"页眉/页脚"选项卡上，可以设置具体页面的页眉和页脚的值。单击"自定义页眉"或"自定义页脚"按钮。当选择"自定义页眉"后，会显示如图 9-16 所示对话框。

在对话框中，单击"左""中"或"右"框，然后单击按钮以在所需位置插入相应的页眉信息。

若要添加或更改页脚文本，选择"自定义页脚"，同样在对应的对话框中选择"左""中"或"右"框键入其他文本或编辑现有文本。

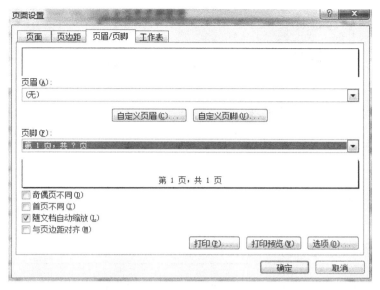

图 9-15　"页眉/页脚"选项卡

图 9-16　"页眉"选项卡

4. "工作表"选项卡

"工作表"选项卡如图 9-17 所示。

"工作表"选项卡的具体功能如下。

（1）"打印区域"：输入或选择对应要打印的区域；

（2）"打印标题"：可以选择要打印的标题行或标题列；

（3）"打印"选项组：在这里面主要是设置是否要加网络线，是否单色打印，是否按照草稿品质打印——打印较少图片，并不打印网格线，以及是否要打印行号、列标；

（4）"打印顺序"：当表格很大时，可以确定表格的行与列的打印顺序。

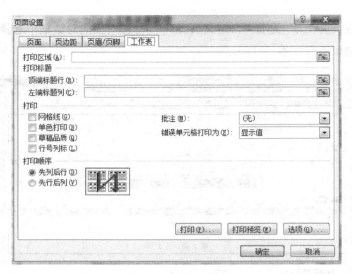

图 9-17　"工作表"选项卡

9.2.3　通过打印预览查看打印的未来效果

制作完成一份工作表后，为了能提前看到打印效果，可以通过打印预览来预览一下，以便于及时调整。

依次运行"文件"→"打印"菜单，会出现"打印预览"的页面，如图 9-18 所示。

图 9-18　打印预览

在"打印预览"的页面可以看到打印的效果。在预览中，可以选择预览的页面，通过输入数字或方向键来选择。

9.2.4　根据需要在适当位置插入/删除人工分页符

根据需要，有时候需要在原工作表中某处插入人工分页符，或删除错误插入的人工分页符。

（1）插入垂直和水平分页符的操作方法为：选定拟从其开始新一页的单元格，选择"页面布局"→"分隔符"→"分页符"菜单命令，Excel 将在所选定单元格的上面和左面插入一条分页线。

（2）只插入水平/垂直分页符的操作方法为：选定拟从其开始新一页的行/列，执行"页面布局"→"分隔符"→"分页符"菜单命令，Excel 将在所选定行/列的上方/左面插入一条分页线。

（3）删除一条人工分页符的操作方法为：选定垂直分页线右边或水平分页线下边的任意单元格，执行"页面布局"→"分隔符"→"删除分页符"菜单命令。

（4）删除所有人工分页符的操作方法为：选定工作表中所有单元格，执行"页面布局"→"分隔符"→"重设所有分页符"菜单命令。

9.2.5 根据实际打印需要进行打印操作选择

打印某张工作表，先打开该工作表工作簿，单击该工作表标签，然后选择"文件"→"打印"菜单，就可以出现如图 9-19 所示的打印选项。

接下来看一下主要选项的功能。

（1）"打印"：当确定要打印时，单击"打印"按钮，并选择打印份数。

（2）"打印机"：选择要用的打印机。

（3）"设置"选项组：可以设置打印的页面，例如选择"打印活动页"可以打印当前正在编辑的页面，也可以选择要打印的起止页面，也可以选"单面打印"或"双面打印"，并设置打印的方向，可以为"横向打印"，也可以为"纵向打印"，可以设置打印的纸张和打印的页边距，最后也可以自定义打印的缩放方式。

图 9-19　打印选项

9.3　几种特殊表格的打印方法

简单的数据工作表的打印非常容易。但是，有一些特殊格式或者有特殊打印要求的表格在打印时还需要一定的技巧。本节介绍几种特殊表格的打印方法。

9.3.1 顶端标题的每页打印

所谓顶端标题行，就是指数据表最上面的标题行可以是一行，也可能是多行，如图 9-20 所示工资表中最前面两行就是顶端标题行，在打印时，顶端标题行应出现在每页上。

然而，在实际打印中，往往在打印的第一页有顶端标题行，如图 9-21 所示，从第二页开始的剩余打印页中没有顶端标题行，如图 9-22 所示，这会影响到对表格数据的理解。

××大学教师工资表

序号	姓名	院系	基本工资	职务工资	岗位津贴	交通补贴	公积金	医疗险	养老险	其他	奖金	应发工资	所得税	实发工资
1	伍一兰	法学院	800.00	450.00	500.00	22.00	125.00	25.00	50.00	0.00	3900.00	5472.00	420.80	5051.00
2	尚鑫	法学院	700.00	450.00	300.00	22.00	115.00	23.00	46.00	0.00	3180.00	4468.00	296.80	4171.00
3	夏冠雄	法学院	700.00	450.00	300.00	22.00	115.00	23.00	46.00	0.00	3060.00	4348.00	284.80	4063.00
4	闫文博	法学院	800.00	400.00	300.00	0.00	120.00	24.00	48.00	0.00	3200.00	4508.00	300.80	4207.00
5	黄英	法学院	900.00	600.00	100.00	22.00	150.00	30.00	60.00	100.00	3800.00	5282.00	392.30	4890.00
6	林树青	法学院	650.00	300.00	30.00	22.00	95.00	19.00	38.00	0.00	2100.00	2950.00	145.00	2805.00
7	杨雪	法学院	700.00	300.00	50.00	22.00	100.00	20.00	40.00	0.00	2220.00	3132.00	163.20	2969.00
8	诸葛玉华	法学院	800.00	450.00	70.00	22.00	125.00	25.00	50.00	0.00	2800.00	3942.00	244.20	3698.00
9	韩静	法学院	800.00	450.00	70.00	0.00	125.00	25.00	50.00	0.00	2900.00	4020.00	252.00	3768.00
10	李瑶	法学院	800.00	450.00	70.00	22.00	125.00	25.00	50.00	-50.00	2800.00	3892.00	239.20	3653.00
11	李泽岩	法学院	900.00	450.00	100.00	22.00	150.00	30.00	60.00	0.00	3800.00	5182.00	377.30	4805.00
12	高玉翠	法学院	850.00	600.00	100.00	22.00	145.00	29.00	58.00	0.00	3700.00	5040.00	356.00	4684.00
13	邹荣	法学院	800.00	600.00	300.00	22.00	140.00	28.00	56.00	0.00	3680.00	5178.00	376.70	4801.00
14	杜虎	法学院	700.00	450.00	50.00	22.00	115.00	23.00	46.00	0.00	2680.00	3718.00	221.80	3496.00

图 9-20　数据表顶端的标题行

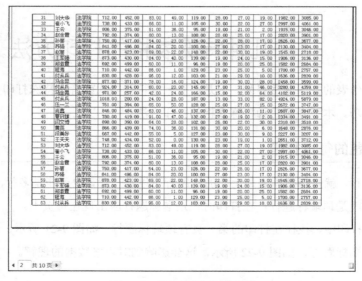

图 9-21　第 1 页有标题行

图 9-22　第 2 页没有标题行

要设置顶端标题能够在每页都进行打印，可按如下步骤进行操作：

（1）选取要打印的数据表。

（2）执行“页面布局”→“页面设置”→“打印标题”选项，会出现如图 9-23 所示的“页面设置”对话框，然后在“打印标题”选项后面的“顶端标题行”后面的 按钮上单击一下，接下来就可以选择要打印的行了。

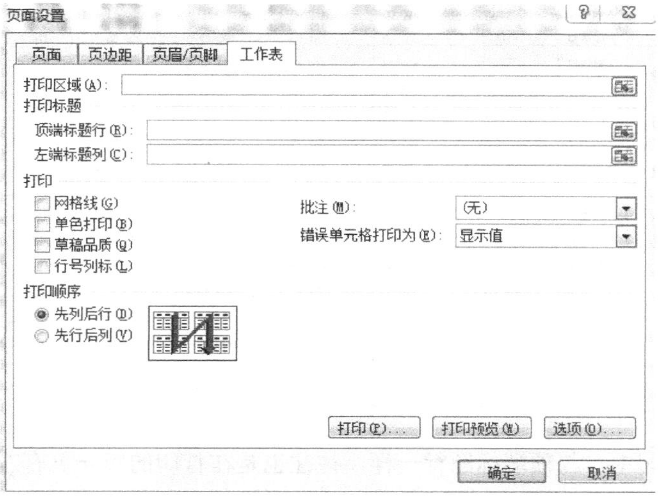

图 9-23　打印标题设置

（3）单击“确定”按钮，完成设置。

经过以上操作后，从第二页开始，每页就会有标题行了，如图 9-24 所示。

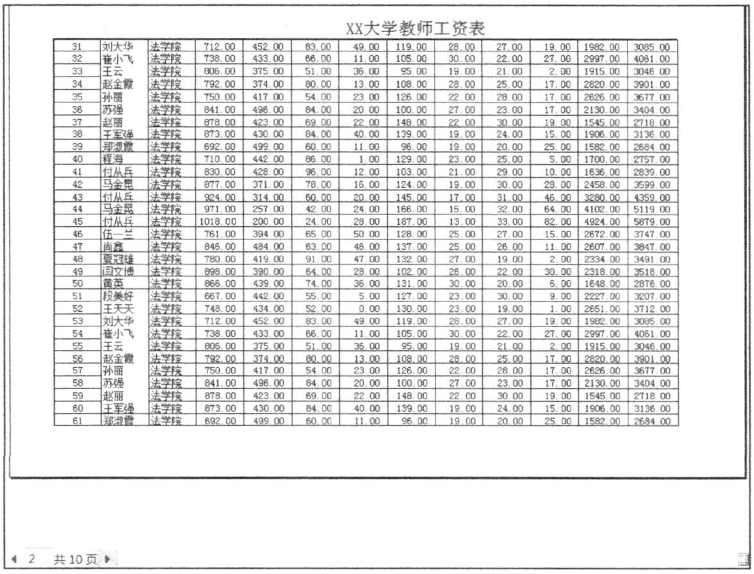

XX大学教师工资表

31	刘大华	法学院	712.00	452.00	83.00	49.00	119.00	28.00	27.00	19.00	1982.00	3085.00
32	崔小飞	法学院	738.00	433.00	86.00	11.00	105.00	30.00	22.00	27.00	2997.00	4061.00
33	王云	法学院	806.00	375.00	51.00	36.00	95.00	19.00	21.00	2.00	1915.00	3046.00
34	赵金霞	法学院	792.00	374.00	80.00	13.00	108.00	28.00	25.00	17.00	2820.00	3901.00
35	孙丽	法学院	750.00	417.00	54.00	23.00	126.00	22.00	28.00	17.00	2626.00	3677.00
36	苏强	法学院	841.00	496.00	84.00	20.00	100.00	27.00	23.00	17.00	2130.00	3404.00
37	赵丽	法学院	878.00	423.00	69.00	22.00	148.00	22.00	30.00	19.00	1545.00	2718.00
38	王军强	法学院	873.00	430.00	84.00	40.00	139.00	19.00	24.00	15.00	1906.00	3136.00
39	郑淑霞	法学院	692.00	499.00	60.00	11.00	96.00	19.00	20.00	25.00	1582.00	2684.00
40	程海	法学院	710.00	442.00	86.00	1.00	129.00	23.00	25.00	5.00	1700.00	2757.00
41	付从兵	法学院	830.00	428.00	96.00	12.00	103.00	21.00	29.00	10.00	1636.00	2839.00
42	马金晁	法学院	877.00	371.00	78.00	16.00	124.00	19.00	30.00	28.00	2458.00	3599.00
43	付从兵	法学院	924.00	314.00	60.00	20.00	145.00	17.00	31.00	46.00	3280.00	4359.00
44	马金晁	法学院	971.00	257.00	42.00	24.00	166.00	15.00	32.00	64.00	4102.00	5119.00
45	付从兵	法学院	1018.00	200.00	24.00	28.00	187.00	13.00	33.00	82.00	4924.00	5879.00
46	伍一兰	法学院	761.00	394.00	65.00	50.00	128.00	25.00	27.00	15.00	2672.00	3747.00
47	尚鑫	法学院	846.00	484.00	63.00	46.00	137.00	25.00	26.00	11.00	2607.00	3847.00
48	夏冠雄	法学院	780.00	419.00	91.00	47.00	132.00	27.00	19.00	2.00	2334.00	3491.00
49	闫文博	法学院	898.00	390.00	64.00	28.00	102.00	26.00	22.00	30.00	2318.00	3518.00
50	黄英	法学院	866.00	439.00	74.00	36.00	131.00	30.00	20.00	6.00	1648.00	2876.00
51	段美好	法学院	667.00	442.00	55.00	5.00	127.00	23.00	30.00	9.00	2227.00	3207.00
52	王天天	法学院	748.00	434.00	52.00	0.00	130.00	23.00	19.00	1.00	2651.00	3712.00
53	刘大华	法学院	712.00	452.00	83.00	49.00	119.00	28.00	27.00	19.00	1982.00	3085.00
54	崔小飞	法学院	738.00	433.00	66.00	11.00	105.00	30.00	22.00	27.00	2997.00	4061.00
55	王云	法学院	806.00	375.00	51.00	36.00	95.00	19.00	21.00	2.00	1915.00	3046.00
56	赵金霞	法学院	792.00	374.00	80.00	13.00	108.00	28.00	25.00	17.00	2820.00	3901.00
57	孙丽	法学院	750.00	417.00	54.00	23.00	126.00	22.00	28.00	17.00	2626.00	3677.00
58	苏强	法学院	841.00	496.00	84.00	20.00	100.00	27.00	23.00	17.00	2130.00	3404.00
59	赵丽	法学院	878.00	423.00	69.00	22.00	148.00	22.00	30.00	19.00	1545.00	2718.00
60	王军强	法学院	873.00	430.00	84.00	40.00	139.00	19.00	24.00	15.00	1906.00	3136.00
61	郑淑霞	法学院	692.00	499.00	60.00	11.00	96.00	19.00	20.00	25.00	1582.00	2684.00

2　共10页

图 9-24　设置后第 2 页也有标题了

说明：在步骤（2）选取标题行时，一定要整行选取，而不能只选带内容的单元格区域。

9.3.2 左端标题列的每页打印

左端标题列是指数据表最左侧的标题列，可以是一列，也可以是多列，如图9-25所示工资表中最前面的A、B两列就是左端标题列。在打印时，左端标题列应出现在每页上。

时间	产品 金额(万元)	产品1	产品2	产品3	产品4	产品5	产品6	产
1月	计划指标	400.00	450.00	410.00	250.00	368.71	433.26	
	完成情况	265.01	388.58	281.90	293.62	289.53	474.43	
2月	计划指标	360.78	433.26	470.47	277.92	226.78	437.79	
	完成情况	294.60	474.43	326.49	489.44	288.01	378.47	
3月	计划指标	308.37	437.79	287.80	456.39	254.17	489.66	
	完成情况	201.12	378.47	484.68	465.76	311.67	271.17	
4月	计划指标	400.00	489.66	450.00	296.06	246.54	360.27	
	完成情况	376.34	271.17	323.25	452.81	333.45	499.70	
5月	计划指标	274.21	360.27	493.02	223.23	366.34	346.60	
	完成情况	365.33	499.70	416.62	269.65	328.33	476.33	
6月	计划指标	386.34	346.60	452.86	431.09	431.76	410.00	
	完成情况	277.89	476.33	351.86	464.79	259.57	281.90	
上半年合计	计划指标	2129.70	2517.59	2564.14	1934.68	1894.29	2477.59	
	完成情况	1782.28	2488.69	2184.80	2436.07	1810.56	2382.01	

图 9-25　数据表的左端标题列

然而，在实际打印中，与顶端标题行一样，往往也是在打印的第一页有左端标题列。从第二页开始以后的各页中就都没有左端标题列，这会影响到对表格中数据的理解。

要设置左端标题列能够在每页进行打印，可按如下步骤进行操作：

（1）选取需要打印的数据表。

（2）执行"页面布局"→"打印标题"命令。

（3）在打开的"页面设置"对话框中选择"工作表"选项卡，单击其中"左端标题列"后面的 📷 按钮，然后选取数据表中左端标题所在的列，如图9-26所示。

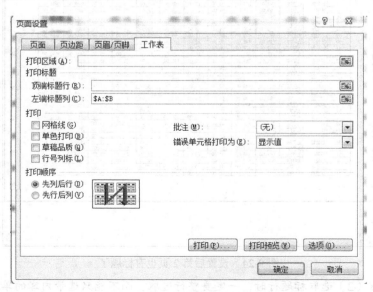

图 9-26　选取数据表的左端标题列

（4）单击"确定"按钮，完成设置操作。

说明：在步骤（3）选取标题列时，一定要整列全选，而不能只选带内容的单元格区域。

9.3.3　页面底部注释信息的每页打印

Excel 提供了顶端标题行的左端标题列的设置，但是没有提供底端标题行的设置。有时候，数据表格的底端也会经常有一些要求在每页都显示的备注信息、注释信息或者表格填充提示信息，以及表格填充中的一些代码说明等，如图 9-27 所示表格下面第 76～79 行就是需要显示在每页表格下面的输入提示信息，它其实就是这里所说的底端标题行。

××出版社2008年上半年稿费分配表

序号	纳税人姓名	身份证照类型	身份证件号码	国家与地区	职业编码	所得项目	分配收入额	签字
61	樊冬妮	身份证	130123198208183324	001	2090100	03	480.00	
62	冯宝升	身份证	140202198010283034	001	2090100	03	500.00	
63	高庆祥	身份证	210121197712110311	001	2090100	03	520.00	
64	郭静	身份证	130502810710123	001	2090100	03	540.00	
65	郝晓丽	身份证	341281198105257633	001	2090100	03	560.00	
66	何丽	身份证	132801197808183835	001	2090100	03	580.00	
67	何莹	身份证	21011219820929382	001	2090100	03	600.00	
68	侯雯雯	身份证	21022219810212312X	001	2090100	03	620.00	
69	胡寒健	身份证	120107790716212	001	2090100	03	640.00	
70	胡玮	身份证	422822198102150025	001	2090100	03	660.00	
71	贾荣博	身份证	120111197512030531	001	2090100	03	680.00	
72	江媛媛	身份证	620105780411103	001	2090100	03	700.00	

说明　1.身份证照类型，可以填写身份证、护照、军官证、其他
　　　2.国家与地区，中国填写001，其他国家与地区直接填写国家或地区名称
　　　3.职业编码，教学人员填写2090000，高等教育教师填写2090100，编辑填写2120200，科研人员填写2010000，其他职业直接填写职业名称
　　　4.所得项目，劳务报酬填写02，稿酬填写03

图 9-27　要求打印底端标题行的数据表

虽然 Excel 设置的页脚可以出现在每页的底端，但是其中能输入的文字有限，又分为左、中右的区域输入，并且格式设置页很不方便，如果想在每页底端都显示一些复杂的文字内容，可以通过下面介绍的在页脚中插入图形的方法来实现。

下面以将图 9-27 所示表格下面第 76～79 行提示信息显示在每页表格下方为例，进行页面底部注释信息的每页打印的操作简介。具体操作步骤如下：

（1）把需要在每页底部显示的行保存为图形。选取图 9-27 所示表格下面的第 76～79 行，粘贴到画面图板中，并保存为一个图形文件，如图 9-28 所示。

说明　1.身份证照类型，可以填写身份证、护照、军官证、其他
　　　2.国家与地区，中国填写001，其他国家与地区直接填写国家或地区名称
　　　3.职业编码，教学人员填写2090000，高等教育教师填写2090100，编辑填写2120200，科研人员填写2010000，其他职业直接填写职业名称
　　　4.所得项目，劳务报酬填写02，稿酬填写03

图 9-28　将底端标题行保存为图形文件

（2）运行"页面布局"→"页面设置"命令，在"页面设置"对话框的"页眉/页脚"选项卡中

单击 自定义页脚(U) 按钮，如图 9-29 所示。

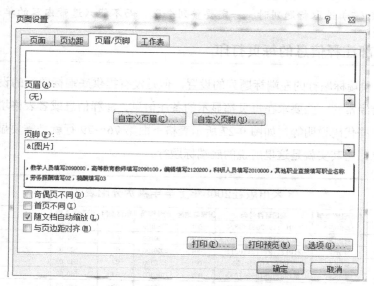

图 9-29　"页眉/页脚"选项卡中的"自定义页脚"按钮

（3）在打开的"页脚"对话框中将光标置于中文本框中，然后单击"插入图片"按钮，如图 9-30 所示。

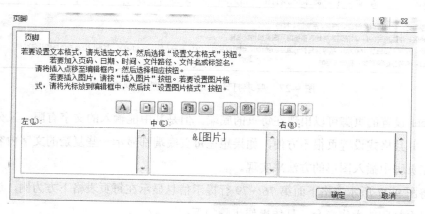

图 9-30　在"页脚"对话框中单击"插入图片"按钮

（4）在打开的"插入图片"对话框中选取步骤（1）保存的底端标题行图片，并执行插入操作，插入图片后的"页脚"对话框中如图 9-31 所示在页脚区的中部有了一个"&【图片】"的标志，表示图片文件已经插入页脚的中部。

（5）在打印预览状态下调整下面的页面边距，使得底端标题行与数据表格最后一行之间的距离合适，如图 9-32 所示。

（6）最后再删除原来表格最后面第 76～79 行的提示信息文字。经过以上的操作，将来打印表格的每页底部都将显示原来第 76～79 行的提示信息文字。

页脚

页脚

若要设置文本格式，请先选定文本，然后选择"设置文本格式"按钮。
　　若要加入页码、日期、时间、文件路径、文件名或标签名，
请将插入点移至编辑框内，然后选择相应按钮。
　　若要插入图片，请按"插入图片"按钮。若要设置图片格
式，请将光标放到编辑框中，然后按"设置图片格式"按钮。

左(L)：　　　　　　　　　　中(C)：　　　　　　　　　　右(R)：

&[图片]

确定　　取消

图 9-31　在"页脚"对话框中插入图片后的效果

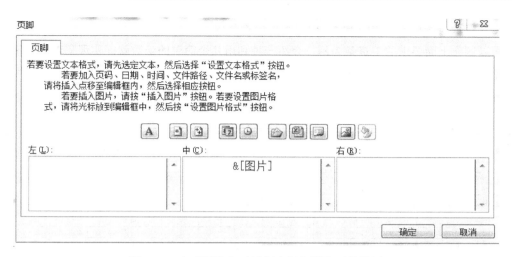

图 9-32　调整下边距使底端标题行与数据表最后一行之间的距离合适

9.3.4　工资条的一种简便打印方法

如图 9-33 所示，为某单位制作好的包含 99 个员工数据的工资表，现在需要根据该工资表制作工资条。因为工资条是要发给每个员工的，所以每个工资条都要显示标题行。

其实类似的打印要求问题在实际数据处理和业务管理中还有很多，该要求具体来说就是要实现能够隔若干行重复打印标题。对于这种问题，通过设置数组公式和 VBA 编程可以实现，但是设计

起来都比较复杂，这对于一般的 Excel 用户来说很难掌握。

下面以制作上面要求的工资条为例，介绍一种利用几个简单的函数就能实现隔若干行重复打印标题的简便制作方法。操作步骤如下。

	A	B	C	D	E	F	G	H	I	J	K	L	M	N	O
1							XX大学教师工资表								
2	序号	姓名	院系	基本工资	职务工资	岗位津贴	交通补贴	公积金	医疗险	养老险	其他	奖金	应发工资	所得税	实发工资
3	1	伍一兰	法学院	761.00	394.00	65.00	50.00	128.00	25.00	27.00	15.00	2672.00	3747.00	187.35	3559.65
4	2	尚鑫	法学院	846.00	484.00	63.00	46.00	137.00	25.00	26.00	11.00	2607.00	3847.00	192.35	3654.65
5	3	夏冠雄	法学院	780.00	419.00	91.00	47.00	132.00	27.00	19.00	2.00	2334.00	3491.00	174.55	3316.45
6	4	闫文博	法学院	898.00	390.00	64.00	28.00	102.00	26.00	22.00	30.00	2318.00	3518.00	175.90	3342.10
7	5	黄英	法学院	866.00	439.00	74.00	36.00	131.00	30.00	20.00	6.00	1648.00	2876.00	143.80	2732.20
8	6	段美好	法学院	667.00	442.00	55.00	5.00	127.00	23.00	30.00	9.00	2227.00	3207.00	160.35	3046.65
9	7	王天天	法学院	748.00	434.00	52.00	0.00	130.00	23.00	19.00	1.00	2651.00	3712.00	185.60	3526.40
10	8	刘大华	法学院	712.00	452.00	83.00	49.00	119.00	28.00	27.00	19.00	1982.00	3085.00	154.25	2930.75
11	9	崔小飞	法学院	738.00	433.00	66.00	11.00	105.00	30.00	22.00	27.00	2997.00	4061.00	203.05	3857.95
12	10	王云	法学院	806.00	375.00	51.00	36.00	95.00	19.00	21.00	2.00	1915.00	3046.00	152.30	2893.70
13	11	赵金霞	法学院	792.00	374.00	80.00	18.00	108.00	28.00	25.00	17.00	2820.00	3901.00	195.05	3705.95
14	12	孙丽	法学院	750.00	417.00	54.00	23.00	126.00	22.00	28.00	17.00	2626.00	3677.00	183.85	3493.15
15	13	苏强	法学院	841.00	496.00	84.00	20.00	100.00	27.00	23.00	17.00	2130.00	3404.00	170.20	3233.80
16	14	赵丽	法学院	878.00	423.00	69.00	22.00	148.00	22.00	30.00	19.00	1545.00	2718.00	135.90	2582.10

图 9-33　某单位制作完成的工资表

（1）插入一个空白工作表，然后将原来的工资数据表中的第 2 行标题也就是各个工资信息所在的行复制到该空白工作表的第 1 行，如图 9-34 所示。

	A	B	C	D	E	F	G	H	I	J	K	L	M	N	O
1	序号	姓名	院系	基本工资	职务工资	岗位津贴	交通补贴	公积金	医疗险	养老险	其他	奖金	应发工资	所得税	实发工资
2	1	伍一兰	法学院	761.00	394.00	65.00	50.00	128.00	25.00	27.00	15.00	2672.00	3747.00	187.35	3559.65

图 9-34　复制标题行

（2）在 A2 单元格输入公式 "=MAX(A$1:A1)+1"。

（3）在 B2 单元格输入以下公式，然后向右拖动一直将公式复制到 O2 单元格："=VLOOKUP($A2，工资表!$A$2:$O$101,COLUMN)(),0)"。

（4）对 A3:O3 单元格区域进行合并居中操作，然后在合并后的单元格中输入一系列"＿＿"符号，直至填满整个单元格，并将单元格文字的"垂直居中"方向和"水平对齐"方向均设置为"居中"样式，最后效果如图 9-35 所示，第一个员工的工资条制作完毕。

	A	B	C	D	E	F	G	H	I	J	K	L	M	N	O
1	序号	姓名	院系	基本工资	职务工资	岗位津贴	交通补贴	公积金	医疗险	养老险	其他	奖金	应发工资	所得税	实发工资
2	1	伍一兰	法学院	800	450	500	22	125	25	50	0	3900	5472	420.8	5051

图 9-35　输入公式后显示出第一个人的工资条

说明：在第3行中输入一系列"---"符号，直至填满整个单元格，为的是使得不同人员工资条之间有空间，并且形成的虚线条还可供撕开工资条时作为参考位置。

（5）选取 1～5 行并向下拖动复制，直到显示所有员工工资为止，如图 9-36 所示。

	A	B	C	D	E	F	G	H	I	J	K	L	M	N	O
1	序号	姓名	院系	基本工资	职务工资	岗位津贴	交通补贴	公积金	医疗险	养老险	其他	奖金	应发工资	所得税	实发工资
2	1	伍一兰	法学院	761.00	394.00	65.00	50.00	128.00	25.00	27.00	15.00	2672.00	3747.00	187.35	3559.65
3															
4	序号	姓名	院系	基本工资	职务工资	岗位津贴	交通补贴	公积金	医疗险	养老险	其他	奖金	应发工资	所得税	实发工资
5	2	尚鑫	法学院	846.00	484.00	63.00	46.00	137.00	25.00	26.00	11.00	2607.00	3847.00	192.35	3654.65
6															
7	序号	姓名	院系	基本工资	职务工资	岗位津贴	交通补贴	公积金	医疗险	养老险	其他	奖金	应发工资	所得税	实发工资
8	3	夏冠雄	法学院	780.00	419.00	91.00	47.00	132.00	27.00	19.00	2.00	2334.00	3491.00	174.55	3316.45
9															
10	序号	姓名	院系	基本工资	职务工资	岗位津贴	交通补贴	公积金	医疗险	养老险	其他	奖金	应发工资	所得税	实发工资
11	4	闫文博	法学院	898.00	390.00	64.00	28.00	102.00	26.00	22.00	30.00	2318.00	3518.00	175.90	3342.10
12															
13	序号	姓名	院系	基本工资	职务工资	岗位津贴	交通补贴	公积金	医疗险	养老险	其他	奖金	应发工资	所得税	实发工资
14	5	黄英	法学院	866.00	439.00	74.00	36.00	131.00	30.00	20.00	6.00	1648.00	2876.00	143.80	2732.20
15															
16	序号	姓名	院系	基本工资	职务工资	岗位津贴	交通补贴	公积金	医疗险	养老险	其他	奖金	应发工资	所得税	实发工资
17	6	段美好	法学院	667.00	442.00	55.00	5.00	127.00	23.00	30.00	9.00	2227.00	3207.00	160.35	3046.65
18															
19	序号	姓名	院系	基本工资	职务工资	岗位津贴	交通补贴	公积金	医疗险	养老险	其他	奖金	应发工资	所得税	实发工资
20	7	王天天	法学院	748.00	434.00	52.00	0.00	130.00	23.00	19.00	1.00	2651.00	3712.00	185.60	3526.40
21															
22	序号	姓名	院系	基本工资	职务工资	岗位津贴	交通补贴	公积金	医疗险	养老险	其他	奖金	应发工资	所得税	实发工资
23	8	刘大华	法学院	712.00	452.00	83.00	49.00	119.00	28.00	27.00	19.00	1982.00	3085.00	154.25	2930.75
24															
25	序号	姓名	院系	基本工资	职务工资	岗位津贴	交通补贴	公积金	医疗险	养老险	其他	奖金	应发工资	所得税	实发工资
26	9	崔小飞	法学院	738.00	433.00	66.00	11.00	105.00	30.00	22.00	27.00	2997.00	4061.00	203.05	3857.95
27															

图 9-36　制作完成的工资条效果

9.3.5　Excel中套打表格的实现方法

在 Excel 的表格打印中，有时候不需要打印边框线和指定项目的名称，只需将表格中各个项目的对应内容打印到事先设计好的空白表格中即可，这就是所谓的"套打表格"。套打表格在日常办公和数据处理中经常看到，比如银行储蓄存（取）款单的打印、公司仓库的出（入）库单，都是将需要的信息打印到空白的存（取）款单和出（入）库单上。

在 Excel 中，"套打表格"功能可以通过设置工作表背景来实现。下面看一下实例。

问题描述：图 9-37 所示为某公司的员工基本情况查询单，该查询单可以根据输入的姓名到另一个专门的员工档案数据库中进行查询，查询到员工信息后，可以将结果打印到事先已经设计好与该表格框架相同的空白表格中。

环宇汽车公司员工基本情况查询单

请输入姓名: 崔勇

<table>
<tr><td>姓名</td><td>崔勇</td><td>性别</td><td>男</td><td>民族</td><td>汉</td><td>籍贯</td><td>河南永城</td><td>出生时间</td><td>1953年5月6日</td></tr>
<tr><td colspan="2">参加工作时间</td><td colspan="4">1968年12月2日</td><td>职称</td><td>商工</td><td>现任职务</td><td>经理</td></tr>
<tr><td>学历</td><td>大学</td><td colspan="4">毕业学校及专业</td><td colspan="4">合工大机械制造专业</td></tr>
<tr><td>工作简历</td><td colspan="9">1、1965年至1968年上大学。
2、1968年至1988年在市公交公司工作。
3、1989年至今在环宇公司工作。</td></tr>
</table>

图 9-37　员工基本情况查询表

问题分析：本问题其实就是"套打表格"，因为实际上需要打印的内容只有 E2、C4、E4、G4、I4、K4、D5、J5、K5、C6、H6、C7、C8（注意：合并后单元格的名字为其合并前区域中最左上角单元格的名字）等包含查询人员个人信息的单元格中的内容。

下面介绍通过设置工作背景来实现套打表格的功能，具体操作步骤如下：

（1）复制表格所在的 A1:K8 所在区域，然后打开"画面"软件，将其复制到表格图板中，最后再将其保存为一个图形文件，如图 9-38 所示。

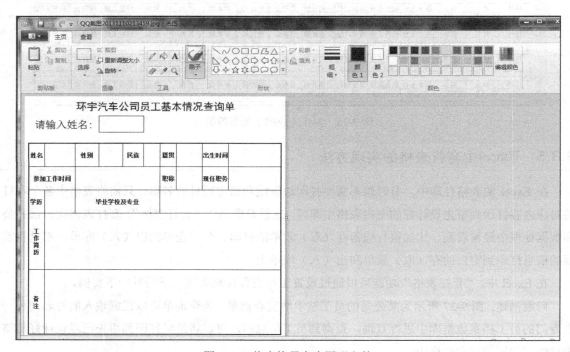

图 9-38　将表格另存为图形文件

（2）运行"页面布局"→"背景"菜单命令，在"工作表背景"对话框中选择上一步保存的表格图形文件并插入，插入表格图形背景后的样式如图 9-39 所示，整个表区域被刚才插入的图片覆盖，这正是背景设置的效果。

（3）调整背景显示。首先调整数据表格的行高和列宽，使得数据表格与背景图形中格保持完全一致；然后清除数据表中已经输入的边框和项目名称文字，最后把原数据的区域单元格填充白色背景，使页面效果看起来干净一些。

以上操作完成后，套打表格设置完毕，此时通过图 9-40 的打印预览可看到其效果。

注意：对于套打表格，在放置含空白表格的打印纸时，一定要位置正确，否则可能造成需要的内容结果没有很好地打印到相应的空白位置。

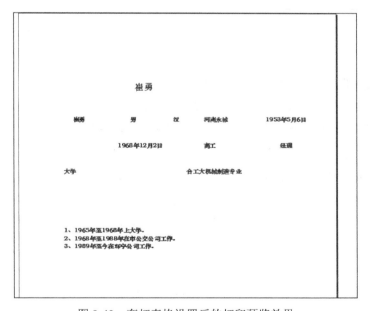

图 9-39　插入表格图形背景后的效果

图 9-40　套打表格设置后的打印预览效果

习题九

1. 如何设置才能使选定的单元格区域充满整个窗口？

2. 拆分窗口与冻结窗格操作有什么不同之处？

3. 请说明打印操作的整体工作流程，每个阶段主要做哪些工作？

4．如何对每页下端都要求出现大块文字性提示信息的特殊格式进行打印设置？

5．上机自行将本章所有实例操作一遍

6．习题图9-1为某公司工资表中的各个计算项目部分，请完成以下操作。

	A	B	C	D	E	F	G	H	I	J	K	L
1						XX大学教师工资表						
2	序号	姓名	院系	基本工资	职务工资	岗位津贴	交通补贴	公积金	医疗险	养老险	其他	奖金
3	1											
4	2											
5	3											
6	4											
7	5											
8	6											
9	7											
10	8											
11	9											
12	10											
13	11											
14	12											
15	13											
16	14											
17	15											
18	16											
19	17											
20	18											
21	19											
22	20											

习题图9-1

（1）按照该表格的结构框架输入20条数据。

（2）在右侧增加一例"应发工资"，并根据数据关系计算出每人的对应数据。

（3）通过调整显示比例，使得在屏幕窗口上能够显示出表格的所有字段。

（4）通过调整显示比例，使得屏幕上只显示出固定收入部分的数据的字段。

（5）通过拆分窗口操作，使得屏幕上可以同时查看4个数据区域。

（6）通过冻结窗口操作，让数据表格左边两列和顶端两行在拖动滚动条时固定不动。

（7）通过页面设置操作，让该表格中前20个人员的信息正好可以打印到两张纵向的B5的纸上，并且每一张纸左侧都有序号和姓名，第一张纸上顶端包括固定收入部分对应的各个标题项。第二张纸上顶端包括每月扣除部分和其他收入部分对应的各个标题项。

（8）通过页面设置操作，使上述表恰好能够打印到一张横向的A4纸上。

数据的安全与保密设置　第10章

本章知识点

- 工作簿文件设置权限密码
- 保护工作簿的窗口和结构
- 工作簿和工作表隐藏处理
- 工作表的整体保护操作
- 工作表中特定区域的保护
- 隐藏工作表中的计算公式
- 工作表中分区加密处理
- 工作表中行/列隐藏操作
- 宏病毒及其安全保护设置

10.1　工作簿的安全与保密

Excel 中对数据的安全与保密设置可以分为工作簿、工作表、单元格 3 个不同的级别。本节介绍工作簿级的安全与保密设置，主要包括为工作簿文件设置权限密码进行保存，隐藏工作簿防止别人试图复制或者修改，保护工作簿的窗口和结构 3 个方面的内容。

10.1.1　为工作簿设置权限密码

在 Excel 中，可以为工作簿设置权限密码，包括打开权限密码和修改权限密码，这样可以防止别人查看和编辑受保护的工作簿，另外还可以建议他人以只读方式打开工作簿。

为工作簿设置权限密码的操作步骤如下：

（1）打开需要设置权限密码的工作簿。

（2）运行"文件"→"另存为"命令，在打开的"另存为"对话框中运行"工具"→"常规选项"命令，如图 10-1 所示。

（3）在如图 10-2 所示的"常规选项"对话框中，在"打开权限密码"文本框中输入保护密码。如果还想限制他人修改程序，则应在"修改权限密码"文本框中输入修改权限密码。

（4）单击"确定"按钮，在弹出的"确认密码"对话框中再次输入密码，单击"确定"按钮，就完成对工作簿设置打开权限密码和修改权限密码的操作。

（5）单击"保存"按钮，如果出现提示，单击"是"按钮以替换已有的工作簿。

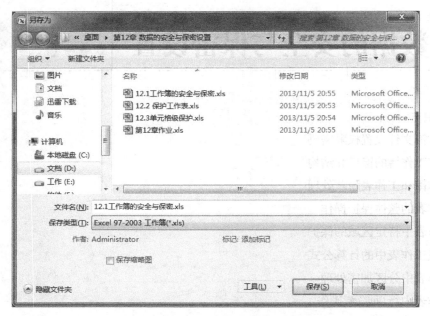

图 10-1 在"另存为"对话框中运行"工具"→"常规选项"命令

经过以上操作后，以后要打开已设置打开权限密码和修改权限密码的工作簿时，将首先会弹出要求用户输入密码的对话框，只有输入正确的密码，才能进行相应权限的操作。

如要撤销工作簿的打开权限密码和修改密码权限，按照上面设置的方法，在如图 10-2 所示的对话框中删除打开权限密码和修改权限密码，覆盖保存文件即可。

图 10-2 "常规选项"对话框

说明：如果要对一个文件夹中许多经常使用的Excel工作簿文件进行保护，也可以利用WINRAR等压缩软件进行整体加密压缩存放，需要时再输入密码解压。

10.1.2 对工作簿进行隐藏处理

坦白来说，Excel 工作簿文件的密码是很弱的，所以除了设置密码保护之外，还可以考虑进行隐藏处理，这种隐藏工作簿的方法可以用来防止别有用心的人试图打开加密文件，以便进行复制或者修改 Excel 工作簿文件。对工作簿进行隐藏有以下介绍的三种方法。

1. 修改文件扩展名隐藏法

每一类文件都有其特定扩展名（Excel 工作簿文件的默认扩展方式为".xlsx"），并且有属于这种类型文件的显示图标，当修改文件的扩展名时，其对应的图标也会发生变化。

根据以上原理，可以将 Excel 工作簿文件的默认扩展名".xlsx"修改为其他名称，如".bmp"".jpg"等，造成其图标也发生变化，从而可以达到隐藏 Excel 工作簿的目的。

2. 修改文件属性隐藏方法

Windows 中的文件可以设置为隐藏属性，这种属性的文件一般情况下在文件夹查看窗口中是看不见的。利用这个原理，也可以对 Excel 工作簿文件进行隐藏操作。操作步骤如下：

（1）选定需要隐藏的 Excel 工作簿文件，单击右键，从快捷菜单中选择"属性命令"，然后从打开的"属性"对话框的"常规"选项卡中选中"隐藏"属性。

（2）在存放需要隐藏 Excel 工作簿文件的文件夹中运行"工具"→"文件夹选项"命令，打开如图 10-3 所示的"文件夹选项"对话框。在"查看"选项卡的"高级设置"列表名里找到"不显示隐藏的文件、文件夹或驱动器"选项并选中，单击"确定"按钮退出。

经过以上操作，在存放隐藏 Excel 工作簿文件的文件夹中已经看不到原来的文件。

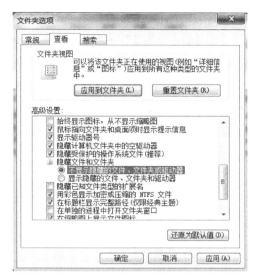

图 10-3　设置文件的显示属性

说明：如果想看到这个具有隐藏属性的文件，只要在图 10-3 中找到并选中"显示隐藏的文件、文件夹和驱动器"选项即可。

3. 使用"视图"→"隐藏"命令法

直接运行"视图"→"隐藏"命令，也可以隐藏工作簿，这种方法比较简单，但是这种方法隐藏的只是工作簿窗口，而不是文件本身。其操作步骤如下：

（1）打开需隐藏的工作簿文件。

（2）运行"视图"→"窗口"→"隐藏"命令，工作簿窗口变成了如图 10-4 所示的隐藏状态。

（3）如果要想显示被隐藏的工作簿窗口，可以运行"窗口"→"取消隐藏"命令，在如图 10-5 所示的"取消隐藏"对话框的列表中选取要隐藏的文件，单击"确定"按钮即可。

图 10-4　工作簿隐藏后的窗口显示效果　　　图 10-5　工作簿的"取消隐藏"对话框

10.1.3　保护工作簿的结构和窗口

保护工作簿的结构，可以使得别人无法再对工作簿执行移动、删除、隐藏、取消隐藏以及添加和重命名工作表等操作；保护工作簿的窗口，可以使得在每次打开工作簿时，都具有固定大小和位置的窗口。保护工作簿的结构和窗口的操作步骤如下：

（1）打开需要保护的 Excel 工作簿文件。

（2）运行"审阅"→"更改"→"保护工作簿"命令，打开如图 10-6 所示的"保护工作簿"对话框。

（3）选择要保护的工作簿项目，如选择"结构"复选框或者"窗口"复选框或者连着全选，然后在"密码（可选）"文本框中输入保护密码，单击"确定"按钮。

（4）在出现的如图 10-7 所示的"确认密码"对话框中将密码再输入一遍，然后单击"确定"按钮，完成对工作簿的保护操作。

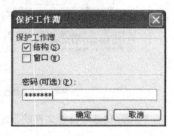
图 10-6 "保护工作簿"对话框

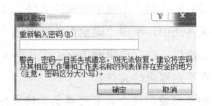
图 10-7 "确认密码"对话框

在上面的步骤（3）中，如果选择了"结构"复选框，工作簿在得到保护后就无法再对工作表进行移动、删除、隐藏、取消隐藏以及添加和重命名工作表等操作。此时，无论是如图 10-8 所示的工作表右键快捷菜单，还是如图 10-9 所示的"开始"菜单，或者是如图 10-10 所示的"插入"菜单，有关工作表移动、删除、隐藏、取消隐藏，以及插入工作表、重命名工作表等操作命令都变成禁用状态。

在上面的步骤（3）中，如果选中"窗口"复选框，那么工作簿被保护后，在每次打开工作簿时，都具有固定大小和位置的窗口。

说明：要撤销工作簿结构和窗口的保护，只要运行"审阅"→"更改"→"撤销工作簿保护"命令，在如图10-11所示的"撤销工作表保护"对话框中，输入正确的密码，然后单击"确定"按钮，即可撤销对工作簿结构和窗口的保护。

图 10-8 工作表右键快捷菜单

图 10-9 "开始"菜单

图 10-10 "插入"菜单

图 10-11 "撤销工作簿保护"对话框

10.2 工作表的安全与保密

上节介绍了工作簿的安全与保密,在实际操作中经常还需要对工作表进行安全与保密设置,包括保护工作表、隐藏工作表。本章主要介绍这两项操作的相关知识。

10.2.1 工作表的整体保护

一般情况下,对工作表的保护就是对整体所有内容的保护。当然有时候只需要保护工作表中的一部分区域或者特定对象,这属于下一节介绍的单元格级保护。

本节介绍对工作表的保护,其具体操作步骤和方法如下:

(1)选择需要保护的工作表。

(2)选择要保护的单元格,右键单击,在右键菜单中选择"设置单元格"命令,选择"保护"选项卡,选中"锁定"复选框,如图 10-12 所示,单击"确定"按钮。

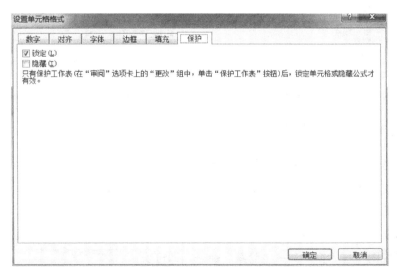

图 10-12 锁定单元格

(3)运行"审阅"→"更改"→"保护工作表"命令,打开"保护工作表"对话框,如图 10-13 所示。

(4)输入保护密码(也可以为空),并在"允许此工作表的所有用户进行"列表中进行有关设置,如果将默认选中的"选定锁定单元格"取消选中，则将来被锁定的单元格是不可能被选定的；其余默认没有选中的若在此选中，则允许了用户的一种操作。

说明：

（1）只有处于锁定状态的单元格才会被保护。

（2）默认情况下，工作表中各单元格都处于锁定状态，所以上面的第（2）步在保护整个工作表时可以忽略。

（3）对于被保护的工作表，如果想编辑其中的数据，但是又忘记了密码，如果在图10-13中的"允许此工作表的所有的用户进行"列表中选中"选定锁定单元格"复选框，则可以不用撤销工作表中的保护，只要将数据复制到一个其他位置，就可以进行编辑；但是如果取消了选中"选定锁定单元格"复选框，那么在保护工作表之后是无法进行复制的。对于这一点，一定要加以注意。此时，若实在想不起来密码，则只能借助于密码破译软件了。

要撤销工作表的保护，可以运行"审阅"→"更改"→"撤销工作表保护"命令，如果开始没有设置密码，则可以立即撤销对工作表的保护；如果设置有密码，则打开如图 10-14 所示的"撤销工作表保护"对话框，此时输入密码，单击"确定"按钮即可。

图 10-13　"保护工作表"对话框　　　图 10-14　"撤销工作表保护"对话框

10.2.2　隐藏工作表的一般方法

隐藏工作表是保护工作表及其数据的一种重要方法。对于一些保存有重要数据、固定不变数据的工作表，可以将其隐藏起来，以免激活该工作表造成数据的破坏。

隐藏工作表的一般操作步骤如下：

（1）选择需要隐藏的一张或者多张工作表。

（2）运行"视图"→"窗口"→"隐藏"命令，即可隐藏选定的工作表。

（3）如果要让隐藏的工作表再显示出来，可以运行"视图"→"窗口"→"取消隐藏"命令，在如图 10-15 所示的"取消隐藏"对话框中选择要显示的工作表，单击"确定"按钮即可。

图 10-15　"取消隐藏"对话框

10.2.3 彻底隐藏工作表的操作

上面介绍的隐藏工作表的方法可以在不经过输入密码的情况下，轻易地通过"取消隐藏"，使得隐藏的工作表再次显示。下面介绍一种彻底地隐藏工作表的方法，这种方法隐藏的工作表无法通过"取消隐藏"的方法显示出来，并且还可以有密码保护机制。

（1）运行"开发工具"→"代码"→"Visual Basic"命令，或者在工作表标签上单击右键，从快捷菜单上选择"查看代码"命令，打开 Visual Basic 编辑器窗口。

说明：直接按Alt+F11组合键，也可以打开Visual Basic编辑器窗口。

（2）在打开的编辑器窗口中，从"工程"窗口中选择需要隐藏的工作表，然后在下面的"属性"窗口中选择 Visible 属性值为 2-xlSheetVeryHidden，如图 10-16 所示。

（3）单击 Visual Basic 编辑器窗口中的"工具"→"VBAProject 属性"命令，打开"VBAProject-工程属性"对话框，在"保护"选项卡中选中"查看时锁定工程"复选框，在"密码"和"确认密码"文字框中输入保护密码，如图 10-17 所示，单击"确定"按钮，关闭"VBAProject-工程属性"对话框。

图 10-16 在"属性"窗口中设置 Visible
属性值为 2-xlSheetVeryHidden

图 10-17 设置 VBA 工程的保护密码

10.3 单元格的安全与保密

上节介绍的工作表保护是对整个工作表的保护。在实际工作中，有时候可能需要保护工作表中的一部分，比如计算机公司或者特定单元格区域。

本节就介绍单元格区域的安全与保密设置，包括保护工作表中特定的单元格区域，为不同单元格区域设定不同的密码保护，对工作表中的特定行或者列设置隐藏处理。

10.3.1 保护工作表中的特定的单元格区域

默认情况下，保护工作表是对整个表格的整体保护。但是，有时候只需要保护部分单元格，例如，只保护带有公式的单元格区域，防止操作者误删或者修改公式，而那些需要输入原始数据的表格却不能保护，否则操作者将不能输入数据。

问题描述：如图10-18所示，D3:E10区域中含有事先设计好的公式，为了防止操作者在输入数据时不小心删除修改这些公式，要对行和列进行保护。另外，图中的行标题和列标题也要保护，区域因为要输入数据不进行保护。

销售部5月份各地办事处奖金提成计算表				
办事处名称	月销售额	月销售费用	奖金提成比例	奖金提成金额
北京办事处	860000	20200	10.00%	83980.00
上海办事处	1000000	23120	15.00%	146532.00
天津办事处	2600090	49600	20.00%	510098.00
重庆办事处	1500000	55000	15.00%	216750.00
湖北办事处	1800000	50000	15.00%	262500.00
湖南办事处	809000	60000	5.00%	37450.00
江西办事处	900000	50000	5.00%	42500.00
海南办事处	650000	34500	5.00%	30775.00

图10-18 需要进行特定区域保护的工作表

问题分析：首先必须明白一个基本原理:只有进行了"锁定"的单元格，在保护工作表时才会被保护，而默认情况下所有单元格都是被锁定的，所以一般情况下对工作表的保护就是对整个表格的保护。

根据该原理，先只将那些要保护的单元格锁定，取消那些不需要进行保护的单元格的锁定状态，然后再执行对工作表的保护，就可以实现对特定的单元格区域进行保护。

针对上面的具体问题，只要取消B3:C10区域的锁定，然后再进行工作表保护，就可以实现题目中的要求。具体操作方法和步骤如下:

（1）打开工作表。通过单击工作表标签选中需要保护的工作表。

（2）解除对B3:C10单元格的锁定。选定B3:C10单元格区域，单击鼠标右键，在右键菜单中选择"设置单元格"，然后选择"保护"选项卡，接下来单击取消"锁定"勾选框，如图10-19所示。

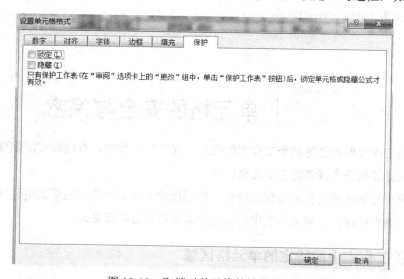

图10-19 取消对单元格的锁定状态

（3）隐藏 D3:E10 区域的公式。如果不想让操作人员看到公式，还可以对公式进行隐藏。操作时，先选定 D3:E10 区域，单击鼠标右键，在右键菜单中选择"设置单元格"，然后选择"保护"选项卡，将"隐藏"复选框也设为选中状态即可。

（4）运行"审阅"→"更改"→"保护工作表"命令，打开"保护工作表"对话框。

（5）输入保护密码，并进行有关设置，最后单击"确定"按钮。

以上操作完成以后，工作表中除了数据输入区可以操作外，其他行标题、列标题以及公式计算区域都得到了保护，并且还隐藏了计算公式。此时，如果操作者将光标定位到这些受保护的单元格，Excel 马上会出现如图 10-20 所示的错误信息提示框。

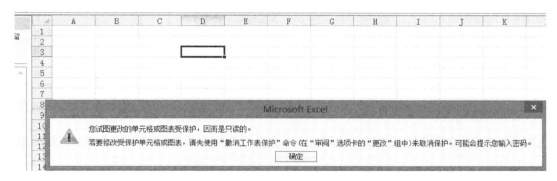

图 10-20　试图编辑受保护单元格时出现的错误信息提示框

10.3.2　不同单元格区域设定不同的密码保护

当多人编辑同一个工作表时，为了防止修改别人负责编辑的单元格区域的数据，可以为不同的单元格区域设置不同的密码，也就是对工作表进行分区加密。

问题描述：图 10-21 所示为某公司销售奖金提成表，该表格由 3 个人分别负责编辑：销售管理总部的表格制作者输入左边表格中的行标题和列标题，并负责编辑图中右边的提成比例表格；数据操作员负责在 B3:C10 区域输入各个办事处的月销售额和月销售费用数据；D3:E1 区域中的计算公式则由公式设计员进行编辑输入。为了防止不同人员之间相互影响，现在需要为他们分别设置密码，防止别人误删或误改自己负责的内容。

图 10-21　需要进行分区加密保护的工作表

问题分析：该问题只要将整个表格分为 3 个不同区域（注意有些区域是不连续的），每一个区域分别设置一个密码即可。具体操作方法和步骤如下：

（1）打开工作表。单击工作表标签中需要保护的工作表。

（2）运行"审阅"→"更改"→"允许用户编辑区域"命令，弹出如图 10-22 所示的"允许用户编辑区域"对话框。

（3）单击"新建"按钮，打开"新区域"对话框，在其中输入要保护的单元格区域的标题、应用单元格区域以及区域密码，图 10-23 所示为数据输入员负责区域的保护设置。

图 10-22　"允许用户编辑区域"对话框　　　图 10-23　设置标题、引用单元格区域及区域密码

（4）单击"确定"按钮，则以上区域就添加到"允许用户编辑区域"对话框中，如图 10-24 所示。

（5）重复上面的步骤（3）～步骤（4），添加其他用户的负责区域和保护密码，最后得到所有的分区保护设置情况，如图 10-25 所示。如果某个区域设计有误，可以单击"修改"按钮进行修改；如果某个区域不再需要，可以单击"删除"按钮解除对其的保护。

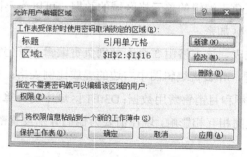

图 10-24　加入一个新的保护区域　　　　　图 10-25　所有需要保护的区域添加完毕

（6）单击"允许用户编辑区域"对话框中的"保护工作表"按钮，对该工作表进行保护，此时还会提示输入密码，注意这个密码与前面设置的密码不一样，前面的密码是对某一区域设置的让负责人使用的密码，这一步骤的密码是工作表的保护密码。

以上操作完成后，工作表中不同人员的负责区域分别设置了各自的密码。要想在单元格中进行编辑操作，必须输入对应的区域密码，否则将不能进行编辑。

说明：

（1）如果既想实现分区保护，又想在保护工作表的情况下，让所有人员可以操作某些公共单元格，可以按照前面10.3.1小节介绍的方法，先取消那些公共单元格的锁定，然后再进行工作表的分区保护。

（2）分区保护也可以按照10.3.1小节介绍的方法来隐藏公式。

10.3.3 隐藏/显示工作表中的行或者列

在 Excel 中，如果某些行或者列不需要编辑或者查看，或者是出于其他目的不想显示某些行和列，可以将它们隐藏起来，使工作表看起来更加整洁或者安全。当需要显示时，这些数据还可以再显示出来。通过特殊设置，还可以在显示其他操作时忽略这些隐藏的内容。

1. 隐藏行或列

隐藏行或列有两种方法，分别如下。

方法一（度量设置法）：首先选择需要隐藏的行或列，然后设置行高或者列宽为 0。

方法二（菜单命令法）：首先选择需要隐藏的行或列，然后单击右键菜单，选择运行"隐藏"命令。

2. 显示行或列

对应隐藏行或列的两种方法，显示行或列也有两种方法，分别如下。

方法一（度量设置法）：选择需要显示的行或列，设置行高或者列宽大于 0 的值。

方法二（菜单命令法）：选择隐藏行或列的前后行或者左右列，或者在名称框中输入隐藏行或列的前后两个单元格地址，然后单击右键菜单，选择"取消隐藏"命令。

说明：如果隐藏了首行或者首列，可以在名称框中输入A1，然后单击右键菜单，选择运行"取消隐藏"命令，或者设置行高或者列宽的数字。

3. 只显示数据区域，其余行列全隐藏

有时只想显示数据区域，其余行列全隐藏，也就是将某行或列后的所有行和列隐藏。

问题描述：在图 10-26 中，假如只想显示表区域 A1:I16，其他无关区域要求全部隐藏，也就是说图中的 16 行之后的所有行以及 1 列之后的所有列全部需要隐藏。

	A	B	C	D	E	F	G	H	I	J
1	序号	销售日期	客户名称	业务员	品名	规格	数量	单价	合计金额	
2	1	2008/1/3	华科公司	陈灵玉	CPU	AMD闪龙3000+（盒装）	3	￥320	￥960.00	
3	2	2008/1/3	华科公司	陈灵玉	内存条	DDR-1代 512MB	3	￥190	￥570.00	
4	3	2008/1/3	华科公司	陈灵玉	主板	技嘉GA-6BXC 440BX	3	￥340	￥1,020.00	
5	4	2008/1/3	华科公司	陈灵玉	DVD光驱	MITSUMI 16*DVD	3	￥145	￥435.00	
6	5	2008/1/3	华科公司	陈灵玉	硬盘	FUJI 80GB	5	￥320	￥1,600.00	
7	6	2008/1/5	远光公司	何不为	CPU	K6-2-450 MMX 3D NOW	4	￥195	￥780.00	
8	7	2008/1/5	远光公司	何不为	内存条	DDR-2代 1G	2	￥540	￥1,080.00	
9	8	2008/1/5	远光公司	何不为	硬盘	IBM 120GB	1	￥480	￥480.00	
10	9	2008/1/5	赛罗公司	李忠合	主板	昂达N6LGA	1	￥240	￥240.00	
11	10	2008/1/6	寒光公司	丁海春	CPU	Athlon64 3000+（BOX）	1	￥910	￥910.00	
12	11	2008/1/6	寒光公司	丁海春	打印机	EPSON 460	2	￥1,320	￥2,640.00	
13	12	2008/1/7	寒光公司	何不为	DVD光驱	东芝 16*DVD	6	￥195	￥1,170.00	
14	13	2008/1/7	寒光公司	刘小川	内存条	DDR-2代 1G	5	￥290	￥1,450.00	
15	14	2008/1/7	寒光公司	刘小川	DVD光驱	SONY 24*DVD	2	￥150	￥300.00	
16	15	2008/1/7	赛罗公司	陈灵玉	内存条	DDR-2代 1G	1	￥540	￥540.00	
17										
18										
19										
20										

图 10-26 需要只显示数据区域，其余行列全隐藏的工作表

问题分析：该问题的难点是如何选中需要隐藏的行和列（下面给出了名称框输入和快捷组合键两种方法），隐藏方法跟前面的没有什么不同。具体操作方法和步骤如下：

（1）打开需要进行隐藏操作的工作表。

（2）选取需要隐藏的第 17 行一直到最后的 65536 行。有两种方法：

方法一（名称输入框法）：在工作表左上角的名称框输入 17:63356，按回车键。

方法二 （快捷组合键法）：选取第 17 行，按 Ctrl+Shift+↓ （下方向键）组合键。

（3）单击右键菜单，选择"隐藏"命令，即隐藏所有选中的行。

（4）选取需要隐藏的第 J 列一直到最后的 IV 列，同样有两种方法：

方法一（名称框输入法）：在工作表左上角的名称框中输入 J:IV，按回车键。

方法二（快捷组合键法）：选取第 J 列，按 Ctrl+Shift+ → （右方向键）组合键。

（5）单击右键菜单，运行"隐藏"命令，即隐藏所有选中的列。

经过以上操作，数据表以外的所有行列就被隐藏，效果如图 10-27 所示。

	A	B	C	D	E	F	G	H	I
1	序号	销售日期	客户名称	业务员	品名	规格	数量	单价	合计金额
2	1	2008/01/03	华科公司	陈灵玉	CPU	AMD 闪龙3000+(盒装)	3	¥320	¥ 960.00
3	2	2008/01/03	华科公司	陈灵玉	内存条	DDR-1代 512MB	3	¥190	¥ 570.00
4	3	2008/01/03	华科公司	陈灵玉	主板	技嘉GA-6BXC 440BX	3	¥340	¥ 1,020.00
5	4	2008/01/03	华科公司	陈灵玉	DVD光驱	MITSUMI 16*DVD	3	¥145	¥ 435.00
6	5	2008/01/03	华科公司	陈灵玉	硬盘	FUJI 80GB	3	¥320	¥ 1,600.00
7	6	2008/01/05	远光公司	何不为	CPU	K6-2-450 MMX 3D NOW	4	¥195	¥ 780.00
8	7	2008/01/05	远光公司	何不为	内存条	DDR-2代 1G	2	¥540	¥ 1,080.00
9	8	2008/01/05	远光公司	何不为	硬盘	IBM 120GB	1	¥480	¥ 480.00
10	9	2008/01/05	赛罗公司	李忠合	主板	昂达N6LGA	1	¥240	¥ 240.00
11	10	2008/01/06	寒光公司	丁海春	CPU	Athlon64 3000+(BOX)	1	¥910	¥ 910.00
12	11	2008/01/06	寒光公司	丁海春	打印机	EPSON 460	2	¥1,320	¥ 2,640.00
13	12	2008/01/07	寒光公司	何不为	DVD光驱	东芝 16*DVD	6	¥195	¥ 1,170.00
14	13	2008/01/07	寒光公司	刘小川	内存条	DDR-2代 1G	5	¥290	¥ 1,450.00
15	14	2008/01/07	寒光公司	刘小川	DVD光驱	SONY 24*DVD	2	¥150	¥ 300.00
16	15	2008/01/07	赛罗公司	陈灵玉	内存条	DDR-2代 1G	1	¥540	¥ 540.00

图 10-27　只显示数据区域，其余行列全部隐藏的效果

说明：再次逆向执行以上操作，即可将所有隐藏的行和列再次显示出来。

4. 通过组合进行行列的隐藏

上述的隐藏和显示操作适用于不太经常操作的情况，如果需要对某些数据经常进行隐藏和取消隐藏的操作，就比较麻烦。这可以通过下面介绍的组合操作方法进行操作。

问题描述：例如图 10-28 所示的销售汇总表（注意这不是分类汇总表）中，既有汇总数据，又有细节数据，要求通过设置实现随时可以只查看合计数据，或者查看全部细节数据。

问题分析：按照前面隐藏数据的方法，不太方便进行细节数据在隐藏与显示之间的快速切换。下面将细节数据进行组合操作来解决问题。具体操作方法和步骤如下：

（1）打开上面所示的需要进行组合操作的工作表。

（2）选取第 2 行至第 5 行（第一个公司的细节数据），运行"数据"→"分级显示"→"创建组"命令，如图 10-29 运行"组合"命令。

	销售日期	客户名称	数量	单价	合计金额
1	销售日期	客户名称	数量	单价	合计金额
2	2008/01/06	寒光公司	1	¥910	¥ 910.00
3	2008/01/06	寒光公司	2	¥1,320	¥ 2,640.00
4	2008/01/07	寒光公司	6	¥195	¥ 1,170.00
5	2008/01/07	寒光公司	2	¥150	¥ 300.00
6		寒光公司	11		¥ 5,020.00
7	2008/01/11	浩扬公司	2	¥1,020	¥ 2,040.00
8	2008/01/13	浩扬公司	2	¥590	¥ 1,180.00
9	2008/01/17	浩扬公司	4	¥195	¥ 780.00
10	2008/01/19	浩扬公司	2	¥140	¥ 280.00
11		浩扬公司	10		¥ 4,280.00
12	2008/01/03	华科公司	3	¥340	¥ 1,020.00
13	2008/01/03	华科公司	3	¥145	¥ 435.00
14	2008/01/03	华科公司	5	¥320	¥ 1,600.00
15	2008/01/27	华科公司	2	¥1,020	¥ 2,040.00
16		华科公司	13		¥ 5,095.00
17	2008/01/05	赛罗公司	1	¥240	¥ 240.00
18	2008/01/07	赛罗公司	1	¥540	¥ 540.00
19	2008/01/07	赛罗公司	2	¥800	¥ 1,599.80
20	2008/01/09	赛罗公司	3	¥910	¥ 2,730.00
21		赛罗公司	7		¥ 5,109.80

图 10-28　按部门进行的销售汇总表

图 10-29　运行"组合"命令

（3）按照步骤（2）中的类似方法，分别对后面各家公司的细节数据进行组合操作。

经过以上操作，组合完成，之后的数据表效果如图 10-30 所示，其中前面两家公司的细节数据还在显示，而后面两家公司的细节数据进行了隐藏。

	销售日期	客户名称	数量	单价	合计金额
1	销售日期	客户名称	数量	单价	合计金额
2	2008/01/06	寒光公司	1	¥910	¥ 910.00
3	2008/01/06	寒光公司	2	¥1,320	¥ 2,640.00
4	2008/01/07	寒光公司	6	¥195	¥ 1,170.00
5	2008/01/07	寒光公司	2	¥150	¥ 300.00
6		寒光公司	11		¥ 5,020.00
7	2008/01/11	浩扬公司	2	¥1,020	¥ 2,040.00
8	2008/01/13	浩扬公司	2	¥590	¥ 1,180.00
9	2008/01/17	浩扬公司	4	¥195	¥ 780.00
10	2008/01/19	浩扬公司	2	¥140	¥ 280.00
11		浩扬公司	10		¥ 4,280.00
12	2008/01/03	华科公司	3	¥340	¥ 1,020.00
13	2008/01/03	华科公司	3	¥145	¥ 435.00
14	2008/01/03	华科公司	5	¥320	¥ 1,600.00
15	2008/01/27	华科公司	2	¥1,020	¥ 2,040.00
16		华科公司	13		¥ 5,095.00
17	2008/01/05	赛罗公司	1	¥240	¥ 240.00
18	2008/01/07	赛罗公司	1	¥540	¥ 540.00
19	2008/01/07	赛罗公司	2	¥800	¥ 1,599.80
20	2008/01/09	赛罗公司	3	¥910	¥ 2,730.00
21		赛罗公司	7		¥ 5,109.80

图 10-30　设置组合后的效果

说明：

（1）完成上述操作后，需要隐藏细节数据时，只要单击前面的"-"即可，反之需要显示隐藏数据时，只要单击"+"即可。

（2）与分类汇总表类似，单击图中左侧汇总栏上的数字1，可以只显示1级合计数据，单击数字2，可以显示所有细节数据。

（3）如果想取消对部分行的组合，可以选取该部分，然后运行"数据"→"分级显示"→"取消组合"命令即可；如果要取消全部组合，就先选取全部组合的行，再运行"取消组合"命令。

（4）以上为多行组合操作，如果对多列进行组合，方法同行的组合类似。

5. 数据复制时不处理隐藏的行列

如图 10-31 所示，当复制含有隐藏行的单元格区域时，采用一般的复制方法总是把隐藏的数据也会复制过来，这多数情况下并不是操作者的目的，为此需要寻求该问题的解决方法。

销售日期	客户名称	数量	单价	合计金额
	寒光公司	11		￥ 5,020.00
	浩扬公司	10		￥ 4,280.00
	华科公司	13		￥ 5,095.00
	赛罗公司	7		￥ 5,109.80

销售日期	客户名称	数量	单价	合计金额
2008/01/06	寒光公司	1	￥910	￥ 910.00
2008/01/06	寒光公司	2	￥1,320	￥ 2,640.00
2008/01/07	寒光公司	6	￥195	￥ 1,170.00
2008/01/07	寒光公司	2	￥150	￥ 300.00
	寒光公司	11		￥ 5,020.00
2008/01/11	浩扬公司	2	￥1,020	￥ 2,040.00
2008/01/13	浩扬公司	2	￥590	￥ 1,180.00
2008/01/17	浩扬公司	4	￥195	￥ 780.00
2008/01/19	浩扬公司	2	￥140	￥ 280.00
	浩扬公司	10		￥ 4,280.00
2008/01/03	华科公司	3	￥340	￥ 1,020.00
2008/01/03	华科公司	3	￥145	￥ 435.00
2008/01/03	华科公司	5	￥320	￥ 1,600.00
2008/01/27	华科公司	2	￥1,020	￥ 2,040.00
	华科公司	13		￥ 5,095.00
2008/01/05	赛罗公司	1	￥240	￥ 240.00
2008/01/07	赛罗公司	1	￥540	￥ 540.00
2008/01/07	赛罗公司	2	￥800	￥ 1,599.80
2008/01/09	赛罗公司	3	￥910	￥ 2,730.00
	赛罗公司	7		￥ 5,109.80

图 10-31　按照一般方法复制时，隐藏数据也被复制

下面以上述问题为例，介绍一种利用"定位可见单元格"的方法，实现复制含有的隐藏行的单元格区域。隐藏单元格自动排除在外，而只复制可见数据。具体操作步骤如下：

（1）打开上面所示的进行组合操作的工作表。

（2）选取 A1:E21 单元格区域，运行"开始"→"编辑"→"查找与选择"命令，单击"定位条件"选项，如图 10-32 所示。

（3）在"定位"对话框中单击"定位条件"按钮，打开"定位条件"对话框，选取"可见单元格"选项，如图 10-33 所示。

（4）单击"确定"按钮，则只会选中所有可见的单元格。

接下来再进行对选择的区域的复制操作，可以看到隐藏的单元格将不会被复制，最终效果如图

10-34 所示。

图 10-32　"定位条件"选项

图 10-33　"定位条件"对话框

销售日期	客户名称	数量	单价	合计金额
	寒光公司	11		￥　5,020.00
	浩扬公司	10		￥　4,280.00
	华科公司	13		￥　5,095.00
	赛罗公司	7		￥　5,109.80
	客户名称	数量	单价	合计金额
	寒光公司	11		￥　5,020.00
	浩扬公司	10		￥　4,280.00
	华科公司	13		￥　5,095.00
	赛罗公司	7		￥　5,109.80

图 10-34　通过定位"可见单元格"使隐藏的单元格没有被复制

10.4　宏病毒及其安全保护

在 Excel 中，利用 VBA 编写的宏可能包含病毒，因此在运行宏时要格外小心。一般来讲，

需要采用下列预防措施：在计算机上运行最新的防病毒软件；将安全级别设置为"高"；清除"信任所以安装的加载项和模板"复选框；使用数字签名；维护可靠发行商的列表等。下面重点说明如何通过对安全性等级设置来防止宏病毒的感染。

通过对安全性等级设置来防止病毒的操作步骤如下：

（1）运行"开发工具"→"代码"→"安全性"的命令，打开如图 10-35 所示"信任中心"对话框。

（2）可以看到，Excel 提供了 4 种不同层次的宏设置，可以根据实际情况设置不同的宏选项。

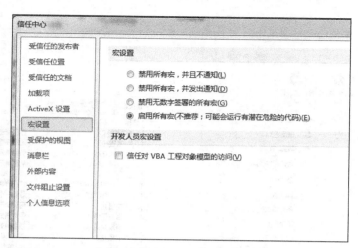

图 10-35   "信任中心"对话框

说明：一般情况下，由于用户可能编写了自己的VBA宏代码（比如自定义函数），因此最好将宏设置为"禁用所有宏，并发出通知"，这样，在打开含有宏代码的工作簿时，会弹出一个如图10-36所示的"安全警告"提示按钮，操作者根据实际情况可以决定是否启用宏，如果安全级别设置过高，则自己的VBA宏代码也不能运行，造成操作不便；如果设置过低，则不会弹出"安全警告"提示，失去了安全保护的作用。

图 10-36   "安全警告"提示按钮

习题十

1. 在 Excel 中，工作簿级的安全和保密设置方法有哪些？各有什么作用？

2. 在 Excel 中，如何保护含公式的单元格不被别人修改？

3. 在 Excel 中，当工作表需要多人编辑并且不同人员负责不同数据区域时，如何分别为他们设置各自不同的密码，以防止人员之间误操作从而影响别人的工作？

4. 在 Excel 中，如何彻底地隐藏工作表文件？

5. 在 Excel 中，如何隐藏计算公式使别人无法查看？

6. 习题图 10-1 为一个工作簿文件窗口，请进行以下各项操作：

（1）新建一个工作簿，按照表格给出的样式，在 Sheet1 上建立"成绩评判"工作表，并修改其工作表标签为"成绩评判"。

（2）保存自己制作的工作簿文件，并分别为其设置打开权限密码和修改权限密码。

习题图 10-1

第11章 Excel VBA 基础

本章知识点

- VBA的发展史与优缺点
- 宏与VBA
- VBA开发环境VBE
- VBE中选项设置

VBA 是 Visual Basic for Application 的简称，表示一种程序语言。简单地说，Excel VBA 是依附于 Excel 程序的一种自动化语言，它可以使常用的程序自动化，类似于 DOS（磁盘操作系统）中的批处理文件（后缀名".bat"）。那么它有什么具体的功能？在工作中，与常规操作方式相比，具有哪些优势？其开发环境是怎样的？这些都将在本章中给出解释。

11.1 VBA概述

VBA 语言作为 VB 家族成员，起步很早。发展至今已拥有非常广大的用户群，在日常办公中有着举足轻重的作用。

11.1.1 宏与VBA

Excel 早在 1985 年就首次在 Macintosh 上出现，1987 年，Excel 开始引进到 Windows 环境中。当时 Lotus 1-2-3 是计算机历史上最成功的软件系统之一，但它仅支持一些极其简单的宏，而 Excel 软件从 Excel 4 开始，可以使用相对复杂的 XML 宏，完成更复杂的工作，慢慢地将 Lotus 1-2-3 挤出电子表格行业，迅速占领了市场。当 Excel 5 中正式推出 VBA 作为通用的宏语言来为 Office 应用程序编写代码后，Excel 已完全征服了制表用户。可见宏语言在表格软件中影响之深远。

宏的英文名为 Macro，是自动执行某种操作的命令集合。它包括两个过程，即 Excel 4 或者称为 XML 的宏语言和 Excel 5 中的 VBA 宏。Excel 4 的宏由宏表函数构成，由录入在宏表中的函数来控制程序的执行。至 1993 年发布的 Excel 5 中，微软开始推广 VBA 作为宏语言，并同时引进 VBA 编辑器，即 VBE(Visual Basic Editor)。用户可以通过录制宏来产生代码，代码储存在 VBE 环境的代码模块中，利用 Alt+F8 组合键可以反复调用录制的宏。

VBA 是目前 Office 系列通用的一种程序语言，它支持录制、执行、单步执行、调试等操作，可以使用户从繁重的制表任务中解脱出来。VBA 是一种面向对象的程序语言，由一种所见即所得的方式编写代码，这使它在学习和使用方面都比其他语言要简单。事实上，几乎所有 VBA 程序员都由录制宏开始学习 VBA，这是一个学习 VBA 速成的捷径。甚至 VBA 高手们仍然对录制宏乐此不倦，因为它可以完成 VBA 程序的大部分代码，程序员仅需在录制的宏代码中稍加修改即可成为最后的合格程序；另一个最重要的因素是录制宏可以为程序员提供词典的作用，即忘记了某个对象单词，或者完全不明白某个属性的语法时，利用录制宏可以产生对应的代码，用户复制即可使用。

11.1.2　VBA历史与版本

VBA 的前身是 XML 宏语言，鉴于 XML 宏功能有限，至今已经用 VBA 完全替代了 XML 宏。但是为了体现兼容性，所有版本的 VBA 中皆可以调用以前的部分宏表函数。例如 Excel 2007 的 application 对象仍然保留了以下宏表相关的一个方法和两个属性，通过它们可以执行早期宏表所有函数：

- Application.ExecuteExcel4Macro
- Application.Excel4MacroSheets
- Application.Excel4IntlMacroSheets

在抛弃早期宏语语言后，VBA 从 1993 年开始逐步在很多软件中出现，除 Office 办公软件外，CAD、CorelDraw 等软件也支持 VBA。目前 VBA 的最高版本是 6.05。但需要申明的是，VBA 版本并不与主体程序的版本对应升级，即 Excel 的多个版本有可能使用同一版本的 VBA。如 Office 2003 和 Office 2007 都使用 6.05 版的 VBA。

检测当前 Office 中 VBA 版本可以使用以下代码：

Sub 获取 VBA 版本号()

```
MsgBox Application.VBE.Version
End Sub
```

不同版本的 VBA 带有不同的函数，编程时需要根据 VBA 的版本调整代码，使之尽量通用。但在 Excel 中编写 VBA 程序时，Excel 的版本号显得更为重要。因为不同的 Excel 版本有不同的对象和方法，而且差异较大。

11.1.3　VBA的优、缺点

VBA 作为 Office 办公套件的二次开发语言，是一个很优秀的程序语言，从国内外 Office 论坛中 VBA 相关的发贴量可以知道 VBA 用户群有多大，这也证明了 VBA 在工作中应用的广泛性。

1. VBA 优点

总体来说，VBA 语言具有以下优点。

（1）可以录制

早期的磁盘操作系统 DOS 不支持录制，虽然它是一门很简单的语言，但要让大多数用户学好 DOS 仍然是一件难事。它的每个命令、每个字母都要手工录入，所有命令都需在大脑记忆。而 VBA 采用录制方式可以产生完整的代码，程序稍加优化即可取得最佳程序，摆脱死记代码的困扰。

（2）所见即所得

Excel VBA 有窗体及工作簿、工作表等对象，可以直接拖动产生对象，不需要编写创建对象的代码。而且可以调整为一边操作工作表数据或者图形对象，一边查看代码变化，即录制宏时同时查看工作簿窗口和代码窗口。

（3）调用现成对象

VB 或者 C++开发程序时，需要自己设计窗体、对象，而 Excel 中有现成的工作簿对象、工作表对象、窗口对象、图形对象等，开发者仅需对这些对象或者数据进行操作即可，不需要开发一个报表程序。这也是 VBA 简单易学的原因之一。

（4）应用广泛

目前 Excel、Word、Access、PowerPoint、FrontPage、Visio、Project、Outlook、AutoCAD、CorelDraw 等程序都支持 VBA。而各程序间的代码可以相互移植，然后对代码中的引用对象稍加修改即可。

（5）交流方便

这里说的交流是指 VBA 用户与用户之间的交流。国内、国外都有很多大型的 VBA 相关论坛，可以通过论坛交流心得、学习他人的编程思路，以及在线提问。Office VBA 方面的论坛远比 C++与.net 等语言的相关论坛更多。

2．VBA 缺点

相对于 Excel 内置功能，VBA 也有它自己的缺点。

（1）学习周期长

学习 VBA 的时间至少两个月，而数据透视表、函数、图表等其他内置功能则相对更快。

（2）专业词汇多

VBA 中有几百个对象，每个对象有多个属性以及方法，虽然不需要死记硬背所有对象名称和属性，但仍然需要花很多精力来理解和消化。

（3）普及范围小

目前 VBA 用户群在一天天扩大，但相对于 Excel 的内置功能，如公式、图表等，仍然有待进一步提升普及率。在普及不够的情况下，程序员的插件需要做更完善的帮助系统，也需要更多的时间来测试，使未接触 VBA 的用户能更快地掌握其技巧。

11.1.4　VBA的用途

VBA 是一门程序语言，工作中 VBA 的常见用途是什么？本节将进行讨论。

可以肯定地说，VBA 可以完成 Excel 常规功能可以完成的任何功能。但是事实上不可能有人用 VBA 来处理所有任务，而是有选择性、有针对性地使用 VBA。

概括地说，VBA 主要用在以下几方面。

1．处理大型运算

Excel 内置的函数嵌套也可以完成很多大型的数据运算，然而很多函数会造成 Excel 程序启动缓慢，特别是数组公式。用 VBA 来处理数据运算则可以解决这个问题。

2. 工作簿/工作表折分/合并

对于工作簿/工作表按条件拆分成多个工作表之任务，手工完成效率极低，VBA 则可以轻松完成，单击鼠标即可。也有部分企业需要每月汇总下属分公司的报表，多报表的汇总人工操作显然是事倍功半，而 VBA 插件则可一劳永逸。

3. 处理重复性任务

针对某些每天都需要进行且完全复重不变化的任务，利用 VBA 仅需要第一次手工操作、编写代码，后续的所有任务都全自动执行。它的优势不仅在于速度快，还更准确。人工操作的步骤越多，出错的机率一定相应越大。

4. 简化内置公式

由于 VBA 有自定义函数的功能，有时候使用 VBA 公式输入效率高，且更易让用户理解。

5. 定制程序界面

对于某些喜好个性化的用户来说，Excel 是支持全面定制的程序。利用 VBA 可以将 Excel 界面定制成更具有个性化的程序。类似于 QQ 换肤、播放器换肤等，Excel 也可以通过 VBA 使用程序标题、状态栏、菜单个性化，例如产生滚动字幕，例如将个人照片、邮箱地址加到菜单栏等。

11.1.5　VBA安全性

事物都有双面性，程序语言犹其如此。程序的功能越强，那么同时意味着用它做破坏时也可以具有更大的破坏力。VBA 依附于 Excel 程序，但它作为病毒传播时，可以破坏的对象却不局限于 Excel 程序，磁盘中所有文件皆可以任意修改。正因如此，学习 VBA 时，有必要掌握好这把双刃剑。

在默认状态下，Excel 2007 和 2010 都是禁用宏的，以确保用户数据不会因潜在的宏病毒而受破坏。但是同时也带来另一个问题——正常的 VBA 程序无法执行。所以通常有三种做法：

（1）不用 VBA 程序的用户，彻底禁用宏，杜绝宏病毒蔓延。

（2）常用 VBA 程序，包括自己开发和别人开发程序的用户，可以将宏的安全性稍加提高，即遇到宏时提示用户，当用户确定代码安全时再执行。

（3）第三类自编自用型用户或者完全信任宏代码开发者的用户，则可以将宏的默认设置修改为无限制。即允许任何宏执行，从而提升工作的效率。

11.2 认识VBE组件

VBE 是 Visual Basic Editor 的简称，它是 VBA 的容器，用于存放 VBA 代码。设置好 VBE，对 VBA 代码的编写、使用有较大的帮助。

VBE 窗口中包括很多组件，有菜单栏、工具栏、代码窗口、立即窗口等，有效地利用这些组件对开发插件、录入代码、检测错误有着举足轻重的作用。

11.2.1　访问VBA开发环境

本节开始，正式进入代码编写环节。在编写代码前，有必要认识一下代码的容器：VBE。

进入 VBE 的方法有三种：功能区按钮法、快捷键法和右键菜单法。

1. 功能区按钮法

在 Office 2010 中需要设置 Excel 选项，调出【开发工具】功能区。具体步骤如下：

（1）单击菜单"文件"→"Excel 选项"，打开选项对话框。

（2）在对话框中将"自定义功能区"中"主选项卡"中的"开发工具"选项打勾，单击"确定"按钮后，在功能区即可出现"开发工具"功能区。参见图 11-1"Excel 选项"对话框以及图 11-2 开发工具功能区。

图 11-1　"Excel 选项"对话框

图 11-2　调出开发工具功能区

（3）单击功能区中的"Visual Basic"按钮，VBA 编辑器立即呈现出来。

2. 快捷键法

调出 VBA 编辑器的组合键是 Alt+F11。而在 VBA 编辑器中再次使用 Alt+F11 组合键则可以缩小 VBA 编辑器的窗口，并返回到 Excel 工作簿窗口。

如果需要关掉 VBA 编辑器再返回 Excel 工作簿窗口，则可以使用 Alt+Q 组合键。

3. 右键菜单法

在工作表标签中单击右键，弹出的菜单中将出现"查看代码"菜单，如图 11-3 所示。单击该子菜单即可进入 VBA 编辑器。

右键菜单法进入 VBA 编辑器与前面两种稍有分别，它进入 VBA 编辑器后会定位于当前工作表的窗口。例如选择"月报表"工作表后再单击右键，从"查看代码"菜单进入 VBA 编辑器界面后，会自动选定"月报表"工作表，右边也相应显示"月报表"的代码窗口，如图 11-4 所示。

图 11-3　从右键菜单进入 VBE

图 11-4　定位于"月报表"

11.2.2　认识VBE的组件

VBA 有很多组件：菜单栏、工具栏、工程资源管理器、属性窗口、代码窗口、对象与过程窗口、立即窗口、本地窗口、监视窗口、对象窗口以及工具箱。不同组件有不同作用，不过菜单与工具栏会出现重复功能。

VBE 中的所有组件无法同时出现，某些组件与组件之间是排斥关系。如组件 A 出现，那么组件 B 就会关闭或者隐藏，反之亦然。在图 11-5 中罗列了大部分组件。

1. 菜单栏

VBE 中的菜单栏包含了 VBE 中大部分功能。单击二级、三级单菜单可以执行文件导出、导入、查找、删除、新建组件、设置格式、定义选项、加密码、代码调试、窗口切换、调用帮助等功能。

另外还有一种快捷菜单，即右键菜单。右键在不同地方将产生不同菜单，例如代码窗口和在窗体中、立即窗口所产生的右键菜单就大大不同。即使同一代码窗口，在不同的状态下，仍然也会有不同的菜单，例如正常状态和中断状态下，代码窗口的右键菜单也不一样。

菜单栏和所有右键菜单可以利用 VBA 来定制，包括创建新菜单，删除、隐藏原有菜单。

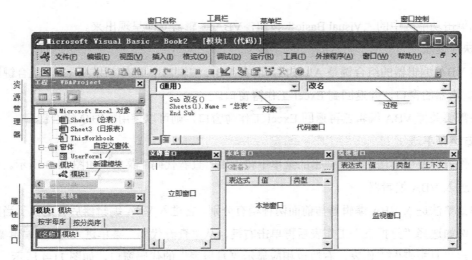

图 11-5　VBE 主要组件

2．工具栏

工具栏包含的功能在菜单栏中都有，不过工具栏的按钮在操作上比菜单栏方便、直观，所以工具栏在工作中使用率会高于菜单栏。

工具栏同样可以定制、创建或者删除。

工具栏中的按钮可以通过功能提示来查看名称及了解功能。只要将鼠标指针移向任何一个按钮，屏幕上将出现它的名称和快捷键（如果有）。图 11-6 即为"复制"按钮的功能提示和快捷键提示。

工具栏中包括四条组成部分，默认状态下可能仅显示"标准"工具栏。如果需要调出其他工具栏，可以在工具栏或者菜单栏中单击右键，在需要显示的工具栏名称上单击使其打勾即可，如图 11-7 所示。

图 11-6　工具栏的屏幕提示

图 11-7　调出"编辑"工具栏

3．工程资源管理器

工程资源管理器用于管理 VBA 工程及其对象。一个工作簿有一个工程，默认名称为"VBAProject"；每个工程有多个对象，包括工作表、窗体、模块等。在工程资源管理器中可以管理无数个工程，如图 11-8 所示。

如果进入 VBE 界面后未显示工程资源管理器，可以使用 Ctrl+R 组合键调出。

工程资源管理器是以目录树形显示当前的所有工程，以及每个工程中的子对象。如果需要查看或者编辑"Sheet1"中的代码，进入工程资源管理器中双击"Sheet1"，右边马上会显示"Sheet1"

中所有代码；如果需再查看或者修改用户窗体"UserForm1"中的代码，则需要在"UserForm1"
上单击右键，从弹出的快捷键单中选择"查看代码"，若双击窗体则只能查看窗体本身，如图 11-9
所示。

图 11-8　工程资源管理器

图 11-9　查看窗体中的代码

工程资源管理器中默认状态下有一个工程，代表当前工作簿，以及与工作表数量对应的 Sheet1、
Sheet2、Sheet3 和 Thisworkbook 对象。模块、用户窗体（UserForm）和类模块等需要手工添加才会
出现。

4. 属性窗口

属性窗口用于设置、修改各种对象的属性。对象包括工程对象、窗体对象、模块对象及窗体中
的图形、组合框、标签等对象。而属性则包含很多项目，例如字体大小、颜色、边距、高度、标题、
显示方式等。而且不同的对象有各自独特的属性。

现以设置标签"Lable1"的名称、字体与对齐方式为例，演示属性窗口的具体用法。

（1）在 VBE 界面中，单击菜单"插入"→"用户窗体"。此时在右边出现一个新建窗体，同时
出现"工具箱"，如图 11-10 所示。如果未出现"工具箱"，可以单击菜单"视图"→"工具箱"。

（2）单击工具箱中的图标"A"（即标签工具），然后在窗体中按住左键向右下方拖动，从而产
生一个新标签，其默认名称为"Label1"。

（3）在"Label1"呈选择状态下按 F4 键调出属性窗口，如图 11-11 所示。

图 11-10　新建窗体

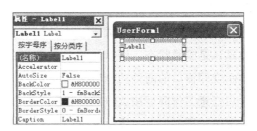

图 11-11　显示标签的属性

（4）进入属性窗口，找到"Caption"属性，在右边录入"请输入用户名："。

（5）找到"字体"属性，单击右边的图标 宋体　　　　　... ，将弹出一个字体对话框。从对话框中
分别选择"黑体""粗体""三号"，然后单击"确定"按钮返回。

（6）找到"TextAlign"属性，单击其右边的列表框，将弹出 3 个选项，表示三种对齐方式，如图 11-12 所示。其中第二项表示居中对齐，选择第二项。

（7）因字体加大，标签显示不完整，手工调整到适合大小后，效果如图 11-13 所示。

图 11-12　设置标签文字的对齐方式

图 11-13　设置属性的标签效果

其他属性也可以用类似方法设置。即在对应的属性右边的文字框中录入字符，或者在弹出的对话框中设置选项，以及从下拉列表中选择需要的选项。用户举一反三可以学会所有属性的设置。

5. 代码窗口

代码窗口是用于存放 VBA 代码的处所，它是 VBE 中最核心的组件。代码窗口包括工作表代码窗口、工作簿代码窗口、窗体代码窗口、模块代码窗口和类模块代码窗口。

6. 对象与过程窗口

对象与过程窗口是指位于代码窗口上方的对象列表和过程列表，如图 11-14 所示。

图 11-14 中左上角的下拉列表是对象列表，单击下箭头可以罗列出所有可用的对象名称；右边的下拉列表是可用的过程列表，单击下箭头可以罗列出所有可用的过程名称。

图 11-14　对象与过程列表

这两个列表用于辅助代码录入，以及提示当前对象所支持的事件。用户也可以永远不用它，手动输入代码。但是在输入工作表事件或者工作簿事件时，通过对象与过程下拉列表自动产生代码比手工输入的效率更高，且更准确。

7. 立即窗口

立即窗口有两个功能：显示调试代码时产生的结果（信息），以及执行单句的代码。

立即窗口默认是隐藏状态，可以使用 Ctrl+G 组合键将其调出。

现分别演示立即窗口的两种功能与操作步骤：

（1）在开启任意工作簿后按 Alt+F11 组合键进入 VBE 界面。

（2）单击菜单"插入"→"模块"。

（3）按 Ctrl+G 组合键显示立即窗口。

（4）在模块中输入以下代码：

```
Sub 显示当前工作簿全名()
    IF Len(ThisWorkbook.Path)= 0 Then
        Debug.Print "当前工作簿未保存"
```

```
    Else
        Debug.Print ThisWorkbook.FullName
    End IF
End Sub
```

（5）将光标定位于代码中任意位置，单击 F5 键执行代码，在立即窗口将会显示代码执行结果。如果当前工作簿未保存，则立即窗口显示"当前工作簿未保存"，相反则显示工作簿全名，包括其路径，如图 11-15 所示。

（6）清除立即窗口中的字符，然后录入以下代码：

```
Workbooks.Add(xlWBATChart)
```

然后按回车键，注意必须是光标位于当前代码行最右边时按回车，此时可以发现 Excel 新建了包含一个工作表的工作簿。

（7）在第二行输入以下代码然后回车，则当前工作簿中立即新建 10 个工作表。

```
Sheets.Add Count:=10
```

执行代码后，工作簿中将有 13 个工作表，如图 11-16 所示。

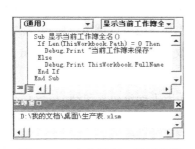

图 11-15　在立即窗口显示信息

图 11-16　在立即窗口执行单行程序

8. 工具箱

工具箱对于 VBA 程序开发是非常重要的工具。默认状态下工具箱包括了 15 种工具，用户可以利用这些工具设置出和其他任何软件程序类似的界面。如果默认工具不够用，还可以右键定义新的工具。

调用工具箱的方式和前面的任何组件的方式都不同，它是建立在 UserForm 的基础上的。当用户选择 UserForm 对象时才出现，其他状态下一律隐藏。

显示工具箱的方法是单击菜单"插入"→"用户窗体"，此时工具箱将自动显示出来。工具箱的外观如图 11-17 所示。如果已经有窗体，不想再建立窗体，则可以双击窗体名（默认为 UserForm1，根据实际情况，用户可能修改为其他名称），然后单击菜单"视图"→"工具箱"即可。

工具箱是可以定制的，包括新建页、附件控件等。步骤如下：

（1）在窗体的右上角空白区单击右键，从菜单中选择"新建页"，即可建立一个名为"新页"的页面。

（2）在"新页"二字上面单击右键，从菜单中选择"重命名"，并录入名称"我的新工具"。

（3）新建的页是完全空白的，可以对其任意添加新的组件。在当前页中间空白区单击右键，从菜单中选择"附件控件",弹出"附件控件"对话框。

（4）在对话框中将需要的组件打勾，然后返回工具箱。工具箱的定制效果如图 11-18 所示。

图 11-17　工具箱外观

图 11-18　定制工具箱

11.2.3　VBE中不同代码窗口的作用

前一小节中谈过 VBE 界面中的代码窗口用于存放 VBA 代码，但是了解这一点还远远不够。在 VBE 中有五类代码窗口，代码在不同窗口中将产生不同作用，哪怕代码完全一致。

1. 工作表代码窗口

工作表代码窗口用于存放工作表事件代码，该代码仅仅在当前表中调用。普通 Sub 过程保存在工作表事件代码中虽然也可以执行，而且其他模块或者工作表也可以调用，但却有诸多不便。所以正常情况下，大家都达成一个共识：工作表事件代码存放工作表代码窗口，Function 过程和 Sub 过程保存在模块中。

工作表代码窗口的开启方式为：使用 Ctrl+R 组合键调出工程资源管理器，然后双击工作表名称，右边立即出现工作表事件代码窗口。

每个工作表都有自己的代码窗口，在窗口中储存自己的事件相关的代码，该代码只有在当前表中才可以调用。例如在"生产表"的代码窗口录入以下报告选区地址的代码，如图 11-19 所示。

```
Private Sub Worksheet_SelectionChange(ByVal Target As Range)
MsgBox Target.Address
End Sub
```

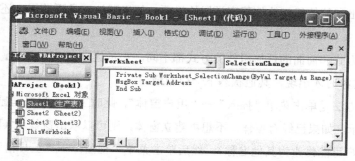

图 11-19　在"生产表"代码窗口录入 SelectionChange 事件代码

使用 Alt+Q 组合键返回 Excel 工作表，在"生产表"工作表中选择任意区域，立即弹出当前选区地址的信息，如图 11-20 所示。如果选择多个区域，同样提示多区域的地址，中间用逗号分隔，如图 11-21 所示。而在其他任何工作表中选择区域则没有任何反应。

如果一定要在其他工作表调用当前工作表事件的代码，也可以采用以下步骤完成：

（1）将"生产表"中代码前的 Private 删除；

（2）在"Sheet2"的代码窗口录入以下代码：

```
Private Sub Worksheet_SelectionChange(ByVal Target As Range)
Call Sheets("生产表").Worksheet_SelectionChange(Target)
End Sub
```

其中 Call 表示调用其他过程。按 Alt+F11 组合键返回工作表，进入 Sheet2 工作表中，选择任意区域也会同样弹出选区地址信息。

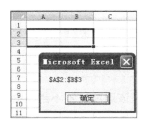

图 11-20　提示选区地址

图 11-21　提示多区域地址

注意：工作表事件的代码中Private表示将当前Sub程序声明为私有，即只有当前工作表模块或者工作表才可以调用。本例中为了让Sheet2中可以调用，必须去除Private。

2．工作簿代码窗口

工作簿代码窗口的名字为 ThisWorkbook，该窗口用于存放工作簿级别的事件代码。虽然它也可以存放 Function 过程和普通的 Sub 过程，但根据习惯以及使用上的方便性，该窗口仅仅存放工作簿事件相关代码。

例如图 11-22 是工作簿级别的事件代码，表示不管任何时候关闭工作簿都保存一次。该代码仅仅在关闭工作簿时执行，其他任何窗口无法调用该事件代码。

3．窗体代码窗口

窗体代码窗口用于存放窗体、控件相关的代码。它的代码只能在窗体中使用，其他任何窗口无法执行。

查看窗体中代码的方法是在工程资源管理器中的窗体上单击右键，从菜单中选择"查看代码"。例如图 11-23 中的代码位于 UserForm1 的代码窗口，表示启动窗体时设置它的左边距为 100。在 UserForm1 以外的任何窗口以任何方式都无法调用此代码。

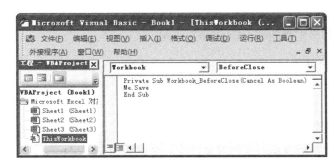

图 11-22　工作簿及关闭事件的代码

图 11-23　窗体代码窗口

4. 模块代码

工作中使用最多的就是模块代码窗口。在模块代码窗口中存放 Sub 过程和 Function 过程。这些过程可以在当前模块执行，也可以供其他任何窗口调用。工作表事件、工作簿事件、窗体事件和类模块都可以使用模块中的程序，而模块与模块之间也可以相互调用。

5. 类模块

类模块是用户自定义类的属性和方法的模块。单击菜单"插入"→"类模块"命令即可创建一个类模块，其图标为 类1 。

类模块的代码通常用于应用程序级别的事件，在应用程序对应的事件中调用该代码。

11.2.4 VBE中选项设置

VBE 中的选项设置对于 VBA 爱好者来说至关重要，如果该选项设置不当，会对编程带来无限烦恼。例如无法捕捉错误、没有函数提示、控件无法对齐等。

打开 VBA 编辑器选项的方法是单击菜单"工具"→"选项"命令。"选项"对话框外观如图 11-24 所示。

本小节对"选项"对话框中所有组件做详细讲解，并建议如何进行优化设置。

"选项"对话框中第一个选项卡即为"编辑器"。该选项卡中各项目功能介绍如下。

1. 自动语法检测

自动语法检测是指编写代码时自动对每句代码检查是否有错误，如果有错误则弹出警告框，同时将错误的语句红色显示，提示用户代码有误。

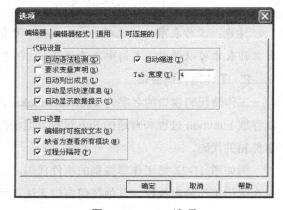

图 11-24 VBE 选项

例如图 11-25 中，在输入 For 语句时忘记了 In，使代码产生错误。当录入该句代码并回车键时，程序会立即弹出一个编译错误的提示，告知错误类型，同时红色标示错误语句。

建议勾选此选项，以协助自己了解当前代码中的错误类型，从而快速修正。

2. 要求声明变量

该选项表示强制用户在编写代码时声明所有变量，否则程序无法执行。其具体表现为在任何新建模块、工作表代码窗口和工作簿代码窗口都产生"Option Explicit"语句。

强制声明变量的优点有三个：

（1）提升代码运行效率；

（2）防止因变量类型错误带来的错误；

（3）在输入对象变量时可以自动列出快速信息。

从图 11-26 中可以看到，变量 rng 未声明，所以运行代码时会产生一个编译错误，提示变量未定义。

图 11-25　自动语法检测　　　　　　　　图 11-26　提示变量未定义错误

3. 自动列出成员

该选项可以在录入代码时自动产生语法提示，包括类型与对象的属性、方法等。

例如在输入"dim rng as"语句时，VBA 会列出所有可用的变量类型供用户选择，而不需要手工录入，从而防止输入错误的变量类型，如图 11-27 和图 11-28 所示。

图 11-27　自动列出变量名称　　　　图 11-28　自动列出对象的属性与方式

如果不勾选该选项，则无法弹出提示，只能手工录入。建议勾选。

4. 自动显示快速信息

该选项表示在录入代码时对参数进行提示，方便用户核查录入的参数是否正确。

该提示主要体现在 3 方面：

（1）参数个数；

（2）参数类型；

（3）当前参数。

从图 11-29 的快速信息中可以看出，MID 函数有 3 个参数，第一参数是 String 型，第二参数是 Long 型，第三参数是可选参数，这些信息都为编程提供了便利。

而从图 11-30 的快速信息可以看出，Range 有两个参数，第二个参数是可选参数。当前正在录入第二个参数，因为第二参数已加粗显示。

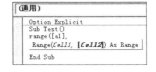

图 11-29　提示 MID 的参数信息　　　图 11-30　提示当前参数

建议勾选该选项。

5. 自动显示数据提示

该选项是指在中断模式下设定一个断点，则当执行代码并且鼠标指针指到变量上面时，数据提示窗口就会显示出变量的值。具体操作步骤如下：

（1）在模块中输入以下代码：

```
Sub Test()
 Dim temp As Byte
  temp = 100
 MsgBox temp
End Sub
```

（2）在第四句代码前面单击一次，表示将该句设置为断点。也可以用光标定位于该句代码，然后按 F9 键来设置断点；

（3）按 F8 键进入调试语句状态，然后逐句执行代码。在执行代码时，将鼠标指针指向 Msgbox 后面的变量 temp 上，查看提示信息；

（4）在多次按 F8 键后，该提示会产生变化。因为变量 temp 初期值为 0，而在"temp=100"语句执行后就变成了 100，所以提示信息也会相应的变化，如图 11-31 和图 11-32 所示。

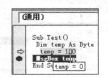   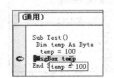

图 11-31　数据提示 1　　　　　　　　图 11-32　数据提示 2

本选项用途不是很广，用户可以勾选也可以不勾选。

6．编辑时可拖放文本

该选择表示用鼠标可以拖动代码，等同于剪切、粘贴之功能。

图 11-33 中演示了从 test1 程序中将其代码拖到 test2 程序中的方法。具体步骤为：

（1）选择需要拖动的代码；

（2）按下左键不放，鼠标下会呈现一个虚框，表示当前可以拖动代码；

（3）拖到目标位置后松开鼠标。如图 11-34 所示，当前的插入点是过程 test2 的第一行，当松开鼠标后，代码就会插入该位置。类似于剪切、粘贴。最后效果如图 11-34 所示。

建议勾选该选项，以方便代码移动。

7．缺省为查看所有模块

该功能是在模块代码中显示所有过程的代码。当模块中有多个过程时，该功能极其有用，可以减少切换时间。

如果不勾选该选项，窗口中仅仅显示当前过程或者声明部分的代码。如果需再查看另一个过程代码，需要从过程下拉列中切换，如图 11-35 所示。

   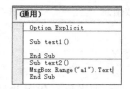   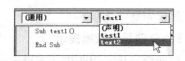

图 11-33　拖动代码　　　图 11-34　拖动后的效果展示　　　图 11-35　切换显示不同过程

建议勾选该选项，使代码阅读更方便。

8. 过程分隔符

该选项表示利用一条横线将多个过程的代码或者变量声明分开。

图 11-36 是不分隔代码时的外观，可以发现它的缺点是不利于代码查看，与图 11-37 相比不够分明。

 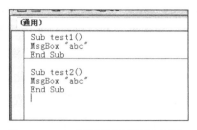

图 11-36　未分隔所有过程及声明　　　　图 11-37　加分隔所有过程及声明

建议勾选该选项，使代码阅读更方便。

9. 自动缩进

该选项表示定位代码的第一行后，所有接下来的代码会在该定位点开始。更通俗的说法即为统一设定左边距。

如果勾选该选项，那么第一行左边距为 4 时，第二行默认状态也是 4，否则默认为 0。

建议勾选该选项，使代码更美观，也方面阅读。

习题十一

1. 什么是 VBE？

2. 打开 VBE 有哪几种方式？

3. 如何插入模块？

4. 如何使用属性窗口隐藏和显示工作表？

5. 代码窗口中的对象列表框有什么作用？

6. 如何测试代码？

参考文献

[1] 韩小良. Excel 企业管理应用案例. 北京：电子工业出版社，2007

[2] 杜茂康等. Excel 与数据管理（第 2 版）. 北京：电子工业出版社，2005

[3] 连卫民，周贺来. 办公自动化实用教程. 北京：高等教育出版社，2003

[4] 刘兰娟. 财经管理中的计算机. 上海：上海财经大学出版社，2004

[5] 赵志东. Excel 的九项关键技术. 北京：人民邮电出版社，2007

[6] 郑小玲等. Excel 在信息管理中的应用. 北京：人民邮电出版社，2004

[7] 周贺来. Excel 数据处理. 北京：中国水利水电出版社，2008

[8] 韩泽坤，朱瑞亮. Excel VBA 高效办公范例应用. 北京：中国青年出版社，2004

[9] 韩小良，韩舒婷. Excel VBA 应用开发. 北京：电子工业出版社，2007

[10] 舒雄. Excel 行政与人力资源管理高级应用. 北京：中国青年出版社，2004

[11] [美]约翰·沃肯巴赫著. 路晓村等译. Excel 2002 公式与函数应用宝典. 北京：电子工业出版社，2002

[12] [美]沃肯贝奇著. 杨艳等译. Excel2007 宝典. 北京：人民邮电出版社，2008

[13] Excel Home 编著. Excel 实战技巧精粹. 北京：人民邮电出版社，2007

读者意见反馈

亲爱的读者：

感谢您一直以来对人民邮电出版社的支持，您的信赖是我们进步的不竭动力。在使用本书的过程中，如果您有好的意见和建议，或者遇到了什么问题，我们真诚地希望您能抽出一点宝贵的时间，反馈给我们。打造高品质的教材是我们的不懈追求，您的意见是我们最宝贵的财富。

地址：北京市丰台区成寿寺路 11 号邮电出版大厦 305 室

邮编：100164　　　电子邮件：xujinxia@ptpress.com.cn

电话：010-81055215

教材名称：Excel 数据分析与处理

ISBN：978-7-115-38090-6

个人资料

姓名：_____ 年龄：_____ 所在院校/专业：_____

文化程度：_____ 通信地址：_____

联系电话：_____ 电子信箱：_____

您使用本书是作为：□指定教材　□选用教材　□辅导教材　□自学教材

您对本书封面设计的满意度：

　□很满意 □满意 □一般 □不满意 改进建议_____

您对本书印刷质量的满意度：

　□很满意 □满意 □一般 □不满意 改进建议_____

您对本书的总体满意度：

　从语言角度 □很满意 □满意 □一般 □不满意 改进建议_____

　从知识角度 □很满意 □满意 □一般 □不满意 改进建议_____

本书最令您满意的是：

　□逻辑清晰　　□内容充实　　□讲解详尽　　□实例丰富

您希望本书在哪些方面进行改进？（可附页）

_____

_____

_____

_____

教学资源支持

敬爱的老师：

为了配合课程的教学需要，助力教学活动的开展，人民邮电出版社致力于立体化教学资源的开发建设，老师可以登录人民邮电出版社教学服务与资源网（www.ptpedu.com.cn）查询并免费下载与本教材配套的教学资源，也可以与编辑联系（许金霞，010-81055215，xujinxia@ptpress.com.cn）了解资源情况。